发现科学
百科全书

技术

U0173288

Discovery
Science
Encyclopedia

Technology

美国世界图书公司 编

盛培敏 译

上海辞书出版社

上海市版权局著作权合同登记章：图字 09-2018-356

Technology

目 录

阿基米德

Archimedes

阿基米德（前 287 ？—前 212）是古希腊重要的科学家和发明家。他在数学和自然科学上有许多发现，也发明了许多机器。阿基米德生活在地中海的西西里岛。

阿基米德解释了杠杆和滑轮的工作原理。杠杆和滑轮是机械，它们能用很小的力来移动重物。阿基米德还解释了物质漂浮在水面上的原理。

阿基米德生活在锡拉丘兹，当这座城市遭受罗马帝国的攻击时，阿基米德发明武器来保卫它。这种武器是一种能更有效地把沉重的岩石扔出去的抛石器。阿基米德还发明过一种机械，能够把罗马战船拉出水面，使其摇晃、沉没。但最终罗马人还是攻陷了锡拉丘兹。传说，阿基米德是在研究几何问题时被罗马士兵杀害的。

延伸阅读： 抛石器；杠杆；机械；滑轮。

阿基米德

阿姆斯特朗

Armstrong, Neil Alden

尼尔·奥尔登·阿姆斯特朗（1930—2012）是一名美国宇航员。他是第一个登上月球的人。

阿姆斯特朗于 1930 年 8 月 5 日出生在他祖父母位于俄亥俄州奥格莱兹的农场。1949—1952 年他曾在海军服役。后来他又做过飞机试驾员，并于 1962 年正式成为一名宇航员。

经过 1966 年的一次太空飞行之后，阿姆斯特朗以任务指令长的身份参与了阿波罗 11 号计划。1969 年 7 月 20 日，阿姆斯特朗和奥尔德林通过鹰号登月舱在月球表面成功着陆。当阿姆斯特朗踏上月球时，他说："这是我个人的一小步，但却是人类的一大步。"

阿姆斯特朗于 1969 年获得了总统自由勋章。在

阿姆斯特朗

1971—1979 年他担任了辛辛那提大学工程学教授。1986 年他曾受命调查挑战者号事故。阿姆斯特朗于 2012 年 8 月 25 日逝世。

延伸阅读： 奥尔德林；宇航员；太空探索。

作为阿波罗 11 指令长的阿姆斯特朗成为第一个登上月球的人。

爱迪生

Edison, Thomas Alva

托马斯·阿尔瓦·爱迪生（1847—1931）是美国历史上最伟大的发明家之一。他第一个发明了实用的电灯，还发明了留声机（一种用来播放和录制音乐的机器）。他对电报和电话作了重大改进，还帮助创建了电影产业。爱迪生总共获得了 1 093 项美国专利。专利是一种法律文件，目的在于防止一项发明被他人盗用仿制。

爱迪生是一位成功的商人，他创立新的公司来生产和销售他的产品。他的工作使美国在 19 世纪末成为世界工业强国。

爱迪生还开创了现代化的研究实验室，许多人认为这是他最伟大的成就。在他的实验室里，爱迪生和他的助手进行了许多实验，包括物理和化学方面的实验。他们还对其他人的研究成果进行实验评估。

爱迪生于 1847 年 2 月 11 日出生在俄亥俄

爱迪生和他发明的留声机。

州米兰。他家后来搬到了密歇根州胡隆港。爱迪生没有受过很多的学校教育,他的母亲是一名教师,指导他的学习。他喜欢阅读科学著作。他自己建构实验并建立自己的模型。

1863年,爱迪生开始担任电报操作员。在接下来的几年里,他学到了几乎所有关于电报的知识。他致力于改进电报设备,并做了一些其他发明。他结识了商界领袖。1870年,他创办了一家公司,生产股票收报机,用以跟踪股票的市场价格。

1876年,爱迪生在新泽西州门罗公园建立了一个实验室。在那里,他和他的助手们作出了许多让他名垂青史的发明,包括经过改进的电话系统、留声机和电灯。爱迪生后来创建了电力公司,为他发明的电灯供电。1886年,他在新泽西州西橙郡建造了一个更大的实验室。

爱迪生一直不停地工作和实验,直到他在1931年10月18日去世。爱迪生获得了全世界的赞誉。

延伸阅读: 电灯;发明;灯泡;留声机;电报;电话。

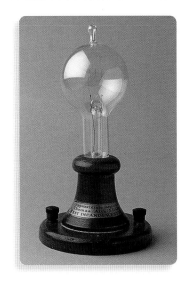

爱迪生的一项重要发明是白炽灯。

安全气囊

Airbag

安全气囊是在汽车碰撞时能自动充满空气的布袋。它有助于缓冲碰撞对驾驶员和乘客的冲击。安全气囊与安全带一起使用效果最好。

安全气囊与传感器一起工作。传感器测量车辆的速度,可以判断汽车是否发生了碰撞。安装于汽车门上的传感器可以检测来自侧面的碰撞。

如果一辆汽车撞车,传感器会向计算机发送一个电信号,然后计算机会向汽车的气囊发出信号。这个信号加热导线,热量会引爆一个微型引爆管,并引燃气囊内的气体发生器,从而释放出大量的氮气。这种无害的气体会像吹气球一样吹进安全气囊。

整个过程只需要几分之一秒。气囊一旦被弹出,氮气会迅速地释放出来。

延伸阅读: 汽车。

安全气囊

奥的斯

Otis, Elisha Graves

伊莱莎·格雷夫斯·奥的斯（1811—1861）是美国发明家。他建造了第一台安全升降机。在奥的斯生活的年代，升降机靠起吊绳索吊拉。如果绳索断了，升降机就会坠落。奥的斯发明的装置可以阻止升降机坠落。

奥的斯出生于美国佛蒙特州哈利法克斯。他做过技工。1852 年，他发明了安全升降机。1854 年，奥的斯在纽约展示了这项发明。他站到升降机的平台上把自己升起来，然后割断绳索，奥的斯没有坠落。19 世纪末，随着摩天大楼的兴起，他的发明越来越受欢迎。

延伸阅读：电梯；发明。

奥的斯

奥尔德林

Aldrin, Buzz

巴斯·奥尔德林（Awl Drihn 1930—　）是一名美国宇航员，他是第二个在月球上行走的人。1969 年 7 月 20 日，奥尔德林和宇航员阿姆斯特朗在月球上着陆。阿姆斯特朗首先登上月球，奥尔德林紧随其后。

1930 年 1 月 20 日奥尔德林出生在新泽西州蒙克莱尔。他在位于纽约州的美国西点军事学院学习。这是一所专门培养军官的学院。1951 年，奥尔德林加入美国空军。1952 年，他担任战斗机飞行员。他在 1972 年退役之前，曾回到空军服役。

巴斯·奥尔德林出生时名叫艾德温。他在蹒跚学步的时候就得到了"嗡嗡"的绰号。他的姐姐们称他为"婴儿蜂鸣器"，因为她们不会发音"弟弟"。成年后奥尔德林把自己的名字改成了"巴斯"（即嗡 嗡）。

延伸阅读：阿姆斯特朗；宇航员；太空探索。

奥尔德林

巴贝奇

Babbage, Charles

查尔斯·巴贝奇(1791—1871)是一位英国数学家，他提出了两个早期的基于齿轮的机械式计算机设计方案。现代计算机吸取了巴贝奇的许多设想，但是采用电路而不是齿轮来实现。

巴贝奇的第一个设计叫作差分机，目的是用来运算并打印简单的数学表格。但他始终没有完成过这台机器。然后，他研制另一台被称为分析机的机器。它遵循一系列的演绎方向来做更难的数学问题。巴贝奇也从未完成过这台机器，但是他的设计理念有助于现代计算机的发明。

延伸阅读：计算机。

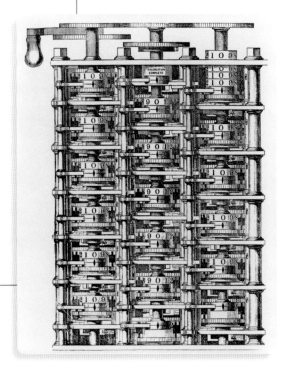

差分机是巴贝奇发明的一种早期计算机。巴贝奇从未完成这个发明。这张照片中的装置是基于他的设计模型制作的。

巴拿马运河

Panama Canal

巴拿马运河是一条横贯美洲大陆中部巴拿马的水道。它连接大西洋和太平洋。

巴拿马运河改变了游客和货物的航线。之前，在纽约和旧金山之间航行的船舶必须绕南美洲的顶端航行。通过巴拿马运河航行，船舶航程不到以往的一半。

这条运河有好几个航道。主航道是海拔约26米的加通湖。要到达这湖的水位高度，来自大西洋的船舶需通过加通湖的船闸。船闸两端都有钢闸门。船闸关闭时，一端的大门就像一个水坝，它挡住船前面的高水位。在船的后面另一端的门关上，水流入锁闭的船闸室，船闸室内水位升高，把船升到高水位。然后前闸门打开，船向前驶去。

船从船闸室驶入加通湖。然后，船驶过盖拉德渠，一条长长的航道。最后，它通过船闸从低水位升到运河高水位河道。船驶往太平洋。来自太平洋的船舶从相反的方向穿过船闸到达大西洋。

美国建造了巴拿马运河。10年时间里，数以千计的人参与了建造。运河在1914年通航，由美国经营。1977年，美国和巴拿马达成协议，同意巴拿马在1999年管理运河。1999年底，巴拿马接管了运河。2016年，巴拿马完成了一项扩建工程，使更大的船舶可以驶过运河。

　　延伸阅读： 运河；船舶。

一个被称为"船闸"的系统在巴拿马运河将船只提升和降低到不同的水位。

坝

Dam

　　坝是横跨江河水流的墙。它阻断了水流，被阻断的水在坝的后面会形成一个湖，称为水库。有些大坝只是一堆石头，另一些则是由建造摩天大楼那样的混凝土建成的。

　　有了水坝人们能更有效地利用水。例如，水库的水可用于种植作物或饮用，这在干旱时期特别重要。在一些水坝中，水流通过带动涡轮机的旋转来发电，为家庭和商业提供电力。水库可用于养鱼、划船和游泳。

　　水坝可以防洪。水库可以存储洪水，多余的水可以逐渐释放，而不是一次性泄出。水坝可以改变河流的航道和强度，从而有助于人们的生活，但这可能给鱼和其他生物带来危害。

　　坝已经有几千年的历史了。古罗马在大约 2000 年前建造的水坝至今仍在使用。

　　延伸阅读： 建筑施工；涡轮机。

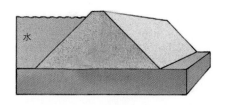

重力坝依靠其巨大的重量来阻断水流。

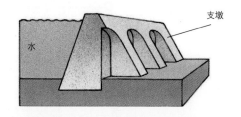

拱型坝通常建在狭窄的峡谷上，它把水的力量分散到两边。

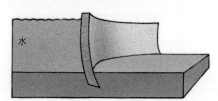

支墩坝的支墩建在水库外侧，可获得额外的支撑力。

半导体

Semiconductor

半导体是用于制造收音机、计算机和其他电子设备零部件的材料。元素硅是一种重要的半导体，计算机芯片就是由硅制成的。

半导体以其导电的特殊方式而命名。它们的导电性比橡胶这样的绝缘体好得多，但远不如铜这样的导体。

半导体可以精确地控制电流，在现代技术中有许多用途。被称为发光二极管的灯就是利用了半导体（发光二极管用于计算机和电视屏幕），太阳能电池利用半导体将太阳光转换成电能，有些激光器也使用半导体。

延伸阅读： 计算机芯片；电流；电子器件；绝缘体；晶体管。

半导体广泛用于电子装置，比如计算机芯片。

邦达尔

Bondar, Roberta

罗贝塔·邦达尔（1945—　）是第一位进入太空的加拿大女性，她是个医生。1992 年 1 月，她和另外 6 名宇航员搭载发现号航天飞机进行为期 8 天的飞行。在执行任务期间，邦达尔研究了空间飞行对人类的影响。她的实验还包括重力如何影响生物和材料的成形。邦达尔的工作涉及在空间飞行的失重状态下进行科学研究的工具和方法。

邦达尔于 1945 年 12 月 4 日生于安大略省苏圣玛丽。她于 1977 年在汉密尔顿麦克马斯特大学获医学学位，专业是神经病学，研究神经系统及其疾病。1983—1992 年担任宇航员，后来从事科学教育工作。2003—2009 年，在安大略省特伦特大学担任校长。

延伸阅读： 宇航员；太空探索。

邦达尔

堡垒

Fort

堡垒是一种坚固而又容易防守的建筑物。在古代，人们建造堡垒是为了安全和自卫。

在美国和加拿大，欧洲殖民者建造了方形的小堡垒，也称作碉堡，他们用这些堡垒来抵御攻击。这些堡垒通常是两层楼高的建筑，人们通过墙壁上的小口向敌人开火。

古罗马人建造了许多堡垒。在欧洲，早期的城堡就是建在山坡上的土制堡垒。后来的城堡有厚厚的石墙、铁门和塔楼。坚固的城堡很难被攻占。

今天，堡垒这个名字也被用作指美军基地。有些城市的名字里也有堡垒这个词，因为这些城市是围绕着堡垒建设的。

延伸阅读： 宇航员；太空探索。

威尔士的一座城堡（上）为弓箭手设计了厚厚的城墙和高塔。在美国的独立战争期间，殖民地居民袭击英军占据的印第安纳州的一座堡垒（下）。

贝尔

Bell, Alexander Graham

亚历山大·格雷厄姆·贝尔(1847—1922)是苏格兰发明家,他最著名的发明是电话。

贝尔出生在苏格兰爱丁堡,母亲是一名画家,父亲教聋人学习说话。贝尔也成为了一名教授聋人学生的教师。他同时进行有关电的实验。

贝尔试图发明一种更好的电报,那时的电报通过电线来传送一连串的键击信号。贝尔想借助发送电报的电线来传送人的声音。助手托马斯·A.沃森帮助贝尔制造了一台能传送特定声音的机器。1876年3月,贝尔把酸泼洒在自己的衣服上。他叫道:"沃森先生,我要你过来帮我!"沃森正在另一个房间里,但他听到了从机器里传来的贝尔的声音。

贝尔的发明开创了电话行业。但是贝尔余生大部分时间都在帮助聋人。

延伸阅读: 电报;电话。

贝尔

贝尔·伯恩

Bell Burnell, Jocelyn

乔斯林·贝尔·伯恩(1943—)是英国天文学家,她是第一个发现脉冲星的人。脉冲星相对较小,也不像其他星星那样发光,而是发出两个窄的无线电波束。当脉冲星旋转时,无线电波束像灯塔的光一样掠过地球表面。脉冲星由于它传递的能量的"脉冲"而得 名。

贝尔·伯恩

脉冲星属于一种名为中子星的恒星。自20世纪30年代以来,天文学家一直认为中子星存在,但他们从未发现过。贝尔·伯恩在1967年首次发现了脉冲星,当时她正在使用望远镜探测来自太空的无线电波。她的发现有助于证明中子星的存在,这个证据引发了许多关于恒星是如何形成和变化的新猜想。

贝尔·伯恩于1943年7月15日出生在爱尔兰北部贝尔法斯特。她于1968年获剑桥大学博士学位。1982年,她加入了苏格兰爱丁堡皇家天文台。在漫长的职业生涯中,她在

本茨

Benz, Karl

卡尔·本茨 (1844—1929) 是德国工程师和发明家，是发动机驱动汽车的制造先驱。他在德国曼海姆创建了奔驰公司，制造汽油发动机。

本茨在 1878 年开始建造他的第一台汽油发动机，他在 1885 年造出了第一辆发动机汽车。这辆车看上去不像现代汽车，它有一个小的前轮和两个大的后轮，但使用了许多现在仍在使用的汽车部件设备。例如，它的发动机是由电火花塞来启动的，发动机采用水冷却，就像现在的发动机一样。和现代的汽车一样，奔驰汽车使用特殊的齿轮，使其车轮能以不同的速度转动。他还设计了一种化油器和传导系统。

本茨于 1844 年 11 月 25 日出生于卡尔斯鲁厄，1929 年 4 月 4 日去世。

　延伸阅读：汽车；戴姆勒；汽油发动机。

本茨

泵

Pump

泵是一种输送液体或气体的装置。泵的用途广泛，它们用于家庭供暖系统、冰箱、井以及喷气发动机、汽车发动

抽水泵用来抽取井里的水。泵通过作用于上下运动的活塞上的力来工作。

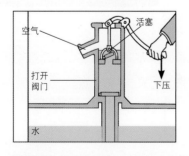

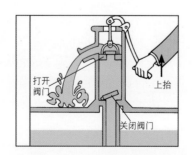

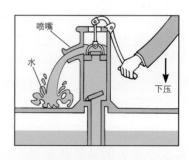

当手柄被按下时，活塞向上运动，压出空气。水通过泵底部的阀门进入，取代空气。

当手柄被向上拉起时，活塞向下运动吸入水。活塞上的阀门打开，同时泵底部的阀门关闭。

再次按下手柄使活塞向上运动，迫使活塞上方的水从喷口流出。

机。有些泵用于将空气压进自行车轮胎，另一些则用于将冷却化学品压入核电站。大多数泵是由钢制成的，但也有用玻璃或塑料制成的。

　　泵主要有两种类型。动力泵输送稳定流动的液体，它们用于喷气发动机和工厂。容积式泵一点一点地输送流体，常常用来吸排平稳的或稠厚的液体。

　　人们使用泵已有几千年了。古埃及人用系有水桶的水车把水灌溉到庄稼上。古希腊数学家阿基米德发明了一台螺杆泵，这是一根空心的螺杆，拧动螺杆能把地下的水抽上来。

　　延伸阅读：发动机；机械；活塞。

比尔·盖茨

Gates, Bill

　　比尔·盖茨（1955—　　）是微软公司的联合创始人，该公司后来成为世界上最大的计算机软件发行商。盖茨因而成为世界上最富有的人之一。

　　盖茨 1955 年 10 月 28 日生于西雅图。他在 15 岁时创办了他的第一家电脑软件公司，那时他和同学阿伦（Paul Allen）一起工作。1975 年，盖茨开始为当时新出现的个人计算机编制程序。同年，他创办了微软公司。

　　微软为个人计算机开发研制操作系统——主控程序。1980 年，盖茨制作了微软的磁盘操作系统（MS-DOS）。它运行在由国际商用机器公司（IBM）生产的广受欢迎的个人计算机上。1985 年，微软推出了 Windows 操作系统，它使得人们可以在计算机屏幕上使用窗口来控制其他程序。

　　2000 年，盖茨和他的妻子创立了比尔／美林达·盖兹（Bill & Melinda Gates）基金会，成为世界上最大的慈善基金会。

　　延伸阅读：计算机；国际商用机器公司；微软公司。

盖茨

避雷针

Lightning rod

避雷针可以使房屋和其他建筑物免遭雷击损坏。常见的避雷针类型是置于建筑物顶部的一根简单的金属棒，电线从避雷针上被引到另一根叫做接地桩的金属棒上，接地桩埋进地下约 3 米深。如果闪电击中建筑物，电荷就会安全地转移到接地桩上。

延伸阅读： 电流；富兰克林。

避雷针保护建筑物。闪电的电流从避雷针通过电线，安全地进入地下。

编织

Weaving

编织是织布的一种方式。在编织中，线互相交叉叠排，编织出多种织物。大多数毯子、衣服和地毯都是编织的。编织工使用不同类型的线。他们甚至可以使用草、薄木条、金属或其他材料。

所有的编织材料都有两组线。一组线呈纵向排列，称为经线。另一组线横向排列、一上一下地穿梭于经线之间，这组线称为纬纱。

编织有不同的类型。在平纹织物中，纬纱盖过一根经纱，又从下一根经纱下面穿过，一遍又一遍重复。其他类型的编织具有更复杂的图案。不同的图案有不同的构造。例如，在缎纹编织中，纬纱可以穿过 12 股经纱。缎纹编织质地非常柔软。在堆绒编织中，纬纱保持了在织物表面上方的圈环。这些圈环使地毯、毛巾和灯芯绒织成表面具有朦胧的纹理。

有些人用手工编织，但编织工经常使用织机。有些织机是用手扶杆或脚踏板操作的。工厂一般使用动力织机。

几乎所有织布机都以同样的原理织布。综框将经纱固定在适当位置。纤维或线绕成螺线状防止缠结。一种称为梭子的装置容纳纬纱。梭子有点像缝纫针。梭子将纬线在拉直的经线上一上一下地穿梭。当编织布料时，纺好的线被缠绕并紧固。布料则沿着织机底部的金属或木制综框输出。

延伸阅读：纺织品。

编织是线的互相交叉叠排。动力织机可以快速编织大量的布料。

变压器

Transformer

变压器是一种能改变电流电压的装置。电压从某种程度上讲就类似于电流的"强度"。变压器的工作电流是交流电，交流电的电流方向是作周期性变化的。

发电厂发出电压非常高的交流电。这种高压电流能够通过电力线长距离输送，但是这样的高压电流会毁掉大多数家用电器。变压器降低了进入到家庭或办公室的电流的电压，这样的电流可以用来为计算机、电视机和其他设备供电。

大多数变压器由两个线圈组成。线圈缠绕在空心的铁芯上。一个线圈连接到电流源，电流经变压后通过另一个线圈输出。线圈绕组的匝数决定了电压的变化量。

延伸阅读：交流电；电流；电力；发电厂；电缆。

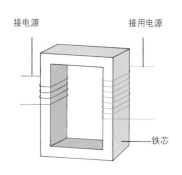

变压器通常有两个线圈，其线圈数不同。当电流从一个线圈传递到另一个线圈时，电压就变化了。

便携式媒体播放器

Portable media player

　　便携式媒体播放器是一个能放歌曲或视频的小设备。它有时也被称为PMP。人们也可以在某些PMP上阅读文本。许多手机也能当做PMP用。

　　第一台便携式媒体播放器是索尼的随身听，它是在1979年推出的，能播放盒式磁带。后来有了能播放光盘(CD)的PMP。

　　现代的PMP应用于数字化文件。这些文件能存储歌曲、视频或文本，可方便地从互联网上下载。苹果公司的iPod可以播放数字文件，这个广为流行的设备是在2001年推出的。

　　延伸阅读： 光盘；数字录像机；磁带录音机。

便携式媒体播放器可以播放歌曲和视频。

波尔科

Porco, Carolyn C.

　　卡洛琳·C·波尔科（1953—　　　）是一位天文学家，她研究太阳系中的行星和卫星。太阳系是指太阳和围绕它旋转的所有星球，包括地球。波尔科从事过几个太空探测项目。太空探测器是那些被发射到太空中用于近距离研究行星的机器，它们向科学家发送图片并输送其他信息。

　　旅行者1号和旅行者2号是波尔科首次参与研发的探测器。这两个探测器是在20世纪70年代后期发射的，它们拍摄了木星、土星、天王星和海王星的照片。探测器传来了其他的一些发现，包括土星环上的暗"辐条"。波尔科认为这些辐条可能是微尘受电磁力作用从主环上升而形成的。

　　20世纪90年代初，波尔科开始研究用于探测土星和其他卫星的卡西尼探测器。她被任命为影像组的负责人，该小组负责用探测器上的相机拍照。波尔科的小组有很多发现。例如，他们发现土星的卫星土卫二在间歇性地喷出水和冰。

　　波尔科于1953年3月6日在美国纽约出生。她于1983年在加利福尼亚理工大学获得博士学位。同年，她开始从事旅行者号探测器的研究工作。波尔科曾在亚利桑那大学和科罗拉多大学任教。她还在科罗拉多州的博尔空间科学研究院从事科学研究。

　　延伸阅读： 太空探索。

玻璃

Glass

玻璃是世界上应用最广泛的材料之一，它由沙子和其他材料熔化在一起而制成。玻璃有多种形式。它可以比蜘蛛的丝更细，也可以比钢更结实。大多数玻璃是透明的，也有呈各种颜色的彩色玻璃。

玻璃也是世界上最美丽的材料之一。几百年来人们对教堂窗户上美丽的色彩赞叹不已。许多人收集玻璃制成的精致的动物形状的物品。我们每天都在使用玻璃，用玻璃容器喝水，住宅、办公室和学校的窗户是用玻璃做的，汽车和其他车辆都有玻璃窗，有些人戴玻璃眼镜来改善视力。

玻璃是由沙子、石灰石和纯碱混合，然后加热至熔化，再将熔融的混合物冷却成形而成的。

玻璃有很多不同的种类。平板玻璃用于制作窗户，耐热玻璃用于制作炊具和工业齿轮，光学玻璃用于制作眼镜、照相机和望远镜。玻璃纤维由微小的玻璃丝组成。玻璃也与其他物质（如塑料）结合起来应用。例如安全玻璃是由一层塑料和一层平板玻璃制成的。玻璃的外层可能会破裂，但内层的塑料不会破裂。塑料把碎玻璃黏合住，防止它四处飞溅。安全玻璃可用来做挡风玻璃。

在玻璃制造厂里，巨大的物料箱里装着用来制造玻璃的沙子和粉末。熔炉将它们熔化成白炽化的液体。玻璃的融化温度在1427～1593℃之间。

随后，熔化的混合物进入成型工序。它可能被吹成一个灯泡状，也可能被挤压或拉伸，成为细棒或纤维，或者被压制铸造成我们想要的形状。今天制造的大多数玻璃被称为浮法玻璃，即让熔化的玻璃液体流到熔融的锡池上，牵引出一大片宽阔的玻璃。熔化的玻璃"漂浮"在液体锡的上面，形成一个非常均匀的玻璃层。热玻璃必须均匀地冷却成固体，否则形成固体后的玻璃很容易破碎。

自然界中也存在玻璃。被称为熔岩的细长管状玻璃，是由闪电熔化了沙石而形成的。有时火山爆发会将岩石和沙子融化成一种叫作黑曜石的玻璃。

人类大约在公元前3000年第一次使用玻璃作为陶器上的釉，

玻璃可以被制出各种不同的形状和颜色。

第一批玻璃器皿则是在公元前 1500 年在埃及和美索不达米亚制造的。早期的玻璃制作工艺费时而困难，而且非常昂贵。古罗马人改进了玻璃的制作方法，到了 13 世纪，意大利威尼斯成为玻璃制造业的中心。在 17 世纪末，英国人用铅来制造玻璃，这种玻璃被用于制作望远镜等仪器。1880 年以后，玻璃制造商开始广泛使用天然气作为炉子的燃料，它比烧煤或木柴更好用。他们建起了大型的玻璃厂，并且学会了制作更坚硬、更好的玻璃。今天，科学家们仍然在研究改进玻璃制作工艺过程的方法。

延伸阅读： 透镜；玻璃纤维；材料。

玻璃是许多现代建筑的重要组成部分。

玻璃纤维

Fiberglass

玻璃纤维是玻璃极细的纤维形式，它可以比人的头发丝还细很多。玻璃纤维在视觉上和感觉上都很像丝绸，它很柔软，但比钢更结实。玻璃纤维不会燃烧、拉伸、腐蚀或褪色。

玻璃纤维具有良好的绝缘性能，能阻隔空气并阻止热传递。玻璃纤维保温层被用来增强建筑物的隔热性能，玻璃纤维也被用作隔声和绝缘材料。消防队员穿玻璃纤维做的衣服来抵御大火的热量。

玻璃纤维制造厂的工人正在检查玻璃纤维。

玻璃纤维与塑料结合形成坚固、轻质的材料，可用于汽车车身、船体、建筑板、钓鱼竿和飞机零部件。

延伸阅读： 玻璃；绝缘体；塑料。

伯纳斯－李

Berners-Lee, Tim

英国计算机科学家蒂姆·伯纳斯－李发明了万维网，简称Web。Web是全世界计算机网络即互联网的一部分。Web允许计算机用户制作和查看网页，网页除了包含文字外，还包含图片、声音和视频。Web使普通民众更容易使用互联网。

伯纳斯－李在瑞士日内瓦附近的欧洲核研究组织工作时开发了这个网络。1980年，他创建了一个名为超文本的系统，它可以在一台计算机中将一个文件中的单词链接到其他的文件上去。1989年前后，他开发了万维网。万维网最初被科学家使用。1991年，Web成为互联网的一部分。此外，伯纳斯－李创建了一个制作网页的编码系统，还开发了一个在互联网上组织网页的系统。

延伸阅读： 计算机；互联网；网站。

伯纳斯－李

博尔登

Bolden, Charles Frank, Jr.

小查尔斯·弗兰克·博尔登（Jr, 1946— ）是由美国总统奥巴马任命的美国国家航空和航天局（NASA）的行政首脑，任期从2009年到2017年。博尔登是一名飞行员和宇航员，也是首位领导该机构的非洲裔美国人。

博尔登1946年8月19日出生于南卡罗来纳州哥伦比亚。他曾在美国海军学院学习。作为海军陆战队的战斗机飞行员，他于1972—1973年间参加越南战争。他还在1991年的海湾战争中担任指挥官。

博尔登于1980年加入美国国家航空和航天局的宇航员队伍。他进行了四次航天飞机飞行，并在其中两次飞行中担任指令长。1994年最后一次航天飞机飞行后，他离开美国国家航空和航天局回到海军陆战队，担任海军学院的副指挥官。2003年，他从海军陆战队退役。

延伸阅读： 美国国家航空和航天局。

博尔登

布卢福德

Bluford, Guion Stewart, Jr.

盖恩·斯图尔特·布卢福德（1942—　）是第一个在太空旅行的非洲裔美国人。1983年8月30日，布卢福德和其他四名宇航员在挑战者号航天飞机上开始了为期六天的飞行。在这次飞行中，布卢福德为印度发射了一颗卫星。他还测试了航天飞机的机械手，宇航员们用这个机械手臂将重物从货舱转移到太空，然后又回到了货舱。

布卢福德1942年11月22日出生于费城。他于1964年进入空军，于1978年开始训练成为一名宇航员。布卢福德一直在航天飞机飞行中服役，1993年，他辞去了宇航员的职务，并从空军退役。

延伸阅读：宇航员；太空探索。

布卢福德

步枪

Rifle

步枪是一种长管内有螺旋沟槽的枪械。螺旋沟槽（也称膛线）使子弹旋转。没有旋转，子弹就会偏离目标。子弹在枪管里沿膛线反复旋转，旋转运动增加了子弹的精准度。步枪是大约16世纪在欧洲发明的，它比之前任何一种枪支都更精准。

步枪通常以肩托着来射击。士兵在战斗中使用步枪。人们也用步枪猎杀动物并在射击比赛中用步枪作为比赛用枪。

军用步枪和比赛用步枪有很大区别。军用步枪被设计成能在最恶劣的条件下工作的样子。大多数军用步枪都是自动或半自动的。自动步枪可以一次接一次地扣压扳机，让子弹一颗接一颗地迅速射出。半自动步枪射击时每扣压一次扳机就要重新加装子弹。许多狩猎和狙击步枪需要更长的时间来重新装载子弹。

延伸阅读：火器；枪。

材料

Materials

　　材料一般是指有用的固体物质。有些材料是天然的，它们是在自然界中发现的，没经过多大的改变就可拿来使用，比如石头和木材。其他材料，像塑料，并不是天然的，而是人工合成材料，是人们通过合成或者改变天然材料而来的。橡胶既是天然材料又是合成材料，天然橡胶来自树，合成橡胶来自石油。研究和发展材料的科学家被称为材料学家。

　　材料有各种不同的性质。有些材料又硬又重，比如钢和混凝土，这种特性使得钢和混凝土在建造摩天大楼时很有用。而有些项目需要既坚固又轻质的材料，如汽车和飞机采用轻质金属和塑料制造。

　　玻璃是一种重要的材料，因为光线能够通过它。玻璃是由沙子和其他矿物制成的。许多种类的塑料也能让光线通过。塑料是从石油里提炼的，它们可以被制成几乎任何形状。

　　有些材料，包括许多金属，能够导电，这些材料叫作导体，电线就是由铜这样的导电材料制成的。其他一些材料，

树木长久以来被用于建造房屋、船只和家具。

皮革和毛皮来自动物，被用来制作温暖的衣服。

坚硬的石头，如大理石，常用于建筑物、雕像和纪念碑。

如塑料或橡胶，能够阻隔电流，被称为绝缘体，电线的外层通常包裹了绝缘材料以作保护。有些材料同时兼有导体和绝缘体的性能，被称为半导体，计算机的芯片就是由半导体制成的。

几种合成材料有时被组合成为一种新的合成材料，例如把玻璃的纤维丝添加到塑料中制成玻璃纤维材料，它是一种硬而轻的材料，用于制造汽车零件、鱼竿和船只。

所有的材料都是由被称作原子和分子的极小的粒子组成的，原子和分子决定了材料的性质。就像搭积木一样，它们相互之间通过化学键结合在一起。材料学家根据它们的三种化学键来给材料分类。金属间形成一种化学键，砖块、水泥和玻璃等陶瓷间形成另一种化学键，塑料是第三种化学键。

延伸阅读： 建筑施工；水泥和混凝土；玻璃；金属；塑料；合成材料；纺织品。

金属，如钢铁，有许多对现代建筑和技术有用的特性。

陶瓷包括砖块，通常坚固而耐热，但易碎。

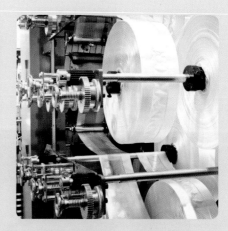

塑料是由石油中的化学物质制成的，它们可以被制成各种形状。

实 验

测试材料性能

! **务必请老师或其他成年人检查你的实验是否安全，并提供帮助。**

我们周围都是材料。有些材料是天然的，有些则是人工合成的。有些材料来自动物，另一些则来自矿物或化学制品。人类依靠品种多得惊人的各种材料创造了各种各样的发明，从古老的农具到摩天大楼，再到先进的计算机。

在使用材料之前，我们必须了解它们的性质，否则，我们在制作时可能会用错材料，导致无法正常工作。了解材料的性能和用途的一个好办法就是测试它们的特性，简单的试验包括加热、弯曲、锤击、划痕和浸置在水中。

尝试从你的家庭内外收集 20 种或更多的材料。最好从简单的材料开始，比如一块木头、一勺盐或者一块岩石。尽量不要采用超过一种材料制成的东西。

你需要准备：

- 20 个或更多不同材料的样品（木材、盐、岩石、树叶、铝箔）
- 烤盘
- 烤箱
- 一块布
- 一把锤子
- 一只碗
- 水
- 钢笔或铅笔
- 纸

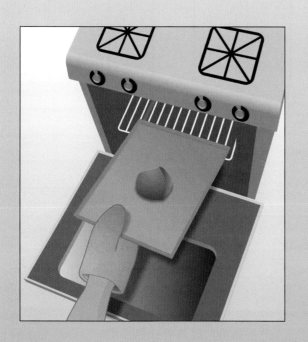

1. 在成年人的监督下把一个小样本放在烤盘上，放进冷的烤箱里，把烤箱加热，然后把它关掉，等到冷却后再取出样品。

测试材料性能

  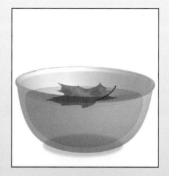

2．试着用手弯曲一个较大的样本。

3．在成年人的监督下把每个样品包在一块布里，用锤子敲打。它会碎吗？

4．把每个样品放在一碗水里。它是浮的还是沉的？如果你把它浸在水里几天，它会变化吗？

5．测试完了你的材料后，在数据表上填写结果。列出的结果显示了这些材料的性能。

	材料	加热是否燃烧	弯曲	锤击	加水	天然、人工或兼有	金属、非金属或兼有
1.	木	燃烧	碎裂	凹进去	漂浮	天然	非金属
2.	盐						
3.	岩石						
4.	树叶						
5.	枝条						
6.	铝箔						
7.							
8.							

　　数据表将帮助你把收集的样本排列起来，并发现其中每一种材料的性质。这些材料被列在数据表上，表中也已经给出了一些材料并记录了它们的性质。借助于这个思路作为起点，制定你自己的数据表。通过练习，你可以设计出你自己的测试，从你收集的样本中发现合适的材料类型。如果你真的设计好了你的测试，一定要先让成年人检查，以确保安全。

采矿

Mining

采矿就是从地下提取矿物或其他物质。人们开采铁矿用于制造建筑物、汽车、冰箱和许多其他东西。人们开采盐作为食物；开采煤炭作为燃料；开采石头用于建筑物；开采砾石用于道路。金、银和钻石都来自矿场。

采矿有许多种方式。一些矿物位于或接近于地球的表面，包括金、锡和铜。莱姆石、石膏和云母来自采石场的表面，沙、砾石和大石头也在采石场里开采。

有些矿物在地下深处，包括铅、钾、盐和铀。煤炭也要从地下开采。有些矿物溶解在海洋里，比如盐、镁和硫。另一些矿物分散在岩石和砾石中，还有一些矿物存在于大量的岩石中。

如今，大多数矿工使用机器和重型设备进行开采工

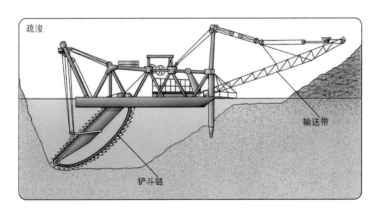

地表采矿采集接近地球表面的物质。在疏浚（上图）中，机器从湖泊或池塘中挖出松散的沙子或砾石，再将有用的矿物从沙子或砾石中分离出来。在沟槽采矿（下图）中，工人们在地下挖出一个浅平层，再挖到下面的煤或其他矿物，渣石则被抛在后面。

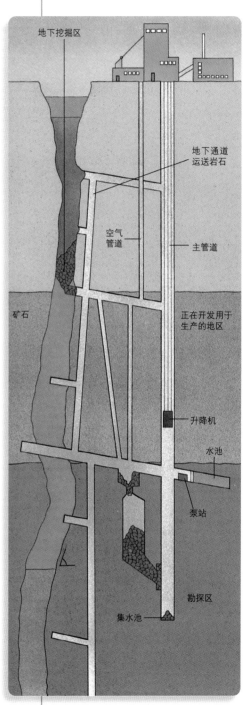

竖井是一个包含水平和垂直的通道的系统，能将矿石输送出来并运至地表。

作。大功率钻头可以一直钻挖到含有用矿物的岩石层，另一些机器则把矿石挖出来，动力铲斗把矿石装进卡车或矿车。在地下矿井中，升降电梯将矿石运上地面。矿工们使用泵从海洋中抽取矿物质，他们有时用炸药将含有矿石的大块坚硬的岩石粉碎。

开矿需要很多人的努力，包括地质学家、化学家、工程师、计算机专家、电工、卡车司机和检查员。

延伸阅读：合金；材料；金属。

柴油发动机

Diesel engine

柴油发动机经常用于重型设备。像汽油发动机一样，柴油发动机也要燃烧燃料。燃烧使发动机中的气体变热，热气体膨胀，推动发动机的部件运动。这些部件又带动发动机外面的部件运动：它们可能是汽车的轮子，也可能是船的螺旋桨。

汽油发动机用火花点燃燃料，柴油发动机则用压力点燃燃料。

柴油发动机笨重但高效。高效的发动机在一定的耗油量下可以输出更大的能量。柴油发动机用于公共汽车、货车、重型建筑设备、机车、船舶和拖拉机，它们也可以用来发电或抽水，有些汽车也采用柴油发动机。

延伸阅读：汽车；汽油发动机；卡车。

超导体

Superconductor

超导体是一种能在不损失能量的情况下传导（携带）电流的材料。许多常用的材料是电流的导体。例如，铜线能很好地传导电流，但是电流中的某些能量在电流通过导线时因发热而损耗。但在超导体中，电流根本不损耗能量。

电和磁是密切相关的。鉴于这个原因，一些超导体被用来制造超强的磁体。

许多金属可以变成超导体。但是它们必须被冷却到极低的温度。这种低温在日常生活中很难产生。由于这个原因，超导体无法广泛使用。某些陶瓷材料可以以比金属更高的临界温度变成超导体，但它们还是必须被冷却到远低于冰点的温度。

延伸阅读：电流；金属；金属丝。

超导体具有几个惊人的特性。例如，超导体会排斥磁场，使磁铁悬停在它上面而没有接触。

秤

Scale

秤是用来计量重量或质量的装置。秤可以计量非常轻的物质，如化学试剂，或者可以称较重的物体，比如汽车。

最古老的秤是天平，公元前 2500 年，它在埃及被首次使用。天平是一根水平杆，每一端各有一个平底盘。为了称出物体的质量，人们把它放在天平的一个盘里，并把已知质量的物体放在另一个盘子上。当两个盘子处于平衡时，就可以推算出第一个物体的质量。机械秤是在 18 世纪被发明的。一些机械秤具有可调节的内置砝码，另一些秤使用弹簧代替砝码。有些秤以电子方式测出质量。

延伸阅读：天平。

秤用于计量某物的质量或重量，如称量一些糖。这里展示了两种机械秤。

齿轮

Gear

齿轮是指在轮缘上有齿槽的轮子或圆盘。齿轮是成对工作的，一个齿轮必须与另一个齿轮相啮合，当一个齿轮转动时，另一个齿轮也跟着转动。

齿轮的形状和大小都不同。微小的齿轮推动手表的指针，巨大的齿轮驱动油轮的螺旋桨。大多数齿轮是由钢制成的，有些则是用其他金属或塑料制成的。

齿轮的中心有一根叫作轴的金属棒。一个齿轮轴连接动力源，例如电动机。当这根轴转动时，它的齿轮也转动，于是使第二个齿轮跟着转动。当第二个齿轮转动时，它的轴驱动机械设备，去做一些有用功。齿轮可以改变机器的转速和旋转力。比如，当用小齿轮去转动大齿轮时，大齿轮转动得比小齿轮慢，但它转动的力更大。

延伸阅读：机械；轮轴。

轴

齿

齿轮由轮轴和带有齿槽的轮子或圆盘组成。
转动一个齿轮会使另一个齿轮转动。

除湿器

Dehumidifier

除湿器是一种能去除空气中水分（湿度）的机器。温暖的空气比冷空气含有更多的水分。空气里湿度过高会让人感到不舒服。除湿器通过除湿使房间里的空气变凉，它也能防止室内的霉菌滋生。

除湿器有两套管道（见图示的弯曲部分）。风扇把空气吸入一组被称为蒸发器的冷管，空气变冷去除空气里的水分。另一个

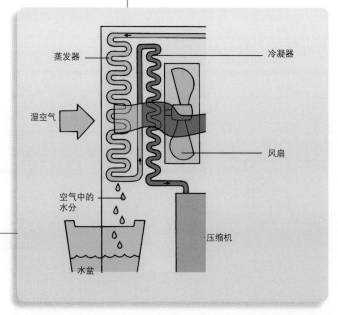

蒸发器

湿空气

空气中的
水分

冷凝器

风扇

压缩机

水盆

除湿器把空气中的水分除去。风扇吸入潮湿的空气，冷空气通过蒸发器后失去水分，然后再由冷凝器加热并释放出来。

管道称为冷凝器，它将空气加热到室温后再吹回到房间。从空气中提取出的水分可以通过软管排出，或被收集在一个特殊容器中。

延伸阅读：空调器。

传真机

Fax machine

传真机通过电话线路来发送和接收书面文字和图片。传真一词来自 facsimile，意思是精确的复制。传真机可以发送任何文件的副本，如信件、图片、地图或报告。

发送方和接收方都必须有传真机。发送方将要发送的文件放入传真机，然后拨通接收方传真机的电话号码。发送方的机器会扫描文件，将文件内容转换成电信号，电话线将此电信号传送到接收方的传真机，接收方传真机再将电信号打印成文件的准确的副本。

第一台传真机是苏格兰科学家贝恩（Alexander Bain）在 1842 年制造出来的。20 世纪 30 年代，新闻报社开始使用传真机发

传真机通过电话线传送文件副本。

送照片，许多企业在 20 世纪 80 年代开始使用传真机。那时的传真机只能在特殊的纸张上打印。如今，大多数传真机都使用普通纸。现在的传真机可以在 10 ~ 30 秒内发送一页纸。不过，由于许多原因，传真机现在已经被电子邮件和其他互联网通信所取代。

延伸阅读：复印机；电话。

船舶

Ship

船舶是大型的海上交通工具。船是最古老也是最重要的运输方式之一。每天，成千上万的船只行驶于海洋。有的沿着海岸线航行，有的在内陆水道上航行。

有些船是简易的木制船。另一些船只是迄今为止建造的最大结构的船舶，那些巨大的货船纵横交错地横跨海洋，构成了各国之间的贸易网络。军队用舰艇运输部队和装备，最大的军舰是航空母舰，它们是漂浮的军用基地，可以起降战斗机。

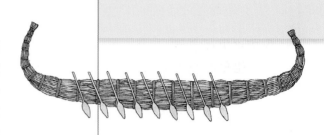

公元前 3500 年，埃及人用芦苇舟沿着尼罗河行驶。

海船和小船的区别主要是尺寸。海船是大船，它要携带一切需要穿越海洋的物资。一艘大船几乎就像一座漂浮在海上的城市，船上有自制的动力源，如供热和发电。另一方面，小船的船体较小，通常离岸边很近。

每艘船都有一个称为船体的防水外壳，船体被做成易于在水中穿行的形状。龙骨常被称为船的脊梁骨；它像一个长鳍或靠着船体底部的刀片，有助于保持船舶稳定。船舶通常载有称为压舱物的额外重物，没有压舱物，船可能会倾覆。

最早的船舶是靠人提供动力的，人们通过划桨来驱动船舶。帆船借助风提供动力。大多数近代船舶燃烧燃料作为动力，船上的发动机驱动螺旋桨在水下旋转，螺旋桨把船向前推。核能为少数大型船舶提供动力，几乎所有的核动力舰艇都是军用船只。

公元 200 年左右，罗马装着谷物的船横跨地中海运送农产品。

现在大多数船舶都是货船，装载原材料或工业产品。货船有几种形式的：集装箱船舶装载大型箱子，这些箱子可以装各种货物。集装箱便于装卸，因为它们装运的箱子都有相同的形状和大小；油轮载运液体，通常是石油；干散货船运输粮食或金属矿石等原材料。另一些船舶不携带货物，它们执行其他任务：破冰船用于破碎水面冰层，开辟航道；拖轮用于拖曳其他船只；客船用于载人；人们用游轮度假。

船舶是由造船设计师设计的。船几乎总是在水域附近建造，有些建在干船坞里。干船坞是当船准备下水时可以被水灌满的造船场所。

北欧海盗在 8 世纪至 11 世纪驾驶这种长长的、狭窄的快船在大西洋上航行。

船上的生活与陆地上的生活完全不同。风、水流和波浪使船不断地颠簸，这会使人晕船。船舶必须携带足够的食物、药品和用于航行的燃料。许多现代船舶都有自动化装备。但即使是高科技装备的船也需要一支团队，船长对船上的所有人和事负有责任。

　　船舶必须遵守海商法，必须通过安全测试，每艘船都必须悬挂某个国家的旗帜。一个国家的商船包括所有悬挂该国旗的商业船舶。

　　船舶会引起污染和其他形式的环境破坏。油轮漏油是最严重的环境事故之一。船舶也可能把植物、动物带到其他地方，这些生物常不受控制地繁殖，成为入侵物种。

　　有些最早的水手在 130 000 年前穿过地中海，他们定居在克里特岛上。世界上许多伟大的文明都依赖于船舶，人们用船只进行贸易、探险和战争。公元前 3000 年，古埃及人学会了建造帆船，埃及船只在尼罗河上运载巨石。古代腓尼基人、希腊人和罗马人改进了制造船舶的技术。

　　在 8 世纪至 11 世纪，海盗船绕欧洲航行，一些海盗到达格陵兰岛和北美洲。15 世纪初，中国航海家郑和指挥了一支庞大的船队，绕着印度洋航行。随着时间的推移，船只使用更多的帆和支撑帆的柱子，这种柱子叫作桅杆。从 15 世纪开始，欧洲水手驾船横穿大西洋，来到了"新大陆"北美洲和南美洲，他们的航行改变了美洲和欧洲的生活方式。

柯克船是一种装有方形帆的单桅船。它是 13 世纪的北欧人研制的。

1959 年在美国下水的萨凡纳号是世界上第一艘核动力商船。

1858 年在英国下水的大东部号将蒸汽动力和帆组合在一起。

　　延伸阅读： 导航；纵帆船；蒸汽机；潜艇；运输。

现代集装箱船载有大量货物。货物被装入大的、形状相同的集装箱内。

锤子

Hammer

　　锤子是用来敲击钉子和其他物体的工具，也可用来使金属或其他材料弯曲或成型。不同形状和大小的锤子可以用来完成不同的任务。

　　木匠通常用羊角锤，羊角锤的一端是钝的，用来把钉子钉进木头或其他材料里；另一端是弯曲的，中间分开，可用来把钉子从材料里拔出来，叫作羊角。

　　大锤有一个长柄和一个沉重而粗壮的头，用来砸东西。圆头锤的头部像一个球，用于捶打金属。

延伸阅读： 工具。

木匠使用羊角锤敲击钉子。

瓷器

Porcelain

　　瓷器因其精美的外观和较高的强度而备受人们青睐。瓷器是一种陶瓷的材料，像其他陶瓷一样，瓷器是由黏土高温烧制而成的。有些瓷器是白色的、精致的、半透明的。瓷器通常被称为中国瓷器，因为它是中国最早制造的。瓷器还是最硬的陶瓷产品，鉴于这个原因，它常被用来制造一些电气和实验室设备。最名贵的瓷器被用来制成花瓶和盘子，也被用作装饰物。

　　瓷器是两种成分的混合物：高岭土和瓷石。高岭土是一种纯白色黏土，瓷石是一种仅中国有的矿物质，它被研磨成细粉与高岭土混合。该混合物在约 1 250 ～ 1 450℃的温度下被焙烧。在高温下，瓷石熔合在一起，形成了一种天然石英，而高岭土不会熔化，仍保持其固有的形状。当瓷石被加入到高岭土里时，制瓷的过程就完成了。

延伸阅读： 材料；陶瓷。

瓷器的价值因其精美的外观而凸显。

瓷器的稳定性使得它在电气设备中很重要，比如这个火花塞。

磁带录音机

Tape recorder

磁带录音机是一种曾被广泛用于存储声音、图像和其他信息的机器。它把声音信息存储在磁带上。磁带可以放在一个称为磁带盒的盒子中。磁带录音机可以回放录音。

磁带是一种薄型塑料带。在录音过程中，声音被转换成电信号。这些信号产生磁性变化，这些变化在磁带上产生磁性结构。当磁带被播放时，磁结构被转换回电信号，然后电信号传送到扬声器，把它们还原回声音。大多数盒式磁带有两个叫作卷轴的轮子。磁带录音机运行时，磁带逐渐从一个卷轴转到另一个卷轴。

丹麦发明者颇尔升 (Valdemar Poulsen) 在 1898 年制作了第一个磁记录设备。第二次世界大战期间，德国工程师制造了塑料磁带。到了 1950 年，磁带录音机在音乐界被广泛使用。在 20 世纪 60 年代中期，消费者可以购买到盒式磁带。这些磁带流行了许多年。但到 20 世纪 90 年代，光盘 (CD) 和数字音乐文件变得流行起来。到了 2010 年，已很少有消费者在盒式磁带上听音乐，但是磁带仍然在使用。一些备份计算机存储设备将数据记录到磁带上。

延伸阅读： 光盘；数字录像机；磁体；录像机。

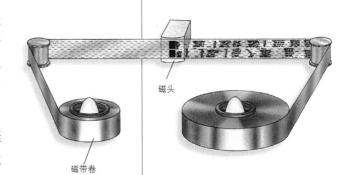

磁头

磁带卷

盒式磁带有两个磁带卷轴。当磁带从一个卷轴卷动到另一个卷轴时，它通过一个记录磁头。磁头记录磁带上磁性图案的信息。

录音机曾被广泛用于声音和音乐的录制。这个手持式录音机有一个用来录制口头表述的麦克风。

磁体

Magnet

磁体能够吸引或推开某些物体,它的磁性具有一种明显而无形的力,这种力对某些金属尤为显著。磁体可用作紧固件和夹子,微型磁体则可用于电子设备,包括音频播放器、电子计算机、电话和电视。

磁体有许多不同的形状,最常见的是条形、圆盘形、方形、圆柱形和矩形。马蹄形磁体是弯曲成U形的条状磁体。

不管形状如何,所有的磁体都有两个叫作磁极的区域,一个叫北极,另一个叫南极。如果两个磁体结合在一起,相同的磁极会互相排斥,比如两个北极将相互推开。如果两个磁极是相反的,磁体就会互相吸引,比如北极和南极会合在一起。

磁体有三种基本类型,它们是永磁体、临时磁体和电磁体。

永磁体很常见,它们在许多磁性玩具中都有使用。它们被用来固定或捡起别针和回形针,也被用来在冰箱上挂便条。

临时磁体通常是金属块,它们本身不是磁体,当它们接触到一块磁体时,就会被磁化。例如,如果你把一块永磁体放在一堆回形针的上面,回形针会附着在磁体上。但并不是所有的回形针都需要接触到永久磁体才会被吸住。

那些接触到永久磁体的回形针变成了临时磁体,它们又吸住了其他更多的回形针。当磁体从回形针堆里拿走后,回形针就不再互相吸引。

电磁体从电流中获得磁性。最简单的电磁体是一个通电线圈。线圈的一端变成电磁体的北极,另一端变成南极。如果把电流方向颠倒,磁极也相应变换位置。如果电流停止,线圈就失去磁力。电磁体的这个特点可用来作为开关和电动机使用。

有些岩石、矿物和陨石是天

矿物磁铁矿,又称"磁石",是一种能吸引铁和某些其他金属的天然磁铁。

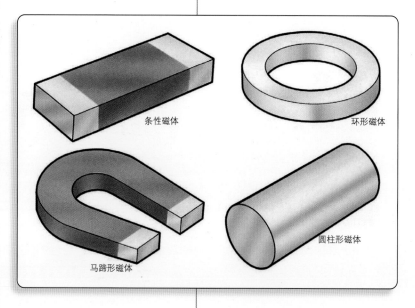

条性磁体

环形磁体

马蹄形磁体

圆柱形磁体

磁体有许多不同的形状。

然磁体。地球、太阳和太空中的许多其他天体都是巨大的磁体。宇宙中最强大的磁体是中子星,也就是恒星爆炸的残骸。

延伸阅读: 指南针;电动机;电磁铁。

磁悬浮列车

Magnetic levitation train

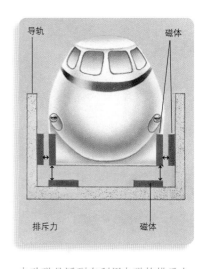

电动磁悬浮列车利用电磁的排斥力,使火车与导轨免于接触。

　　磁悬浮列车运行时漂浮在轨道上,并不接触轨道,这种轨道被称为"导轨"。磁悬浮列车是由于磁力的作用而悬浮的,因它的车轮与导轨没有摩擦而不会减慢速度,因此,它既快速又安静。现在的磁悬浮列车能最快以480千米/时的速度良好运行。

　　磁悬浮列车主要有两种类型,分别依赖于磁力的两个特性:排斥力和吸引力。

　　电动磁悬浮列车采用电磁的排斥力,车辆由于磁铁的排斥力而被导轨推开,脱离接触。

　　电磁磁悬浮列车采用电磁的吸引力,车辆被向上拉而离开地面。

延伸阅读: 电磁铁;火车。

世界上第一条商业运行的磁悬浮铁路系统在中国上海开通。

达·芬奇

Leonardo da Vinci

列奥纳多·达·芬奇（1452—1519）是一位伟大的艺术家和科学家。他生活在意大利的文艺复兴时期，这是艺术和科学伟大辉煌的时期。

在 15 世纪 60 年代末，达·芬奇在佛罗伦萨成为杰出的画家和雕塑家韦罗基奥（Andrea del Verrocchio）的学徒。在完成学徒生涯后，他又为韦罗基奥当了几年助理。达·芬奇画了世界上最著名的两幅画：《蒙娜丽莎》和《最后的晚餐》。他在作油画之前往往先画一些素描打草稿，还利用草图来表达他的科学思想。此外，他还是一个建筑师和工程师，主持了好几个大型建设项目。例如，他对米兰市的运河进行了改造设计。

达·芬奇研究的科学领域非常广泛，他的创意数以百计，其中许多超越了他的时代。例如，达·芬奇是第一个研究鸟是如何飞翔的人。随后，他绘制了直升机和降落伞的草图，在这之后几个世纪，飞行器才被发明出来。他设计了各种武器，包括坦克、机枪、可移动的桥梁。他也是研究人体解剖的先驱。

达·芬奇生于 1452 年 4 月 15 日，可能是在意大利中部佛罗伦萨附近的芬奇村外，达·芬奇这个名字就是从芬奇来的。他一生的大部分时间都在佛罗伦萨和米兰度过。他于 1519 年 5 月 2 日去世。

延伸阅读：工程；发明。

达·芬奇

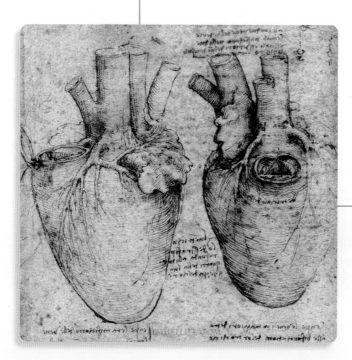

达·芬奇在 16 世纪初就画出了人类心脏的草图，他的作品帮助人们更多地了解了器官的结构。

打字机

Typewriter

打字机是在纸上打印文字和数字的机器。第一台打字机是由一位名叫肖尔斯 (Christopher Latham Sholes) 的美国发明家在 1867 年发明的。100 多年来，人们在家里和办公室里用打字机写作。但是今天很少有人使用打字机，因为电子计算机取代了打字机。

打字机上的每个键上都对应一个字母或数字。当击键时，键击中色带或薄带状碳带。色带或碳带位于纸张前面，键击中色带或碳带的力就会在纸上留下痕迹。

延伸阅读： 计算机；纸；印刷。

打字机曾经是家庭和办公室的常用工具。

大帆船

Galleon

大帆船是指大型、快速，并且装备了大型枪炮的船只，大帆船从 16 世纪中期开始在海上航行。

第一批大帆船是意大利商人用来在海上运送货物的工具。1570 年，英国船长霍金 (John Hawkins) 把大帆船改建为军舰。这艘英国军舰有 12 门大炮从船舷伸出，小型火炮则安装在甲板上。

西班牙用大帆船从北美洲和南美洲的殖民地运回黄金和白银。不过，这些大帆船很难驾驶，经常成为加勒比海海盗的猎物。

延伸阅读： 枪；船舶。

大帆船是 16 世纪的一种大型、高速、具有武装的船只。

代那买特

Dynamite

代那买特是一种炸药。它能在筑坝和筑路时炸开岩石，矿工们将炸药用于挖掘金、银、煤和其他材料。代那买特曾在战争中广泛使用过，但现在用得不多。

代那买特的主要成分是一种叫作硝化甘油的化学物质，它是一种重而油性的液体，极容易爆炸。人们在硝化甘油中添加了其他的化学物质，从而使炸药的处理和使用更加安全。

炸药是瑞典化学家诺贝尔在 1867 年发明的。诺贝尔把硝化甘油和一种白垩土混合在一起，他发现这种混合物处理起来更安全，而且比当时使用的火药炸药更有效。诺贝尔设立了诺贝尔奖，每年颁发给科学家和其他人。

延伸阅读： 炸药；硝酸甘油。

用蜡纸或塑料纸将炸药包装成圆柱体。炸药可以用来拆除建筑物，爆炸使建筑物倒塌。

戴姆勒

Daimler, Gottlieb

戈特利布·戴姆勒（1834—1900）是德国工程师。他发明了一种本身质量很轻，但足以驱动汽车的发动机。以前，人们曾试验过由蒸汽动力来驱动四轮车。戴姆勒的发动机被称为"内燃机"，靠燃烧汽油来工作。

1885 年，戴姆勒和另一位德国工程师梅巴赫（Wilhelm Maybach）一起制造了一辆机动自行车。1886 年，他们制造了一辆机动四轮车。

戴姆勒于 1890 年创立了戴姆勒汽车公司，该公司于 1901 年制造了第一辆梅赛德斯汽车。戴姆勒公司和奔驰公司于 1926 年合并为戴姆勒－奔驰公司。该公司现在的名称是戴姆勒公司。

延伸阅读： 汽车；本茨；汽油发动机。

戴姆勒

导弹

Guided missile

导弹是一种具有目标导向的飞行武器，它们一般用喷气发动机或火箭发动机驱动，可从地面、船只、飞机和直升机上发射。有些导弹是自行引导的，它们载有导航计算机。有些导弹甚至可以追逐和摧毁一个移动目标，比如飞机或者另一个导弹。另一些导弹虽然没有导航，却能够在人的控制下飞行，因为它们遵循地面无线电控制器的指示。

导弹由喷气发动机或火箭发动机提供动力，它们可以打击遥远的目标。

大多数导弹看起来像火箭，有些导弹有短的翅翼。导弹一般有一个或多个称为弹头的爆炸部件。导弹的尺寸介于 1.2 米到 18 米之间。导弹的最大射程可达 1.5 万千米。德国在第二次世界大战期间研制了第一枚导弹。二战后，美国和苏联制造了数千枚核弹头导弹。许多导弹是从无人驾驶的飞机上发射的。

延伸阅读： 军用航空器；喷气式飞机；火箭。

导航

Navigation

导航是寻找和引导人或物的技术。船长或机长必须领航船舶、飞机。航天器有复杂的导航设备，人们也用导航技术来驾驶汽车或者给行人导航。导航的人被称为导航员。现在，借助计算机和卫星人们已很容易导航了。

"导航"这个词来自两个拉丁文，意思是"船舶"和"驾驶"。海上航行的船只曾经依赖专业导航员，否则，这些船只可能很容易迷失方向。基本导航工具包括地图和指南针。指南针是用来指明南北和东西的工具。

早期的导航方法称为航位推算法。要使用航位推算，

六分仪可用于测量地平线和空中物体之间的夹角，帮助航海者确定位置。

全球定位系统(GPS)设备被驾驶员用来确定他们的位置。这些装备根据来自卫星的无线电信号来准确定位。

飞行员使用许多无线电和计算机设备来跟踪飞机的位置和方向。

航海家必须准确地知道船舶在某一时刻的位置。然后导航员计算出船速和船航行过的航线。导航员可以利用时间差来计算出船只已驶过的地方。

另一种方法叫作引航。引航时，领航员使用一个地标，例如浮标，以确定船舶的位置。浮标被标记在一张称为海图的特殊地图上。领航员计算出船离浮标有多远，在浮标的哪个方位。领航员也能够用海图或其他工具准确地定出船舶的位置。

航海家也可以利用星星、太阳和月亮在天空中的位置算出船在地球上的位置。

现代航海家使用无线电信号。全球定位系统(GPS)帮助人们轻松容易地导航。这是一个环绕地球轨道的卫星系统。卫星发射无线电信号，这些信号可以通过在船舶、汽车、甚至手机上的装备来获取。这种装置根据所获得的信号确定它们的位置。

延伸阅读： 飞机；指南针；全球定位系统；地图；雷达；人造卫星；船舶；声呐。

灯

Lamp

灯是发光的装置。人们已经有几千年使用灯的历史了，有了灯，人们就可以在太阳落山后工作、阅读或进行其他活动。

很久以前，灯依赖于燃烧油或脂肪。人们用纤维制成的灯芯，也就是一截细小的绳子，来吸油或脂肪，

电灯光线明亮，价格便宜，使用方便。

当灯芯被点燃后,油或脂肪燃烧起来并发出光。

煤气灯是在19世纪开始使用的。煤气通过一根管子进入灯内,从一个小孔喷出后与空气混合,然后燃烧。煤气灯现在有时用在野营基地,它可以在没有电力的地方提供照明。

美国发明家爱迪生在19世纪末发明了第一盏可应用的电灯。电灯比先前的其他灯都要亮很多,同时成本低廉而且使用方便。

延伸阅读:电灯;荧光灯;灯泡。

煤气灯

油灯是最早的一种灯具。

煤气灯在19世纪被广泛使用。

灯泡

Light bulb

灯泡将电能转化为光。灯泡用于家庭照明、汽车前照灯和闪光灯。一种灯泡是白炽灯,电流通过装在玻璃灯泡里的一段称为"灯丝"的导线,使灯丝发热发亮。在荧光灯里,电流通过玻璃管中的特殊气体,使气体释放出一种不可见的能量,它使玻璃管上的涂层发出明亮的光。

1802年,英国化学家戴维(Humphry Davy)展示了白炽灯泡的概念。他把电流流过一条白金条子,条子发亮了。但他的设备太贵了,永远无法实现。

19世纪70年代末,英国科学家斯旺发明了一种更便宜的、使用棉基碳丝作为灯丝的灯泡。大约在同一时间,美国发明家爱迪生开始进行灯泡试验,他的助手们把空气从玻璃灯泡里抽走,灯泡里没有了空气,灯丝就可以持续更长的寿命。

延伸阅读:爱迪生;电灯;荧光灯;斯旺。

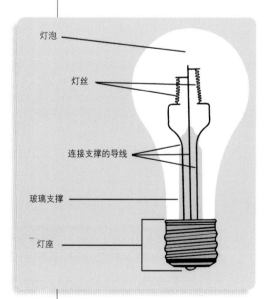

白炽灯泡用一段细导线作为灯丝,当电流流过时,灯丝会发光。

灯塔

lighthouse

灯塔闪射出强烈的光芒,可以让水手们在离岸很远的地方看到,告诉他们陆地就在附近,也可能警告那里有危险的岩石和珊瑚礁。

人们把灯塔建造在伸向海边的陆地上,或者建在大海边的岩石上,还有一些灯塔干脆矗立在海洋中——它们建在海平面下的岩石上。

灯塔发出不同的光信号,有些是稳定的亮光,有的则是或长或短的闪烁光。这些灯信号帮助水手识别特定的灯塔,水手们就此可以在地图上确定他们的位置。

灯塔涂有不同的图案或条纹,这些图案同样有助于水手们的识别。这让水手们可以在白天也能确定特定的灯塔。

灯塔的灯光通过透镜射出,透镜把光线聚集成一个强光束,这样人们在数千米外就能看到。在昏暗的恶劣天气里,一些灯塔也用喇叭或铃铛向船只发出信号。

最早使用灯塔的可能是古代腓尼基人和埃及人,他们在山顶或高楼上燃起火焰。后来,古罗马人在许多地方都建造了灯塔。建于1716年的波士顿灯塔是北美的第一个灯塔。

灯塔曾经有守护者,他负责清洁和维护光源,并且负责拯救遇险的船员。现在几乎所有的灯塔都是自动的,不再需要有人来管理。

延伸阅读: 电灯;导航;船舶。

许多灯塔涂有独特的颜色或图案。

灯塔向水手发出近岸信号。

地球观测卫星

Earth observing satellite, EOS.

地球观测卫星是研究地球表面和大气的航天器,它环绕地球运行。科学家和研究人员利用地球观测卫星研究环境的变化,帮助预测天气,以及提供有关自然灾害影响的信息。

延伸阅读：人造卫星；天气预报。

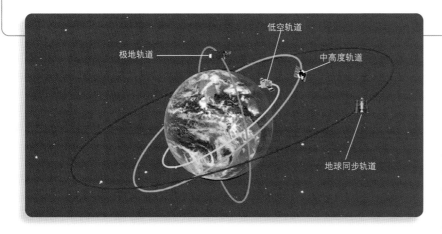

地球观测卫星可以在地球上空以几种不同的轨道环绕地球飞行。

地球仪

Globe

　　地球仪是一个球体地图。地图通常印在纸条上，这些纸条被粘贴在一个空心的纸板球上。有时候地图印在塑料片上，然后这些塑料片被定形成球面。

　　地球仪有不同的种类。陆地地球仪显示的是地球的表面。天空地球仪是天空的地图。还有月亮和其他一些行星的球体仪。

　　地球仪比平面地图更真实地显示了地球的形状。因为当一个圆形的行星外表被印制在一张平面地图上时，它的某些特征必然是被扭曲的。

延伸阅读：地图。

一个17世纪初的地球仪（上图）显示了船舶航行的航线。现代的地球仪（下图）安装在一个中心轴上，以显示地球是如何自转的。

地铁

Subway

　　地铁是一种地下的铁路。人口众多的城市通常有地铁。地铁可以快速地运送大量的城市居民。现代地铁列车用电力运行。地铁系统的某一段可以在地面上运行。

伦敦是第一个有地铁的城市。1863年第一辆地下载客列车开始运行。伦敦的地铁系统，通常被称为地下铁道，一度是世界上最长的地铁系统，而纽约的地铁系统是美国最长的地铁系统。

延伸阅读： 电动机；火车。

电动地铁列车为许多城市居民提供交通工具。

地图

Map

地图就是一个区域或地区的图形。地图可以显示国家、城市、街道、山脉、海洋、河流以及地球上的许多其他部分。人们还绘制了月球以及其他行星如火星、水星、金星甚至夜空的图形。人们利用地图来测量距离、规划旅行、寻找路径。

由于地球是圆的，最精确的绘制方法是将它显示在一种叫作地球仪的球体上。但大多数地图都是平面的，因为平面图便于携带和印刷在书本上，也便于在计算机屏幕上显示。

地图有很多种，显示的信息各不相同。通用地图帮助人们找到某地，并给出该地的概貌，显示山脉、草原、湖泊、河流、道路和城市。导航地图，也称为移动地图，帮助人们找到从一个地方到另一个地方的陆路、海路和空路。道路地图、街道地图和公共交通地图也是导航地图。一栋建筑物内的导引图通常称为"楼层平面图"。例如，一个室内购物中心通常在每个入口处都设有一个楼层平面图，它告诉顾客各家商店在购物中心的位置。

专题地图显示分布状态。例如，一张降雨分布图显示哪

地球仪是一个球形地图。它精确地显示了某个区域的位置和形状，正如它们在地球上的实际样子。人们使用的大多数地图都是平面的。某些区域在平面地图上必然被拉伸或收缩。

些地区降雨量大，哪些地区干燥。人口分布图显示了人们的居住状况。

资源地图显示了某个特定事物的确切位置。例如，它们显示一个地区里的每一所学校、一个公园里的每个营地或者一个国家的每一个金矿。

延伸阅读： 全球定位系统；地球仪；导航。

1. 通用地图帮助人们发现和识别许多不同的特征。此例显示土地特征，以及城市和国家。

2. 导航地图，例如道路图，帮助人们找到从一个地方到另一个地方的道路。

3. 专题地图有特定显示的模式。这张人口密度图用较深的颜色显示该地区有较多的居住人口。

4. 资源地图显示某个特定事物的确切位置。这张地图给出了葡萄园的位置。

地震仪

Seismograph

地震仪是一种能测量地面微小震动的装置，可用来寻找震源和测定地震强度。科学家还利用地震仪寻找石油和研究地球内部结构。

地震仪包括一个重物。重物由一个静止的弹簧悬挂在机架上。机架随地面震动，但重物保持相对静止。地震仪测量重物和机架之间的运动差。一些地震仪将地面震动放大了1 000万倍。探明地震的位置需要一台以上的地震仪。

有些地震仪是便携式的,科学家把它们放在近期地震活跃的地区。科学家们也用地震仪来了解地球在某一地区地下是什么样的。为了做到这一点,科学家把它们放在研究的区域周围,然后引爆炸药。炸药产生的震动波通过不同的物质传播,地震仪测量这些波,科学家就能推测出地表下面是什么。

延伸阅读: 机械。

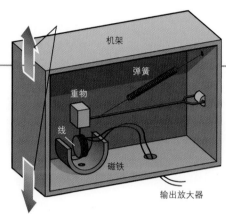

地面震动引起地震仪的机架震动。重物保持相对静止。磁铁有助于测量机架与重物之间的运动差。

电报

Telegraph

电报曾经是发送信息的一种重要方式,它通过架起的电报线发送电信号。人们从19世纪中叶到20世纪中叶使用电报。他们曾经在世界各地架设电报线路,通过这些电报机远方的人可以在几秒内互相传递信息。在电报被发明之前,大多数信息只能用快速奔跑的马匹来传送。但电话和其他技术最终取代了电报的位置。

电报机有一个发送装置和一个接收装置。发送装置是一个小金属臂,末端有一个按钮。人们敲击电键发送信息。信号音发出莫尔斯电码的电信号。电码是点和横线的组合系统。点是短暂的敲击键,横线是一个较长的信号音。点和横线代表字母表中的字母。例如,一个点和一个短横代表字母A。信号通过电报线传送到电报机的接收装置。接收装置通过咔嗒声

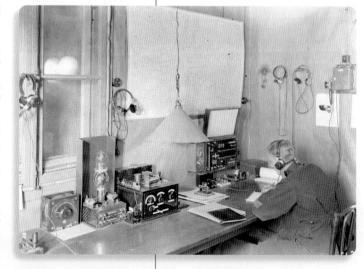

电报员收听莫尔斯电码消息。

音来敲击点和横线。一个懂莫尔斯电码的人听到点击会记下每个字母，以便译出内容。

　　许多人为了使电报更实用而进行研究。莫尔斯是这方面的主要发明家之一，莫尔斯电码是以他的名字命名的。他在 1837 年研制出第一台可发送电码的电报机，使得后来的电报机可以收发有用的信息。莫尔斯电码信息最终可以通过无线电发送而不是通过电线发送。

　　延伸阅读：莫尔斯；莫尔斯电码。

电池

Battery

　　电池是一种储存电能的装置，其电能储存在电池内的化学物质中。电池为许多装置提供动力，从小的玩具到大型汽车。

　　电池主要有两种：一次性电池和多次使用（可充电）电池。一次性电池当电量耗尽时必须更换。多次使用电池可以再充电，因此可以重复使用。许多电脑、手机和其他电子设备都内置了多次使用电池。汽车也使用多次使用电池。

　　所有的电池都充填有一种叫作电解质的物质。电解质里含有酸、碱或盐，它位于电池的两个主要部分，即电池的阴极和阳极之间。阳极通常标记为负(−)号，阴极通常标记为正(+)号。电池通常以其阳极、阴极或电解质的材料来命名。例如，锂离子电池使用锂元素作为电解质。

　　化学反应在电池的阳极、阴极和电解质之间发生。化学反应把带有能量的电荷从阴极推出，通过与电池阴极相连通的电路回路，给连接在电路上的设备提供能量后，最终又回到电池内的阳极。

　　在可充电电池中，电荷可以被电流"推"到相反的方向，这个过程可以恢复电池里的化学物质，使它们能够再次反应。

　　延伸阅读：电路；电流；电极。

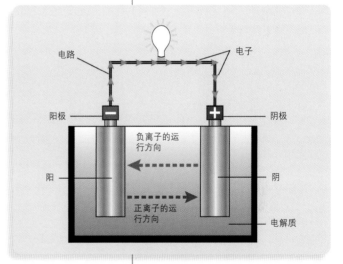

电池内的化学反应"推动"电荷围绕电路运行，运行的电子形成电流。

电池有不同的形状和大小，有些设备，如手机和笔记本计算机，都有内置电池。

柠檬里的能量

注意:这个实验需要成年人的帮助和监督!

你知道可以用柠檬做电池吗? 是的! 这个实验将告诉你如何用两块金属和一只柠檬做一个简单的电池。这两种金属与柠檬中的柠檬酸反应产生电流。你还会看到如何用这个电池来驱动电子设备。

你需要准备:

- 一片薄纸板
- 铝箔纸
- 铜片或 12 毫米铜管
- 铁皮剪、钢锯或钳子
- 一些细的绝缘铜线
- 三只柠檬
- 一把美工刀
- 金属回形针
- 一台使用纽扣式电池供电的有液晶显示器的时钟
- 电工胶带或粘胶带

1. 用剪刀将纸板剪成三条, 宽约 12 毫米, 长约 5 厘米。用铝箔纸包在纸板条上。

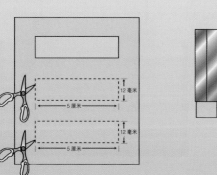

注意:这些工具只能由成年人来操作。铜片在切割后可能是锋利的或有毛刺,必须小心处理。

3. 让成年人切割两根大约 15 厘米长的铜线和两根约 30 厘米长的铜线。在每根电线的两端剥去大约 12 毫米的绝缘带。

2. 如果你用铜片,让成年人用铁剪子把铜片剪成三条,约 12 毫米宽和 5 厘米长。如果你使用铜管,让成年人用钢锯切割 3 条 5 厘米长的管子,并用钳子把每一段管子的其中一端压扁。

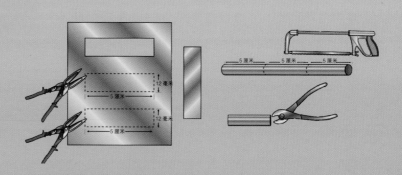

实 验

柠檬里的能量

4. 轻轻挤压柠檬而不弄破皮。你可以用手掌把柠檬压在桌子上。挤压揉破了柠檬内部的一些充满果汁的小囊。请成年人用美工小刀在每个柠檬上切两条平行的长约 2.5 厘米的口子。

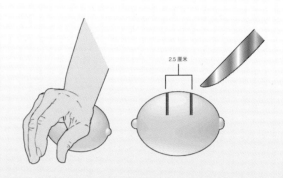

5. 在每只柠檬上的一个口子中插入一条铝箔片。在每个柠檬上的另一个口子中插入一条铜片，或一根铜管扁平的一端。这两个金属片是柠檬电池的两个端子。请确保这两片金属不在柠檬内部相互接触。

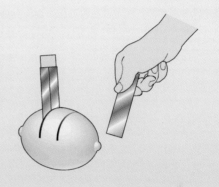

6. 用回形针将两根短电线和一根长电线的剥离端连在铝箔片上。确保电线与金属接触良好。

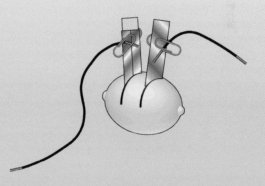

7. 把三只柠檬串联起来，用回形针把两根短电线和未使用的长电线的一端连接到铜片上，如图所示。

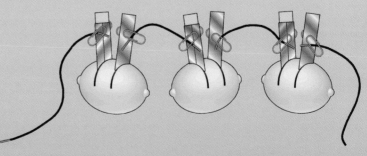

柠檬里的能量

8. 打开时钟的电池仓, 在取出前观察电池的位置。记下电池的哪一侧有正号 (+)。用胶带将连接在柠檬铜片上的长电线连接到时钟的正端子上, 它是接触纽扣电池的正极的金属部件。

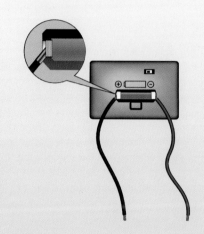

9. 用胶带把连接在铝箔带上的电线连接到时钟的负端子上, 它是接触纽扣电池的负极的金属部件。

10. 反应需要一段时间才能产生足够高的电压来运行时钟。如果时钟在一分钟内没有开始运转, 检查一下铜线是否与柠檬上和时钟上的每个端子的金属接触良好。

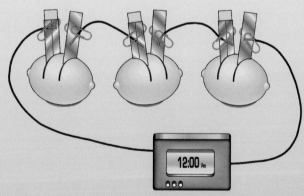

补充实验

　　一个柠檬电池能产生大约 0.5 伏电压。大多数的小手电筒大约需要 2.4 伏才能点亮。你可以通过连接更多的柠檬电池来点亮一个手电筒。总共连接四或五个柠檬电池, 你应该能够点亮灯泡。你用两个自由电线的一端连到手电筒的底部, 另一端连在它的侧面。

　　你可以用其他的柑橘类水果, 如葡萄柚或橙子来代替柠檬。你需要多少个上述水果才能启动时钟? 答案是: 水果中的酸越弱, 就需要越多的水果电池来使时钟正常工作。

电磁铁

Electromagnet

电磁铁是一种具有暂时磁性的物体，只有当电流流过物体时才有磁性产生。电流是电荷的流动。

一种常见的电磁现象由铁棒形成。铁棒被包裹在一个线圈中，当电流通过线圈时，它把铁棒变成一个暂时的磁铁。当电流被切断时，铁棒就失去磁性。

电磁铁被用于许多家用电器中，如冰箱、吸尘器和门铃，也被用于电动机和发电机。强劲的工业用的电磁铁甚至可以将大铁块吊起。电磁铁也应用于科学设备中，其中包括大型粒子加速器。

1820 年，丹麦物理学家奥尔斯特德 (Hans Oersted) 发现了电流产生磁场的现象。美国物理学家亨利 (Joseph Henry) 在 19 世纪 20 年代末建造了第一台实用电磁铁装置。

延伸阅读： 电流；发电机；电动机；磁悬浮列车。

强大的工业电磁铁能举起重的铁块。

制作电磁铁

普通的棒状磁铁周围一直都有磁场。我们把这种磁铁称为永久磁铁。你也可以用电线包裹在铁棒上来制造磁铁。当电流流经电线时，铁棒就成了磁铁，我们称这种磁铁为电磁铁。许多家用电器里都有电磁铁，比如冰箱、真空吸尘器。

你需要准备：

- 一个指南针
- 一把塑料尺或木尺
- 两个大铁螺栓
- 2 根有塑料包裹的细电线，长 50 厘米和 1 米，两端裸露
- 一节 1.5 伏电池
- 一支记号笔
- 一节 6 伏电池
- 胶带

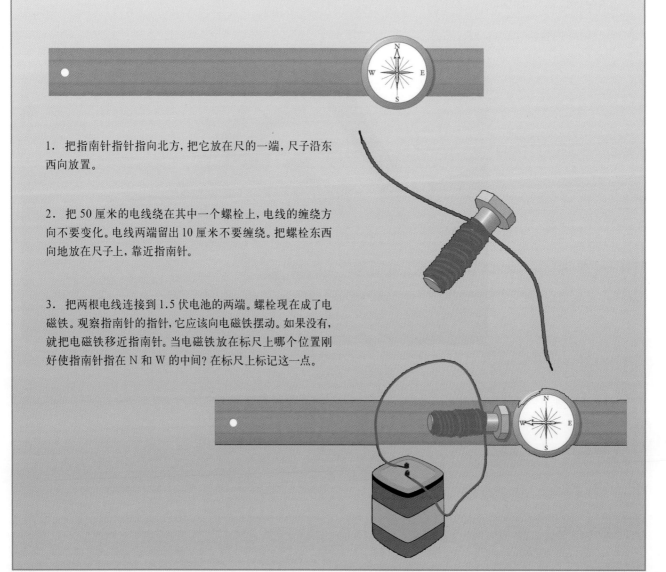

1. 把指南针指针指向北方，把它放在尺的一端，尺子沿东西向放置。

2. 把 50 厘米的电线绕在其中一个螺栓上，电线的缠绕方向不要变化。电线两端留出 10 厘米不要缠绕。把螺栓东西向地放在尺子上，靠近指南针。

3. 把两根电线连接到 1.5 伏电池的两端。螺栓现在成了电磁铁。观察指南针的指针，它应该向电磁铁摆动。如果没有，就把电磁铁移近指南针。当电磁铁放在标尺上哪个位置刚好使指南针指在 N 和 W 的中间？在标尺上标记这一点。

制作电磁铁

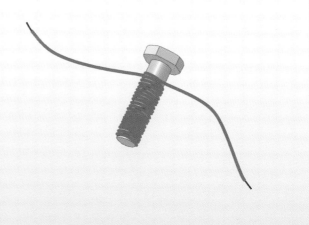

4. 现在用较长的电线制造第二块电磁铁，电线两端各留出 20 厘米不要缠绕。断开第一根电磁铁。将第二根电磁铁放在你先前制作的标尺上，并连接到 1.5 伏的电池。

指南针指针会发生什么现象？它会比以前偏移得更多吗？两倍多的导线意味着两倍的电阻，因此通过的电流减少了一半。

5. 现在断开连接 1.5 伏电池两端的电线，并将这两根线分别连接到 6 伏电池的正极和负极。现在把电磁铁放在尺子上的标记处，会发生什么？

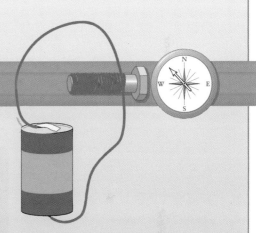

做更强的电磁铁：

你能从这次实验中学到什么？普通磁铁棒的磁性强度是固定不变的。但是我们可以使电磁铁周围的磁性变弱或变强,甚至可以完全关闭电磁铁。你如何使电磁铁磁性更强？你是如何增加电磁铁中的磁性？

怎么回事？

电磁铁磁性变强了，因为 6 伏电池的电流更大。电流越大，电磁铁磁性就越强。指针比以前偏移得更多。

电灯

Electric light

　　电灯把电能转化为光。电灯与电路相连,电路里携带的电能称为电流。电灯有两种主要类型:白炽灯和气体放电灯。

　　白炽灯的光来自炽热的灯丝的辉光,灯丝就是一段金属丝。闭合开关后,电流流过灯丝,它的能量使灯丝发热,而热量使灯丝发光。灯泡把灯丝封裹起来,并将灯泡里面抽成真空,防止空气导致灯丝烧毁。人们往灯泡里充满一种特殊的气体混合物来代替空气。

　　在气体放电灯里,电流流经的是气体而不是灯丝。它们也被称为电子放电灯。在大多数这样的灯中,灯管或是灯泡里充满了气体。气体放电灯有好几种不同类型。

　　荧光灯广泛应用于家庭和办公室。紧凑型荧光灯与普通白炽灯的大小相同。钠汞蒸气灯常用于街灯。霓虹灯根据所充混合气体的不同,会发出红橙色或其他颜色的光。气体放电灯虽然比白炽灯贵,但它们使用寿命更长,耗能更少。

　　在电灯发明之前,人们只能用蜡烛、火、煤气灯或油灯作为夜间照明工具。在19世纪初,许多发明家都在尝试用电来照明。有几位先驱开发出了使用电池的白炽灯,但这些白炽灯用不了多久便烧坏了。

　　1879年,美国发明家爱迪生改进了电灯。他还发明了发电站,并把发电站产生的电能输送到许多建筑物里。由于有了这种廉价的电源,电灯变得流行起来。

　　19世纪90年代初,来

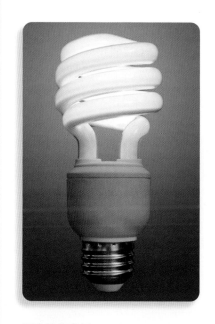

紧凑型荧光灯

霓虹灯(上)利用气体发光。发光二极管(LED)(左)使用的材料与电脑芯片内含的材料相同。白炽灯泡(右)含有一根称为灯丝的发光导线。

自奥匈帝国的美国发明家特斯拉展示了最早期的荧光灯和霓虹灯。到20世纪初，工程师们开始试验含汞气体放电灯。20世纪70年代，研究人员开发了节能型光源，如金属卤化灯和高压钠灯。

21世纪初，发光二极管开始取代其他种类的电灯，它不用灯泡，制作材料与计算机芯片相同。

延伸阅读：爱迪生；电力；荧光灯；灯泡。

电动机

Electric motor

电动机是一种将电能转化为动能的装置。许多家用电器里都有电动机，如吹风机、电动剃须刀和食品加工机。有些火车和汽车也使用电动机。

简单的电动机有一组导线构成的线圈，它位于马蹄形磁铁的两端之间。电流流过线圈时产生了电磁场。

磁铁的两端叫作磁极，磁极之间互相排斥或互相吸引。在简单的电动机中，线圈的两极与马蹄形磁铁的磁极相互推动或者拉动，从而使线圈产生旋转，这种旋转运动可以输出有用功。例如，它可以带动食品加工机的叶片旋转，也可以带动汽车或火车的轮子前进。

延伸阅读：交流电；电流；电磁铁；发动机；磁体；金属丝。

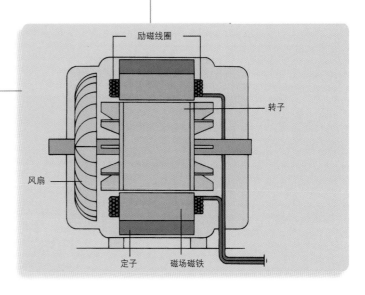

电和磁的相互作用使电动机运转。这种电动机使用交流电。电流与磁场磁铁相互作用，转子旋转，并带动风扇旋转。

电动汽车

Electric car

电动汽车是以电为动力的，而大多数汽车使用汽油或其他燃料的发动机。电动汽车有一个电动机，它从可充电电池获得电力，但也可以使用燃料电池。

电动汽车比用汽油发动机的汽车噪声更低，当电动汽车刹车时，电池还可以获得一点充电，电动汽车也不会排放有害的废气。

然而，电动汽车也有缺点。充电可能需要花几个小时，而且一次充电后的行驶里程较短。

特斯拉 S 型车是一款电动汽车，由可充电电池提供能源。

早期的汽车许多都是电动的，进入 20 世纪，用汽油发动机的汽车占了绝大多数。直到 20 世纪 70 年代，才有几辆电动汽车再次问世。2003 年，特斯拉汽车公司诞生了，设计豪华、高性能的电动汽车。2010 年，通用汽车发布了一款名为雪佛兰 Voly 的电动汽车，它装载一个小型汽油发动机，但它与使用电动机和汽油发动机来驱动汽车的混合动力汽车不同，雪佛兰 Voly 使用的汽油发动机仅仅为自身的电池充电。

延伸阅读： 汽车；电动机；混合动力汽车。

电话

Telephone

电话是一种发送和接收语音信号的装置。这些信号可以通过电线或无线电波传播。固定电话通过电线传输信号，移动电话，也称为手机，利用无线电波传输信号。电话一词来自两个希腊词，意思是"远"和"声音"。

一个叫作电话网络的庞大系统连接了世界上所有的电话。它包括纵横交错连接和穿过各大洲和海洋的电缆。它涉及无线基站和地球上空的卫星。电话网与互联网、全球计算机网络紧密合作，使许多移动电话可以连接到互联网。

电话的工作原理是把声音变成电信号。在固定电话中，这些信号通过电线传送。电线直接连接到电话。当一个人用手机打电话时，信号被转换成无线电波。附近的一座无线基站接收了无线电波并把这些波转换成电信号，然后它通过电话网络发送信号。信号几乎立刻到达另一个人的电话机，电话机上的扬声器再把信号还原回声音。

每个电话都有自己的号码。电话网把一个电话号码连接到另一个电话号码。当两个人正在通话时，网络必须保持他们之间的连接。

许多电话，尤其是手机还有其他特点。他们可以通过电话网络发送短信息。有些手机有摄像头。智能手机像小型计算机一样工作。它们可以被用来听音乐、看视频和玩游

第一个电话 (1876)   墙式电话 (1882)   拨号电话 (1919)

台式电话 (1928)   台式电话 (1937)

小型电话 (1959)   按键电话 (1968)   智能手机 (2017)

戏。它们还可以连接到互联网并显示网站内容。苏格兰出生的教师贝尔发明了电话,他在 1874 年开始着手设计一部电话机。1876 年在美国建国 100 周年之际,他在费城的世界博览会上展示了他的电话机。

最早的电话必须彼此直接连接。每一对电话机用一对电话线连接起来。交换台使这些连接付诸实际应用。电话总机把一个地区的所有电话联系在一起,它可以将信号从一个连接切换到另一个连接。第一台交换机于 1877 年在波士顿投入运营。1891 年,第一个国际间连接开始运作。它从伦敦连接到巴黎。

进入 20 世纪后,电话网络迅速增长。互联网是在 20 世纪 60 年代发展起来的,它最初使用电话网络的线路。在 20 世纪 70 年代末到 80 年代初,许多国家开始开发供手机使用的蜂窝系统网络。进入 21 世纪,越来越多的人使用手机而不是固定电话。

延伸阅读:贝尔;手机;传真机;互联网;调制解调器;电报。

电击枪

Taser

电击枪是一种惊人的武器,它发射出带电金属线。电击枪被认为是非致命的或杀伤力较小的武器。它们不是用来杀人的。警察使用电击枪打晕企图反抗或逃跑的嫌疑犯。士兵、保安人员和公民也可以使用电击枪。电击枪的英文 TASER 是一个国际商标。

电击枪可以击中 11 米远处的目标。射击时使用带电的飞镖,命中目标后,飞镖会钩在目标的衣服上。飞镖后的金属线携带着电流,这股电流使目标眩晕。它也可能引起目标疼痛和肌肉痉挛。在罕见的情况下,电击枪会引起致命的心脏病发作和呼吸问题。

延伸阅读:电流。

电击枪用带电的金属线射击人,并击晕他们。

电吉他

Electric guitar

电吉他的弦是金属的，琴弦的振动被转变成电信号。电吉他在演奏摇滚、乡村、爵士乐和其他形式的音乐中很受欢迎。电吉他多与扩音装置一起使用，从而使电吉他的声音更宏亮。

拨动电吉他的弦会产生一个电信号，扩音装置放大这个信号。它也能有意使这个信号失真，使它听起来更厚重，许多摇滚歌曲都使用这种失真效果。扩音装置也可以制造出回声和其他一些效果。

电吉他

电极

Electrode

电极引导电流流入或流出设备。电流是电的流动。电极由导电良好的导体材料构成，一般是金属部件，它们可以呈板、棒、线或网状。

电池有两个电极，一个是带正电荷的，另一个是带负电荷的。电池的电极与电路相连接。电池产生电流，驱动电路上的设备。电子设备也有两个或两个以上的电极。

延伸阅读： 电池；电路；电流。

电池有两个电极。电流从电池的负极流出，再从正极流入。

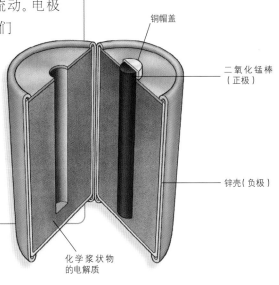

铜帽盖

二氧化锰棒
（正极）

锌壳（负极）

化学浆状物的电解质

怎样使铜在醋中运动？

请在老师或其他成年人的帮助下进行实验。

你需要准备：

- 两根塑料包裹的铜线，每根约 30 厘米长
- 电工胶带
- 铅笔的笔芯，长约 5 厘米
- 一节 1.5 伏电池
- 一个装满醋的小玻璃瓶

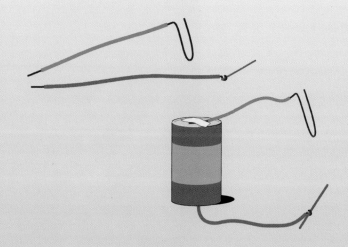

1. 两根塑料包裹的铜线，把它们其中的三个端头仔细剥去 1.25 厘米的塑料外层。

2. 从第四端剥去 10 厘米的塑料外层，并将裸露的铜线弯曲成 U 形。将另一根电线连接到铅笔芯上。

3. 现在把两个自由端连接到电池上。用胶带把带有铅笔芯的导线的另一端固定在电池的负极 (−) 端子。把 U 形的导线的另一端连接到正 (+) 端子。

4. 把铅笔芯和 U 形线放进醋里。移动这两个电极使之接近，直到醋中出现气泡。再次移动使它们分开直到气泡停止。

观察所发生的事情：

铜线变得更干净、更亮，铅笔芯的引线上有一层灰褐色或粉红色的涂层。电流将铜从 U 形导线中析出，并通过醋溶液涂在了铅笔芯上。

电解

Electrolysis

电解是指电流通过液体的过程。在电解过程中，电流的传递会引起某些化学反应，即一种物质转变成另一种或多种不同的物质。电解可以将一种颗粒状的物质分解成两个或多个碎片。电解这个词的意思就是用电来分解。电解在工业中有许多用途。

电解的一个简单例子就是当电流通过水的时候，会将水分子分解成氢气和氧气。有一些电解的用途不涉及化学反应。例如，它可以从一些液体中除去其所含的金属。

延伸阅读： 电流；电极。

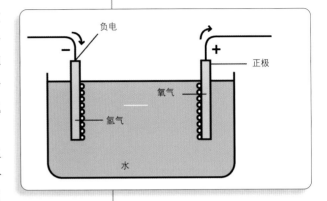

电解可以将水分子分解成氢和氧，当电流通过水时，氢气在负极聚集，氧气在正极聚集。

电缆

Cable

通信电缆

电缆里包含一根电线或一束电线，它广泛用于电子工业和通信。例如，它们把互联网信号和电视信号在全世界各地传送。

大多数电缆是由金属电线构成的。电线传导电流，而电缆的表面由橡胶或塑料包住，这可以防止电流溢出电缆。同轴电缆有两股导线，由绝缘体把它们隔开。

另一种电缆叫作光纤电缆，它包含一束玻璃纤维。光纤可以携带光脉冲信号。

全世界各地有数十亿千米长的电缆用于传输通信信号和电力。专用电缆则用于计算机和其他设备。

一些电缆现在已被无线通信所取代。无线通信是通过无线电或其他不可见的电波来传送信号。然而，电缆通常仍是最快的传送通信信号的方式。

延伸阅读： 电流；光纤；金属丝。

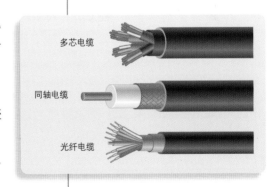

通信电缆传输电话和电视信号。

电力

Electric power

电力就是利用电能来做功。我们大部分技术都需要电力的支撑。它能给我们的家庭提供照明、取暖或制冷。发电机输出电能，即电流，电流通过电线进入建筑物。发电厂的大型发电机能生产供数百万家庭使用的足够的电流。

发电厂不能凭空产生能量，它们是将另一种能源转化为电能。许多发电厂使用化石燃料作为能源，包括煤、石油和天然气。这些材料在燃烧时释放热量，热量使水沸腾，从而产生蒸汽，蒸汽推动涡轮机旋转。涡轮机的旋转运动是一种能量形式，发电机将这种旋转能量转化为电能。

核电站也是利用蒸汽来推动涡轮机的，但是核电站的蒸汽来自核燃料产生的热。

水力发电厂利用水位落差产生的能量来带动涡轮机旋转。风力涡轮机吸收风的能量来旋转。太阳能电池板不使用涡轮，它把太阳能直接转化为电能。

电能是以瓦为单位来计量的。例如，点亮一个 100 瓦的灯泡需要 100 瓦的电能。世界上的发电厂在任何时候都能产生数十亿瓦的电能。

延伸阅读: 发电机；核反应堆；发电厂；太阳能；涡轮机；风能。

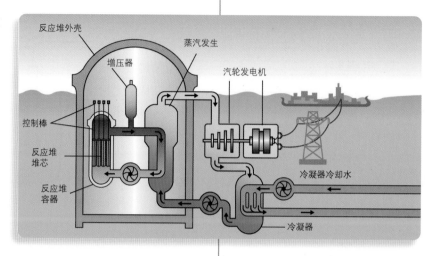

核电站利用核反应产生的巨大热量制造蒸汽。蒸汽带动涡轮机旋转产生电能。核反应发生在密封安全壳内的反应堆堆芯上。

电流

Electric current

电流是电荷的流动。电流驱动许多现代化的设备，如电灯、电视和计算机。

电流由极小的，被称为电子的物质构成。电子是原子的一部分，它们带有负电荷。

某些物质很容易让电流通过，我们把这种物质叫作导体。金属线就是很好的导体。在金属线中，电子很容易从一个原子移动到另一个原子。电子流动的时候携带能量。电路是电流通过的路径。电流可以驱动电路上的器件，如灯泡和计算机。

其他一些材料则不易导电，或者根本不导电。这种材料被称为绝缘体。电线上通常覆盖着橡胶或塑料等绝缘材料。绝缘体有助于防止电流从导线里漏出。

电流分直流电和交流电两种。直流电用 D.C 表示，它沿同一个方向流动。电池产生的是直流电。交流电用 A.C 表示，它的流动方向是变化的，时而向前，时而向后。发电厂生产的是交流电，它通过电力线传输到家庭和其他建筑物中。

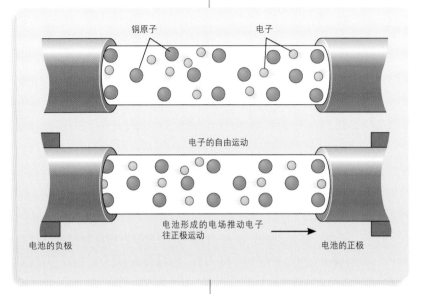

铜原子　　　　　电子

电子的自由运动

电池形成的电场推动电子往正极运动

电池的负极　　　　　　　　　　　　电池的正极

电子流经铜线，形成电流。铜线与电池相连后，电池的能量推动自由电子穿过铜线。

电路

Electric circuit

电流流过的路径称作电路。电流就是流动的电，电流有能量。许多现代设备，如电灯和计算机，都使用电能。

电路里有一部分称为电源，即产生电流的部分，它可以是电池，也可以是发电机。电路的另一部分称为用电设备，它使用电流。例如，电灯需要电才能发光，烤面包机需要电才能发热。电源和用电设备是由电线相连的。

所有的电路都是一个完整的回路。电流从电源流到用电设备，然后再流回来。电路装有开关，当开关断开回路时，就阻止了电流的流动。

延伸阅读：电池；电流；发电机；电力；短路。

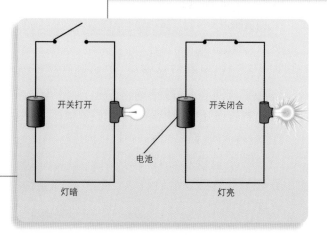

开关打开   开关闭合

电池

灯暗   灯亮

电流在电路里流动。电路必须是闭合的，以使电流与用电设备如灯泡相连通。

电视

Television

电视是人们用来获得信息和娱乐的装置。电视将世界各地的动画片和声音带入数百万家庭。

拥有电视机的人可以观看远处发生的事件。他们可以看到体育赛事，比如奥运会比赛。他们可以看到有历史影响的

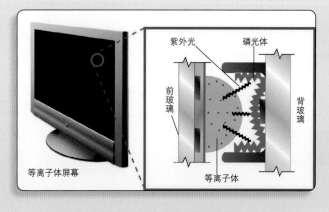

等离子体屏幕

紫外光   磷光体

前玻璃   背玻璃

等离子体

等离子电视通过使用等离子体（气体放电）显示图像。等离子体被激发时会发出紫外光。这种光是看不见的，但它会使在屏幕里的荧光粉发光。发光的荧光粉的模式产生图像。

等离子电视屏幕宽，图像的分辨率高，即使近距离观看，图像也清晰可见。

事件，比如遥远的战场。电视也帮助观众看到和了解其他国家的人和地方。随着宇航员从太空发回视频，电视仿佛可以把人们带出这个世界。

人们也用电视来娱乐。许多人喜欢冒险故事、喜剧表演、动画片、游戏节目和电影等电视娱乐节目。

电信号是为携带信息而被调制的电流，这也是电视的工作原理。当电视摄像机拍摄场景时，电视信号就开始了。来自场景的光线进入到电视摄像机。电视摄像机把光线转变成电信号。同时，麦克风接收到场景中的声音，麦克风也把声音转变成电信号。

一台电视机收集这些信号。电视将电信号转变成图像和声音。电视屏幕是由一种称作像素的小方格组成的网格。电信号可以使每个像素改变颜色。像素的变化在屏幕上形成图像，连续不断的变化产生了动态的画面。此外，大多数电视机都有扬声器，扬声器将电信号转换成声音。

电视节目来自不同类型的电视台。美国的大多数电视台都是商业电视台，其余的是公共电台。商业电视台通过在电视上销售播放时间来赚钱：这些公司在电视节目中经营商业广告，这些广告展示了一些公司的产品。公共电台主要依靠政府拨款和观众捐赠。

商业电台和公共电台都通过空中广播来提供节目。他们把电视信号通过空中电波送到人们的家里。

然而，许多人每月支付费用，通过有线电视系统或直接广播卫星（DBS）系统接收电视信号。有线电视系统通过称为电缆的粗导线接收电视信号。DBS 系统使用碟形天线接收来自地球上方卫星的电视信号。有线电视和 DBS 系统都为观众提供了比空中广播更多数量的节目。

许多人录制电视节目以便延后观看，被称为数字录像机（DVR）的设备可以存储数百小时的电视节目。此外，许多电视节目也可以在互联网上播放。

除了观看和录制节目，电视还可以用于其他用途。例如，许多人用电视机玩电子游戏。

许多科学家推动了电视的发展。电视的实验始于

模拟信号

数字信号

电视节目可以通过模拟或数字信号传输。在较老的模拟信号中，图像和声音以非可见光波的形式编码。较新的电视信号是数字的，他们的图像和声音使用精确的数字编码，就像电子计算机一样。

19 世纪, 但直到 1920 年, 电视才出现。第一次电视广播是由英国广播公司 (BBC) 在英国制作的。1939 年, 美国全国广播公司(NBC)在美国进行了第一次电视转播。在早期的电视节目中, 所有节目都是黑白的。彩色电视节目的普及从 20 世纪 60 年代开始。

自 20 世纪 90 年代起, 电视开始使用数字技术。在这种类型的电视中, 电信号被转换成一系列的 1 和 0, 一种与计算机使用的为同种类型的代码。数字信号比陈旧的模拟信号更清晰。与此同时, 高清晰度电视 (HDTV) 也开始流行起来。

闭路电视显示摄像机拍摄的视频。这样的电视被用来远程监控某些区域, 而不是观看节目。

HDTV 的像素比旧式电视的像素多, 所以它们能产生更清晰的图像。进入 21 世纪头十年, 带有三维 (3D) 显示器的电视机变得越来越普遍。这种电视通常通过特殊的眼镜向右眼和左眼发送单独的图像。这两个图像结合在一起, 给人一种立体感觉。

延伸阅读: 照相机 ;DVD;电子游戏 ;人造卫星 ;录像机。

电梯

Elevator

电梯在建筑物内运送人员或货物上下移动。电梯载人或货物的那个部分叫"轿箱", 它沿电梯的轨道上下运动。

大多数电梯使用又长又重的钢缆来提升和降低轿箱。钢缆的一端连接在轿箱的顶部, 另一端则连接沉重的配重, 配重的重量平衡了轿箱的重量。电动机拉动缆索。万一缆绳断了, 有安全装置可以防止轿箱坠落。

19 世纪电梯在美国和英国已经开始普及, 但当时它们的运行缓慢而危险。1854 年, 一个名叫奥的斯的发明家建造了第一个使用安全装置的电梯。电梯促进了摩天大楼的发展。

延伸阅读: 电动机;自动扶梯;奥的斯。

电梯

电子器件

Electronics

电子器件利用电信号工作。电话、收音机、电视和电子游戏都是电子器件的产品。计算机芯片是由电子电路组成的。

电子器件用电来传递信号，这些信号通常为代码的形式，可以代表数字、文字、声音或其他类型的信息。例如，一个网站由电子信号组成，这些信号在互联网上传播，计算机屏幕通过这些信号来显示这些网站的文字和图片内容。

电包含称为"电子"的微小粒子。电子带负电荷，其他粒子带正电荷，这两种电荷相互吸引。电流是电荷的流动，电流可以流过金属线和其他材料。电路就是电流的通路。

我们可以把电流的变化看作一种信号。例如，电路的接通或断开状态的变化就是信号，电压的变化也可以是信号。电压是"推动"电流的力。

电子器件能以惊人的速度改变电流和电压。有些集成电路部件极其微小，需要显微镜才能看到它们，而一个指甲大小的计算机芯片可能包含数十亿个电路开关。

电子阅读器可以保存数以千计本书的文本。

电子显微镜

Electron microscope

电子显微镜通过把电子束射到要观察的物体上来观察微小的物体。电子比原子小得多，电子显微镜能使物体看起来比实际物体大几百万倍。科学家们用电子显微镜观察那些普通光学显微镜看不见的东西，因为光学显微镜使用的是比电子大的可见光。

有一种电子显微镜叫"扫描电子显微镜"。它用电子束射向物体，当电子击中物体表面时，电子会被弹回。收集器把这些电子收集起来，并形成物体的图像，图像还可以在电脑屏幕上显示。

另一种电子显微镜叫透射电子显微镜。在这种显微镜中，

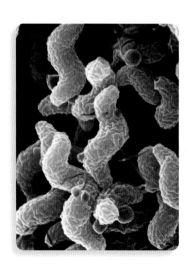

从电子显微镜上看到的某种弯曲菌。

电子束穿透物体，但是物体会散射或吸收一些电子，收集器把通过物体的电子收集起来，并形成物体的图像。

这张电子显微镜图像显示了硅晶体中的原子对。

电子显微镜使用电子束来生成极微小物体的图像。图像可以在计算机上显示。

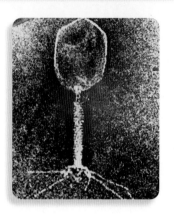

电子显微镜将这种病毒样本放大到其实际大小的19万倍。

电子邮件

E-mail

　　电子邮件用于通过计算机网络发送信息，电子邮件的缩写为 E-mail。要使用电子邮件，首先必须有一个电子邮件地址。电子邮件地址有点像用于递送包裹或纸质邮件的街道地址，但与传统邮件不同的是，电子邮件几乎是瞬间传播的。人们可以通过互联网同时向许多人发送电子邮件，还可以通过电子邮件来传送数码照片和其他文件。

　　一个电子邮件地址包括它的用户名和组织名，通常的形式是"用户名 @ 组织名 .com"。许多组织和网站提供电子邮件地址，还提供虚拟的"邮箱"来存储个人的电子邮件。

　　延伸阅读：计算机；互联网。

电子游戏

Electronic game

电子游戏是通过电脑和视频玩的游戏,也被称为视频游戏或电脑游戏,是一种很受欢迎的娱乐形式。与其他许多形式的娱乐不同,电子游戏具有互动效应,这意味着玩家可以主导游戏中的行动。在电子游戏中,玩家与怪兽或宇宙飞船作战。有些游戏让玩家进入巨大而复杂的世界去探险。

任天堂的游戏机有一个带屏幕的创新控制器。该控制器可以显示与电视屏幕上不同的游戏动作。

每一款游戏都是专门设计在某种类型的电脑上玩的,很多游戏是通过与电视机相连接的游戏机进行的,还有一些游戏是在手持游戏机进行的,这些游戏机带有内置屏幕和微型控制台。许多游戏可以在个人电脑或手机上玩。有些电子游戏存储在硬盘或光盘上,人们也可以从互联网上下载游戏。

玩家通过一种叫作控制器(即游戏手柄)的设备来玩电子游戏。控制器上有按钮或操纵杆,一些控制器还会根据玩家的动作和手势来工作。计算机游戏通常用键盘和鼠标来控制,手持游戏系统则有内置的控制器。

制作电子游戏需要很多人一起工作。游戏设计者制定游戏的规则和目标,同时他们也决定玩家如何控制游戏。艺术家、音乐人和音响工程师创作游戏的视觉和声音效果。程序员将游戏的所有部分组合到游戏的代码(指令)中。游戏测试人员测试游戏以确保它运行正常。

许多游戏玩的是所谓穿越障碍,在另外一些游戏中,玩家扮演故事中的角色,负责建造城市或指挥军队,还有一些游戏则专注于探险或解决谜题。图像是游戏的外观。有些游戏的图像栩栩如生,有些看上去像卡通。二维游戏的各个部分都是平面图像。许多现代游戏则有三维图像,在这些游戏中,人物和物体更像是玩偶屋里的玩偶。

最早的电子游戏之一是双人网球(1958 年)。玩家可以击打一个一个电子"球"过网。20 世纪 70 年代初,工程师们开发出简单的电玩游戏,这些游戏内置在特殊的游戏机柜里面,人们投入硬币后就可以玩这些游戏。其中最流行的游戏之一叫"pong"(1972 年),是一种以乒乓球运动为基础的游戏,由 Atari 公司发布。1977 年,Atari 公司生产了第一台家用电子游戏机。

电子游戏在 1985 年大受欢迎。同年,日本任天堂公司在其新游戏机"任天堂娱乐系统"上发布了"超级马里奥兄弟"游戏,该游戏以五颜六色的图形、吸引人的音乐和有趣的游戏内容为特色。1986年,任天堂发布了"塞尔达传说",这是首款让玩家在游戏过程中赢取积分,以供他们在后续游戏中继续冒险的游戏。20 世纪 90 年代,日本世嘉公司和索尼公司发布了自己的流行游戏机,向任天堂挑战。如今,任天堂、微软和索尼都在生产游戏机。

个人电脑上也出现了一些重要的游戏,其中包括战略游戏,如 1987 年的"海盗"和 1991 年的"文明"。诸如"狼穴3D"(1992 年) 和"毁灭战士"(1993 年) 这样的游戏以密集的射击为特色。在"模拟人生"(2000 年) 中,玩家可以操控多为虚构人物的社区。

到了 2000 年,许多计算机游戏在互联网上进行。其中最受欢迎的是 2004 年的"魔兽世界",它是一个巨大的幻想世界,玩家们在网上共同探险。到 2010 年后,智能手机上的游戏开始流行起来。

延伸阅读: 计算机。

手机可以通过互联网下载游戏来玩。

渡槽

Aqueduct

渡槽就是将水引渡到需要水的地方的桥式水槽。在远古时代人们就开始使用渡槽了。古罗马造了许多渡槽。如今人们用砖、石头、混凝土、铸铁、钢和木头来造渡槽,也常挖通岩石或挖沟来建造渡槽。管道取代了许多古老的渡槽结构。

有时造渡槽要把水引渡过山坡。此外，通过渡槽可以抽水。

城市、农庄和工业的发展需要很多水。美国许多城市比如纽约和旧金山，靠众多的渡槽来获取水。加拿大的温尼伯和巴西的里约热内卢也是通过渡槽来取水。

古罗马的渡槽

短路

Short circuit

称为断路器的装置通过切断电流来防止短路损害。大型建筑物中可能有若干个装有许多断路器的盒子。

短路是电气设备可能会出现的问题。当电流意外地绕开或跳过它的部分预定电路时就发生短路。这可能发生在两根裸露的导线接触时。另外，水也会引发短路。短路可能使电线发热或产生火花从而引起火灾，也可能造成触电。

短路有两种基本类型。第一种类型涉及两个电路。如果来自两个不同电路的两根裸露的导线接触，就会发生短路。第二种类型的短路包括电路和接地物体。一个能使电路中的电流导出的物体称为接地。之所以被称为接地，是因为任何接触地的电路都会漏电。例如，你可以把金属杆放在裸露的通电

导线上。只要没有物体接触到这根金属杆，金属杆子就没有接地，导线中的电流仍然是存在的，就好像那根金属杆不存在一样。然而要是金属杆接触了地面或其他接地的物体，就会发生短路。短路通常会烧坏保险丝。保险丝是一种保护电路免受损坏的装置，断路器装置有着类似的功能。

电流周围有水是危险的。纯净水本身不能导电，但是没有水是完全纯净的。水含有杂质，比如少量的可溶性金属，可溶性金属能导电。把水倒在两个电路上会使它们短路。水特别危险，因为少量水可以在大面积上扩散。

做个短路实验

如果绝缘电线外包裹的塑料覆盖层破裂，允许两个裸露的电线接触，电流可以直接从一根电线传递到另一根电线，这导致了短路。请通过下面的实验来了解短路是如何发生的。

让老师或其他成年人帮你做这个实验。通电时不要触摸裸露的电线。记住在实验中使用低功率电池。

你需要准备：

- 一个 1.5 伏灯泡和灯座
- 一节 1.5 伏电池
- 三根裸露的导线，每一根长约 25 厘米
- 一把螺丝刀
- 电工胶带

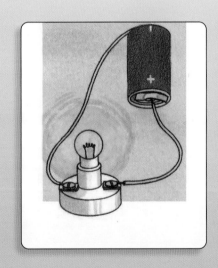

1. 用螺丝刀将两根导线的末端固定在灯泡架上。把电线的另一端分别接到电池的顶部和底部。灯泡点亮。

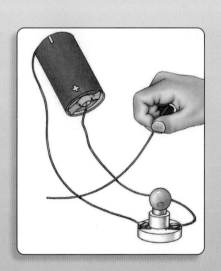

2. 将第三根电线跨接在连接灯泡和电池的电线之间。观察发生了什么。

发生了什么事：

额外连接的电线引起短路。电流流过该导线而不是流过灯泡。电流通过较粗的导线更容易些，因为它比连接灯泡里的细钨丝具有更小的电阻。

二进制数

Binary number

二进制数是只用数字 0 和 1 来表示的数。在日常生活中，我们通常用数字 0、1、2、3、4、5、6、7、8 和 9 来写十进制数。二进制数的基数为 2。相应地，十进制数的基数为 10。

任何十进制数都可以写成二进制数。例如，我们把 5 写成二进制数，就是 101。第一个 1 在"4"位，零在"2"位，第二个 1 在"1"位上，因此 4+0+1=5。

计算机使用二进制数来存储数据和进行计算。计算机的电路可以在"开"或"关"之间切换，开和关表示允许电流通过或不通过，这两个状态对应于二进制数字中的两个数字。计算机中的二进制数可以代表字母和文字，甚至可以表示图片、声音和视频。现代计算机可以用极快的速度执行大量的二进制运算。

莱布尼茨（Gottfried Wilhelm Leibniz）是德国哲学家和数学家，他在 17 世纪发明了二进制数字系统，但是二进制数直到 20 世纪 40 年代才被广泛使用，当时人们发明了第一台电子计算机。

延伸阅读：字节；计算机。

发电机

Electric generator

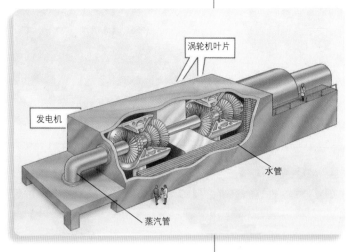

涡轮机叶片

发电机

水管

蒸汽管

热蒸汽使涡轮机的叶片旋转,叶片带动发电机中的磁铁一起旋转以产生电力。

发电机是一种产生电能的机器,它每天向我们提供巨大的电力,从而使工厂里的机器运行,使家庭和办公室里的照明、冰箱、电视和计算机工作。

有些发电机很小,可以一只手拿着,自行车就用它来给车头灯供电。有些发电机比房子还大,发电厂就用这种巨型发电机为多达百万户的家庭供电。

发电机本身不会产生能量,它将旋转的动能通过磁场转化为电能。一些发电机在电线圈旁边使磁场旋转,另一些发电机在磁场附近使电线圈旋转。电和磁密切相关,所有这些运动都会产生电流通过电线。电流通过电线将能量输送到遥远的家庭和其他建筑物。

必须有来自其他能源的能量来使发电机的磁铁或线圈旋转。例如,燃烧产生蒸汽,蒸汽使得涡轮机旋转,再带动磁铁或线圈旋转。

发电机的主要类型有两种。交流发电机产生的电流每秒频繁地改变流动方向,几乎所有的发电厂使用的都是交流发电机。直流发电机产生的电流流向不变,一些工厂、火车和船舶使用直流发电机。

延伸阅读: 电力;电磁铁;发电厂。

发电厂

Power plant

发电厂是生产电力的地方。大多数电厂燃烧煤、石油或天然气,燃烧释放出的热量变成水蒸气,推动一个巨大的涡轮机转动,然后通过涡轮机的旋转来发电。电线将电力输送到城市和其他地方。

有些发电厂使用其他热源来产生蒸汽。例如，核电站利用原子裂变来释放热量，产生蒸汽，地热电厂利用来自地表以下的热蒸汽。

另一些发电厂根本不用蒸汽。水力发电厂利用落下的水来带动涡轮机旋转。风车利用吹来的风带动涡轮机旋转。

延伸阅读：坝；发动机；电力；核反应堆；太阳能；涡轮机；水力；风车。

位于巴西帕拉纳河上的伊塔普大坝发电厂是世界上最大的水力发电厂之一。它利用从大坝流出的水的能量来发电。

发动机

Engine

发动机是一种利用能源作有用功的机器。许多发动机利用燃料（如汽油）燃烧时产生的能量，其他发动机则从蒸汽、高压空气或水中获得能量。

发动机有多种用途，它们为飞机、汽车、火车和船舶提供动力，工厂也使用发动机。

最早的发动机是蒸汽发动机，它是在18世纪被制造出来的。蒸汽机通过燃烧燃料来加热水，水沸腾后产生蒸汽，热蒸汽推动或转动其他装置。这种推动或转动的运动可以用来做功。

另一种发动机称为内燃机，这种发动机在一个称为汽缸的空心燃烧室内燃烧燃料，汽缸里还有一个名为活塞的杆。当燃料燃烧时，热气体会推动汽缸里的活塞。活塞的上下运动可以转动汽车的车轮。大多数汽车使用汽油发动机，这些发动机用火花点燃气缸内部的汽油。有些车辆使用柴油发动机。在柴油机中，气缸中的燃料处于高压状态下时会产生爆炸。

延伸阅读： 汽车；柴油发动机；汽油发动机；活塞；蒸汽机。

汽油发动机用电火花点燃气缸里的汽油和空气的混合物。爆炸的混合燃料推动活塞运动，从而带动汽车轮子转动。

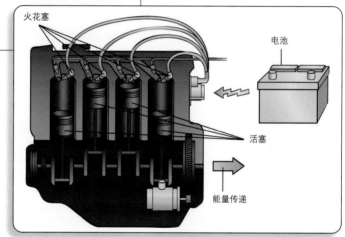

火花塞

电池

活塞

能量传递

发明

Invention

　　发明就是创造出一种新的东西，它可以是工具、机器，也可以是新的工作方法。发明改变了人们的生活方式。最初的发明是简单的武器和工具，使人们更容易狩猎、行走或耕种。后来的发明，如写作和印刷机，可以帮助人们传播思想。在 18 世纪末和 19 世纪初，人们发明了蒸汽机和工业生产

车轮是最重要的发明之一。它最早出现在公元前 3500 年左右。

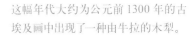

这幅年代大约为公元前1300年的古埃及画中出现了一种由牛拉的木犁。

印刷机是由古登堡于15世纪40年代在德国发明的。

过程。现代社会生活依赖诸如汽车、电灯和计算机等发明。

　　发明与发现不同。发现是第一次看到已经存在的东西，发明是创造出以前从未有过的东西。例如，人们发现了火，但是他们发明了火柴来点火。

　　成功的发明在于满足人们的需要。例如，有些发明使种植农作物或生产产品变得更容易，有些发明可以帮助人们增进交流或治疗疾病，有些发明可以帮助国家赢得战争，还有一些发明，例如飞机，可以同时满足人们的好几个需求。

　　人们不是凭空发明东西的。发明者必须对他们发明的东西有一些实际的了解，他们也必须有正确的工具。许多现代发明，例如电视和计算机，都依赖于早先关于电和电路的发明。发明者也必须有创造性并愿意进行试验。

　　延伸阅读： 机械；工具。

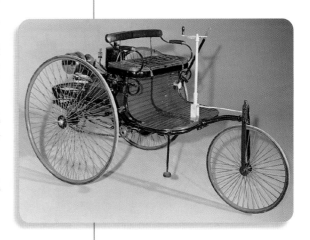

汽油动力汽车是由两位独立工作的德国发明家本茨和戴姆勒于1885年发明的。

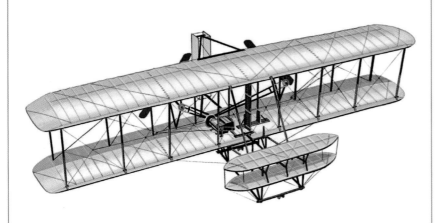

第一架成功的飞机是1903年由莱特兄弟发明和制造的。

防波堤

Breakwater

　　防波堤是保护海滩和港口免受强浪侵袭的围墙。波浪在撞击防波堤时失去了很大的能量。防波堤在海岸附近创造了平静的水域，船只可以安全地锚定在防波堤后面，人们也可以在平静的水域中安静地工作。

　　有些防波堤是由堆积起来的泥土或岩石组成，有些则由长木头、混凝土或钢铁构成。这些材料像篱笆一样扎进海底。防波堤必须能抵御当地最强风暴引起的海浪。

　　延伸阅读： 建筑施工。

防波堤保护海滩和港口不受大浪的影响。

防毒面具

Gas mask

　　防毒面具可以保护人们不吸入有害物质。面具紧紧地罩在脸上，空气只能通过一个特殊的净化过滤垫后进入面具。

　　在第一次世界大战 (1914—1918) 中，交战双方的军队都向对方施放毒气，士兵们戴着面具保护自己。第二次世界大战 (1939—1945) 期间军队备有面具，以防毒气战。在 1991 年的海湾战争和 2003—2011 年的伊拉克战争中，部队和平民都戴防毒面具。伊拉克军队在早期的冲突中使用过毒气，但在这两次战争中，伊拉克军队实际上并没有使用这种武器。矿工、化工厂工人和消防员也经常戴着防毒面具。

　　延伸阅读： 采矿。

煤矿和化学工业的工人经常戴防毒面具。

防水

Waterproofing

防水是阻止水进入布料、皮革、木材或其他材料中的一种处理方法。许多化学物质都可用于防水,大部分以涂层形式覆盖在材料上。

防水在纺织工业中有着广泛的应用。纺织品指织物和纤维。织物纤维在织造之前或之后都可以进行防水处理。

防水处理剂连同喷雾器一起出售。它们可以喷在衣服和家具上。

1823年,苏格兰化学家麦金托什(Charles Macintosh)发明了一种防水织物。这是一种布料和橡胶的混合物。这种材料制成的雨衣有时叫作麦金托什(mackintosh)。

延伸阅读: 纺织品;蜡。

防水织物阻止织物被水浸透,使水在其表面上形成水珠子。

纺织品

Textile

纺织品是织物或布。在英语中"纺织品"一词曾经只指在织布机上用纱线编织而制成的布料。如今,这个词被用于许多不同种类的织物,用纤维(长丝)和纱线制造的织物也被称为纺织品。

纺织品中的一些纤维来自植物。例如,棉花来自棉花植株。动物纤维,如羊毛,也用于许多纺织品中。羊提供了用途广泛的羊毛。

其他种类的纺织纤维是由石油或天然气中的化学物质制成的。这种纤维包括尼龙和聚酯。还有其他类型的纺织纤维是由玻璃或金属制成的。

人们用纺织品来做服装,比如在泰国展出的这些衣服。

机织物是由两组相互上下交叉的纱线制成的。

针织物由一根纱线或一组纱线构成，这些纱线以线圈的形式连接在一起。

非织造布是由一个或多个纤维片连接在一起制成的。

纺织厂的工人操作纺线机。

工厂的质量控制检查员检验纤维卷。

制造商通过织造或编织的方法生产大部分纺织品。织造是一种涉及两组纱线的加工方法。纱线互相交叉覆盖。针织包括一根纱线或一组纱线。在针织中，纱线是以线圈为纽带的。这些线圈通过钩针互相连接。

纺织品被用于制造服装和成千上万的其他产品中。其中一些产品包括篮球网、船帆、书籍封面、消防软管、旗帜、邮袋、降落伞面和雨伞面。轮胎的一部分和安全带也是由纺织品制成的。有些胶带和绷带也一样是纺织品。

没有人知道第一批纺织品是什么时候制造的。但是古代陶器上的标记表明人们很早以前就生产了纺织品。

延伸阅读： 染料；合成材料；轮胎；编织。

放大镜

Magnifying glass

放大镜是弧面的透明玻璃片或塑料片,透过它可以使较小的物体看起来更大。放大镜的镜片为玻璃片或塑料片,通常是圆的,边缘薄,中间厚。这些厚度的变化改变了光线通过的方式。

我们看见一个物体,是因为光线从该物体上反射出来后进入我们的眼睛。光线通常是直接进入我们的眼睛。当光线通过放大镜时,光线发生折射,这种折射可以使远处的物体看起来更大。

延伸阅读: 透镜;显微镜。

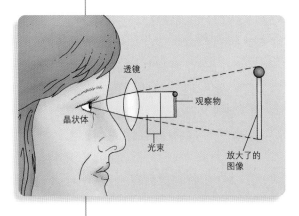

放大镜的镜片使光线折射,从而使较小的物体看起来更大。

飞船

Airship

飞船是一种能在空中漂浮并能运载人和货物的飞行器。与气球不同,飞船是有动力和可驾驶的。飞船的发动机推动螺旋桨使飞船在空气中运动。飞船的形状很像肥大的圆柱体。大型飞船曾经有坚固的支撑结构,软式小飞船本身是非刚性的。

飞船里充有比空气轻的气体,通常是氦气,这种气体导致飞船升空。早期的飞船使用氢气,氢气比氦气轻,但是很容易爆炸。直到 20 世纪 30 年代末,人们还经常乘坐飞船旅行。1937 年,一架使用氢气的兴登堡飞船发生爆炸,造成 36 人死亡。后来,人们改乘飞机旅行。

延伸阅读: 气球;飞艇。

飞船经常被用来做广告。

飞机

Airplane

飞机是一种由发动机提供动力的飞行器。飞机比空气重得多,但是飞机机翼周围的气流使得飞机不致坠落。飞机可以迅速地将人们运送到世界各地,也可以运输邮件和货物。此外,飞机也是主要的战争武器。

飞机有很多种类,它们的大小、速度和用途各不相同。许多现代飞机使用喷气式发动机。喷气式发动机吸入空气,与燃料一起燃烧。一些较小的飞机是由称为螺旋桨的旋转叶片提供动力的。

航空公司一般使用大型飞机作为商业客机。大多数班机运载乘客和货物。

航空公司一般使用大型飞机作为班机。大多数班机主要运载乘客和货物。这些班机通常每小时飞行 800 ~ 1000 千米。

最大的客机有四个喷气式发动机。较小的有三个发动机或两个发动机,它们的飞行时间较短。

轻型飞机是有两到六个座位的小型飞机,它们可以在小型机场起飞和降落。大多数轻型飞机使用螺旋桨推进器。有些人拥有私人的轻型飞机。人们还使用轻型飞机拍照、灭火和运送货物。学员往往用轻型飞机来学习驾驶。

军用飞机被武装部队广泛使用:轰炸机攻击地面上的目标;战斗机攻击空中的敌方飞机;空中加油机可以在飞行中为其他飞机加油;运输机运载部队和装备。

其他类型的飞机都有特殊的设计用途。水上飞机可以在水面上起飞和降落。喷洒飞机用于在农作物上喷洒肥料或杀虫剂。

无人驾驶飞行器亦称"无人机",属于遥控飞机。军队使用无人机来侦察和攻击远程目标,从而避免让飞行员处于危险之中。

速度最快的飞机,如战斗机,都是超声速的,这意味着它们的速度可以超过声速。

几乎所有的飞机都具有相同的主要部件,包括机翼、机身、尾翼、起落装置和发动机。

大多数飞机看起来像有两个机翼,但实际上它是一个整体的结构。机翼从机身两侧伸出。

机翼底部几乎是平的,顶部是弯曲的。这种形状使空气以一种特殊的方式绕着机翼流动。气流使飞机从地面升起并保持在空中。

大多数飞机的机翼上都装有有助于飞机平衡的运动部件。副翼是铰接在机翼后部的构件,它们使飞机倾斜和转弯。许多飞机的机翼上还装有襟翼,它能帮助飞机起飞时升空,着陆时减速。此外，机翼上装有导航灯，红灯在左边的机翼，绿灯在右边的机翼，这两盏灯显示飞机的飞行方向。飞机的发动机通常安装在机翼上。

　　机身可容纳控制装置、机组人员、乘客和货物。在许多小型飞机中，飞行员和乘客坐在同一区域。大型飞机则分驾驶舱和机舱。飞行员和机组人员坐在驾驶舱内，乘客和货物都在机舱里。大多数飞机都有驾驶用的方向盘，而有些飞机是用操纵杆来操纵的。

　　尾翼在飞机的后部，帮助导航并保持飞机平衡，就像机翼一样，它也有运动的部分。方向舵是铰接在尾部的平板，它使得飞机左转或右转。一个叫作升降舵的襟翼有助于提高或降低机头，它与稳定器相连，而稳定器是飞机的一部分，看起来像个尾部的小翅膀。

　　所有的飞机都有起落架。在高速飞机上，起落架在飞行时是收起的。

　　飞机有三种主要的发动机：(1)往复式发动机，也叫活塞式发动机，很像汽车发动机，发动机的动力通过推进器使飞机在空气中运行。(2)喷气发动机，吸入空气，与燃料一起燃烧。燃烧后的废气从发动机喷出。当气体喷出时，飞机被推向与高速排出的气体相反的方向。喷出的气体还推动了一种叫作"涡轮机"的装置，它运行发动机的其他部分。(3)涡轮螺旋桨发动机，工作原理有点像喷气式发动机，它排出的气体使螺旋桨旋转。涡轮螺旋桨式飞机的飞行速度比喷气式飞机慢。

　　重力是一种将飞机拉回地球表面的力。飞机要想飞行，它的机翼必须产生比重力更强的升力，这种升力是围绕飞机机翼周围的特殊气流产生的。为使空气在机翼周围流动

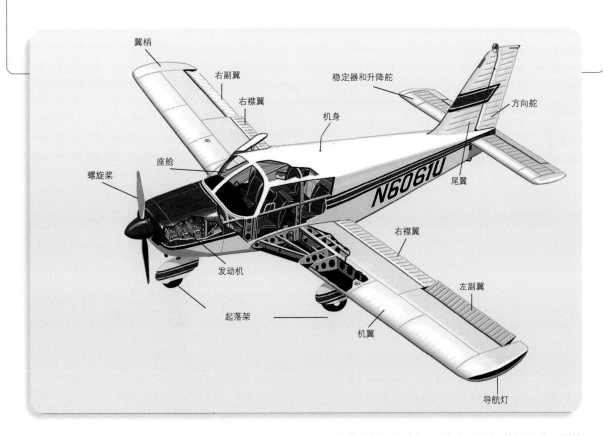

飞机主要部件的设计几乎都是通用的，包括机翼、机身、尾翼、起落装置和发动机。这架轻型飞机是风笛手切诺基（Cherokee）。

得足够强劲,飞机需要快速移动。推力是飞机发动机产生的使飞机前进的力。

　　为了使飞机爬升,飞行员增加发动机功率;为了下降,飞行员降低发动机功率;转向时,飞行员需倾斜飞机。

　　约公元前300年,中国人发明了风筝,后来,大风筝把人们带到空中。公元前200年,希腊数学家和发明家阿基米德首先描述了浮力。浮力解释了物体如何漂浮在水上和空气中。

　　1783年,法国的蒙哥尔费兄弟(Montgolfiers)制造了一个热气球,另外两个法国人乘坐这种热气球在巴黎上空漂浮,这是第一次载人飞行。但气球不像飞机,能漂浮是因为它们比空气轻。

　　在19世纪,许多人用滑翔机(没有发动机的飞机)来试验飞行。他们还尝试加入发动机和推进器,但是这些早期的机器都无法飞行。

　　在试验了滑翔机后,莱特兄弟(Wilbur and Orville Wright)制造了一架双翼飞机。1903年12月,奥维尔·莱特成功地飞越了北卡罗来纳州基蒂霍克。之后,许多发明家建造出飞机并且成功飞行。

　　喷气式飞机是在二战期间(1939—1945年)发展起来的。战后,飞机开始使用喷气式发动机。第一架超声速飞机是在1947年开始飞行的,它的飞行速度可以超过声速。在1976—2003年间,"协和号"超声速客机投入使用。

　　延伸阅读:军用航空器;发动机;滑翔机;喷气式飞机。

飞去来器

Boomerang

　　飞去来器是一种用来抛掷的扁平、弯曲的物体,可作为运动器具或武器。人们通常认为飞去来器是土著人的武器。最早生活在澳大利亚的土著人用飞去来器打猎,他们还把飞去来器当作武器、工具和交易品。当然,历史上有许多不同族群的人们使用过飞去来器。

　　现在的飞去来器大多是用塑料或木头做的,长度从30～90厘米不等。飞去来器有两种:可返回的和不可返回的。可返回的飞去来器会在投掷后回到投掷人身边。这种飞去来器主要用于运动。不可返回的飞去来器不会回来,但是它可以飞行200米远。人们使用不返回的飞去来器来狩猎,旋转的飞去来器比投掷的石头或棍子撞击得更加有力。

　　延伸阅读:工具。

飞去来器

飞艇

Blimp

飞艇是一种巨大的管状的空气飞船，类似于大型气球，但它们装有发动机，能在空中飞行。飞艇通常充满氦气且主要用于广告飞行，但军队也使用飞艇。

飞艇的英语 Blimp 来自 1917 年的美国海军的 B 级非刚性飞船。这些飞艇不同于刚性飞船，它们没有坚固的支撑结构，当气体排出后就变得垮塌（limp）了。人们称之为"B-limp"，简称 BLIMP。

延伸阅读：军用航空器；飞船。

飞艇是一种没有刚性支撑结构的空气飞船。

风车

Windmill

风车是一种从空气流动中获取动力的机器。风含有能量，这种能量可以用来泵水、碾磨谷物或发电。

大多数风车有两个或两个以上的叶片或帆。叶片被装到一个称为轴的杆子上，轴安装在塔架、桅杆或其他高大结构件上。风吹动叶片时，轴转动。轴的运动可以用来做有用功。第一批风车出现在公元 7 世纪的波斯（今伊朗），风车用于碾碎谷物，它的另一个用途是抽水。

现代风车用来发电。它们被称为风力涡轮发电机。风力涡轮发电机正在成为电能的重要来源。

延伸阅读：发电机；电力；发电厂；涡轮机；风能。

流动的空气带动风车叶片旋转。旋转运动可用于碾磨谷物或泵水。

风能

Wind power

　　风能利用流动的空气来做有用功。风包含大量的能量，人们早就用这种能量来做功了。约在公元前 2800 年，埃及人制造了由风驱动的帆船。波斯 (今伊朗) 人约在公元 7 世纪制造了第一辆风车。风车利用风转动轴。这种旋转运动可用来磨谷粒，类似的装置也可以泵水。在现代风力发电设备中，人们用转动的轴生产电力。19 世纪 90 年代时，丹麦首次使用风力发电。

　　被称为风力涡轮发电机的装置将风能转化为电能。涡轮机连接到长长的叶片，风推动叶片，涡轮机旋转。涡轮机的旋转运动为发电机提供动力，发电机再将旋转运动转换成电能。

　　风力发电装置在风力强劲、稳定的地区运行最好。但即使在这样的地方，风力也天天变化。有些日子里，风小到几乎没有。出于这个原因，风能需要备用电力系统，备用系统可以在风不够强劲的时候提供动力。

　　风能是可再生能源。可再生能源不会像燃料如煤、石油和天然气那样消耗殆尽。风能还是清洁能源。它不会污染环境。然而，有些人反对风力发电设备。他们说涡轮机太丑陋或有噪声。另一些人则抱怨旋转的叶片会杀死鸟类和蝙蝠。

　　延伸阅读：发电机；电力；发电厂；涡轮机；风车。

风力涡轮发电机将风能转化为电能。

风速计

Anemometer

　　风速计是用来测量风速的仪器。风速计有好几种形态。

　　最常见的风速计有三到四个锥形杯。杯子安装于短杆的末端。杆子绕竖直轴旋转。当风吹到杯子上时，它会使杆子旋转。杯子的内凹侧的风压大于外凸侧的风压，因此，杯子就会旋转。风吹得越快，杯子旋转得越快。

风速是由杯子在给定的时间内旋转的次数来测量的。这个信息通常显示在仪表盘上，也可以发送到电脑上。

延伸阅读：工具。

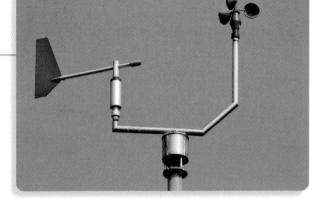

风速计

风向标

Weather vane

风向标指示风的方向。风向标的一部分是一个指针。指针在一根直立的杆上自由转动。指针通常为箭头形状，有时它上面有装饰物。

指针的一端是宽的。一阵微风吹过会使它转动，一直转到风力在指针两边平衡时才静止。当这种情况发生时，指针正对着风。

大多数风向标在指针下面都有一个圆盘。这圆盘上有指示方位的罗盘。人们用它来确定风是从什么方向吹来的。

延伸阅读：天气预报。

公鸡装饰的风向标。

缝纫机

Sewing machine

缝纫机用针线将料子缝制在一起。在缝纫机发明之前，人们不得不手工缝制衣服。缝纫机使做衣服变得容易多了。使用缝纫机的工厂可以快速经济地生产衣服。

英国人圣 (Thomas Saint) 在 1790 年发明了第一台缝纫机，但他发明的机器并不实用。美国人豪 (Elias Howe) 被认为是现代缝纫机的发明者，他在 1846 年发明了缝纫机。这种缝纫机用上下线穿过布料来完成缝制，与之相同的缝纫线的模式仍使用于现代缝纫机中。在 1851 年，辛格 (Isaac Singer) 获得了脚踩踏板式缝纫机的专利，他的公司在 1889 年首次在缝纫机上安装了一台电动机。

延伸阅读：机械；纺织品。

缝纫机用针把料子和线缝合在一起。

伏（特）

Volt

伏（特）是电压测量的单位。一个伏（特）是一个单位的电压。电压这个术语描述了带电的电路或电线的电势。电势是在一定距离内移动单位电荷所做的功，它也可以被认为是驱动电流通过电路或导线的力。伏（特）是以意大利科学家伏特的姓氏命名的，它是测量压力的单位，也可称为张力。

一个简单的对照有助于描述电压：一根带电的电线可以被看做是一个装满水的管道。电势（或电压）类似用泵推动经过管道的水所施加的力，而泵所施加的压力与导线中的电压一样。

一节电池的电压信息被印在它的侧面，通常是 1.5 伏、6 伏或 9 伏。通到你家的电源线的电压比电池要高得多。大多数家庭里通过电线的电流电压至少为 110 伏，有时，电压可能高达 220 伏。必须在很长的距离上传送的电流最好用很高的电压来传输，这种高电压的电线可以在最高的电气塔上看到。它们有时被称为高压线。它们输送的电力可以高达 400000 伏。随着电力越来越接近家庭和企业，这高压要分几级来降低。

延伸阅读：电池；电流；伏特。

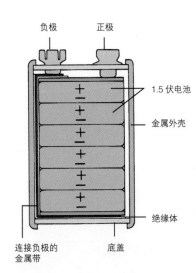

一个 9 伏的电池组由六个单独的电池组成，每个电池产生 1.5 伏的电量。电池串连在一起，使它们的总电压等于 9 伏。

伏特

Volta, Alessandro

亚历山德罗·伏特 (1745—1827) 是意大利化学家和发明家。他以发明伏特电堆，一种早期的电池，而闻名。电池是一种利用化学物质产生电流的装置。

伏特建造了由许多成对电堆构成的电池。每对电堆都由金属锌和银制成。在每一对电堆之间，他放置了用酸溶液浸泡过的布或厚纸（酸溶液在金属之间传导电）。最后，伏特把电堆连接到一个电路上。电路是电流可以通过的路径，伏特电池使电流流过电路。

用来测量电压的单位的伏(特)是以伏特的名字命名的。

延伸阅读： 电池；电路；电流；伏 (特)。

伏特

福特

Ford, Henry

亨利·福特 (1863—1947) 是 20 世纪初美国汽车制造商的领军人物，他创立了福特汽车公司。从 1908 年到 1927 年，福特汽车占了美国汽车销售总量的一半以上。

福特出生在现在的密歇根州迪尔伯恩的一个农场里，后来他在一家电气公司当工程师。1893 年，他造出了他的第一台汽油发动机。1896 年，他造出了一辆汽车。

1903 年，福特创立了福特汽车公司。起初，该公司只生产昂贵的汽车。但福特希望降低汽车成本，这样会有更多的人能够买得起车。1908 年，他开始销售 T 型汽车。

第一款 T 型车的售价仅为 850 美元，低于当时欧洲汽车的价格，但是很多人还是买不起。福特和

福特发明了装配线来生产廉价汽车。

他的工人们找到了进一步降低成本的方法，该公司采用了一种称为装配线的新方法。传送带把汽车零件送到工人面前，每个工人只干一种活。这种方法缩短了生产汽车所需的时间。到了 1924 年，T 型车的价格降到了 290 美元。

福特付给工人的报酬比其他许多公司都高，他还减少工人的工作时间，并与他们分享公司的利润，于是熟练工人蜂拥来到福特的工厂，这使他可以选择其中最好的工人。

福特的公司一直保持生产 T 型车，而其他公司则生产多种款型的汽车。福特直到 1927 年才推出 A 型汽车。1932 年，福特推出了一款发动机功率强大的低价汽车，但那时，通用汽车的销量已经超过了福特。1945 年，福特的一个孙子接管了福特的公司。

福特对政治也很感兴趣，他曾竞选国会议员，但没有成功。他花费了许多时间和金钱在各种项目和慈善事业上，并和他的儿子埃德塞尔创办了福特基金会，为教育和研究提供资金。

延伸阅读：装配线；汽车。

复印机

Copying machine

复印机可以复制文字、图纸、照片和其他印刷品。办公室工作人员使用复印机复制商业文件，教师使用复印机制作讲义和学生的试题。

大多数复印机都采用静电复印——这个名字来自两个希腊单词，意思是干和写。机器把光射到需要复印的文件上，文件的白纸部分反射光线，但是较暗区域（如字母或铅笔标记部分）则吸收光。由于机器表面充满静电，文件的较暗区域形成了电荷图案，因此机器可以在纸张上打印出同样的图案。

复印机通常用墨粉来打印副本，墨粉附着在纸张上有静电电荷的部分，热量将墨粉融化到纸张上，从而形成一份复制件。

延伸阅读：传真机；激光打印机。

复印机

富尔顿

Fulton, Robert

罗伯特·富尔顿（1765—1815）是一位美国发明家和艺术家，他建造了一艘著名的由蒸汽机提供动力的蒸汽船。

富尔顿出生在宾夕法尼亚州兰开斯特郡，他早年从事发明创造，后来转向艺术研究，但他发现自己对科学和工程更感兴趣。

富尔顿的第一项重要发明是在运河中航行的船只。他还发明了制造绳索和切割岩石的机器。

19 世纪初，富尔顿决定建造一艘蒸汽机，他造了一艘名为克莱蒙特的蒸汽船。1807 年，这艘船开始在纽约州哈德逊河上载客航行。虽然克莱蒙特号不是第一艘蒸汽轮船，它却是第一艘运行良好并且赚钱盈利的轮船。

延伸阅读： 船舶；蒸汽机。

富尔顿

富兰克林

Franklin, Benjamin

本杰明·富兰克林（1706—1790）是一位美国政治家，他参与撰写了独立宣言。他也是一名印刷商、科学家和发明家。

富兰克林始终对科学抱有兴趣。他是世界上最早进行电气实验的人之一。1752 年，他在费城进行了他的最为著名的电气实验，该实验证明了闪电其实是巨大的电火花。这是一个非常危险的实验，富兰克林说他在雷雨中放飞了一只自制风筝，闪电击中了绑在风筝上的一根尖头电线。富兰克林说，闪电沿着风筝线一直延伸到绑在另一端的钥匙，并引起了火花。后来，富兰克林发明了避雷针，以保护建筑物免受雷击。

富兰克林发明了双焦眼镜，这种眼镜把普通眼镜和阅读眼镜装在一个框架里。富兰克林还发明了一种新的、燃料消

富兰克林

耗很少的加热炉。他也是第一位研究大西洋一条主要水流的海湾流运动的科学家。

延伸阅读： 电流；发明；避雷针。

富兰克林和他的风筝向世界展示了闪电实际上是巨大的电火花。

富兰克林炉比其他炉子供热更多，燃料消耗却更少。

富兰克林的避雷针使许多建筑物免于雷电引起的火灾。

双焦眼镜具有两部分镜片，既可用于阅读，也可用于远距离视物。

富勒

Fuller，Buckminster

　　巴克明斯特·富勒（1895—1983）是一位美国工程师、建筑师和发明家。他设计的建筑物充分利用科学技术，以满足现代生活的需要。

　　1940年，富勒提出了一个穹顶结构的新想法，称为网格球顶。这种穹顶巨大而轻巧，可以覆盖一个巨大的开放空间，而不用内部支撑。

　　富勒出生于马萨诸塞州弥尔顿，他为汽车、建筑和城市设计了很多东西。

　　延伸阅读： 网格球顶。

富勒

钢

Steel

钢是含碳的铁。铁是一种金属，而碳是一种非金属化学元素，但钢也可能含有其他元素。钢可以用来制造许多东西，从剪纸刀到大型机器，不一而足。

钢有成千上万种。它们可以分为碳钢、合金钢、不锈钢和工具钢几大类。

碳钢是使用最广泛的钢。它含有铁和碳，被用来制造不同的产品，小到罐头，大到汽车。

合金钢含有碳和各种其他化学元素。它可以被炼成最坚硬的钢之一。

不锈钢含有化学元素铬。不锈钢耐腐蚀（化学损坏），它常被用来制作锅碗瓢盆之类的物品。

工具钢包含许多不同元素的混合物，常被用来制造非常坚硬的金属加工工具。

延伸阅读： 合金；金属；工具。

钢是由铁和碳组成的。有些种类的钢也含有其他元素。

钢笔和铅笔

Pen and pencil

钢笔和铅笔是用于书写或绘画的工具。钢笔是最流行的书写工具之一，人们通过往笔里灌装墨水来写字或画画。笔有几种不同类型。圆珠笔用一个小球作为笔尖，小球转动，把笔里面的墨水带出来。钢笔用三角形笔尖代替小球。早期的笔则是由稻草、芦苇或羽毛制成的。

铅笔是世界上使用最广泛的书写和绘图工具，它是用石墨棒来书写的。石墨本身是一种粉末状的碳，呈深灰色。铅笔有很多种类。例如，医生做手术前用特殊的铅笔在病人的皮肤上做标记。

延伸阅读： 纸。

钢笔和铅笔是主要的书写工具。

杠杆

Lever

杠杆是六种简单机械之一。杠杆就是一根棒杆，把杠杆架在支点上，力作用在杠杆的一端，这个力就能撬动杠杆另一端上的负载。

杠杆有不同的种类。最简单的杠杆就是跷跷板，支点在跷跷板的中间，一端向下用力，便可使坐在另一端的人产生向上运动。

在其他类型的杠杆中，支点更接近负载物，这样用杠杆提升负载所需的力较小，但力必须施加更多的距离。通过手柄推动独轮手推车就是利用这一原理。

铁撬棍、扫帚和天平秤都是杠杆。其他的工具，如剪刀，由两个或更多的杠杆组成。

延伸阅读：机械;工具。

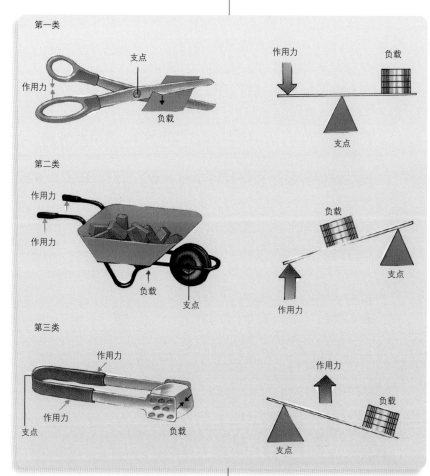

第一类 作用力 支点 负载 作用力 负载 支点

第二类 作用力 作用力 负载 支点 负载 作用力 支点

第三类 作用力 作用力 支点 负载 作用力 负载 支点

杠杆有许多形状，大小也不一，但主要有三种类别，每一种类别有不同的作用力、支点及负载排列方式。

戈达德

Goddard, Robert Hutchings

罗伯特·哈钦斯·戈达德 (1882—1945) 是一名美国火箭科学家，他的实验开启了火箭发动机和导弹的研发。

1919 年，戈达德写了一篇关于登月的报告。它被评价为"一种到达极端高度的方法"，其中他描述了所需的火箭飞行方式。当时，许多人认为飞到月球是不可能的。

1926 年,戈达德发射了世界上第一枚液体燃料火箭。火箭在空中爬升了 12.5 米高,以每小时约 100 千米的速度飞行,它在 56 米之外着陆。在第二次世界大战期间,戈达德帮助美国海军为飞机研制火箭发动机。

戈达德于 1882 年 10 月 5 日出生在马萨诸塞州,他于 1945 年 8 月 10 日去世。

■ 延伸阅读: 火箭;太空探索。

戈达德成功发射了第一枚液体燃料火箭。

哥伦比亚号事故

Columbia disaster

哥伦比亚号事故是 2003 年的一次重大航天飞机事故,这是第二次导致死亡的航天飞机事故,第一次是 1986 年的挑战者号事故。

2003 年 2 月 1 日,哥伦比亚号航天飞机从太空返回地球。航天飞机在离地面 65 千米的高度解体,事故是机翼的损坏造成的,机翼在起飞过程中被一大块泡沫击中,该泡沫从航天飞机的外部燃料箱中脱落,然后在机翼上打出了一个小洞。当航天飞机返回地球时,这个洞变得更糟了,机翼损坏,导致航天飞机失控并且解体。

哥伦比亚号航天飞机的机组成员。

七名机组成员全部死亡。包括第一位以色列宇航员拉莫内(Ilan Ramone)。其他成员是赫斯本德(Rick D.Husband)、麦科尔(William C.McColl)、安德森(Michael P.Anderson)、楚拉(Kalpana Chawla)、布朗(David M.Brown)和克拉克(Laurel Blair Salton Clark)。

这次事故导致了长时间的调查,直到 2005 年 7 月 26 日航天飞机才再次飞行。

■ 延伸阅读: 挑战者号事故;太空探索。

格伦

Glenn, John Herschel, Jr.

小约翰·赫谢尔·格伦 (1921—2016) 是第一个进入地球运行轨道的美国人。1962 年 2 月 20 日，他绕地球飞行了三圈，这次旅行不到五个小时。格伦的宇宙飞船被命名为"友谊 7 号"。

格伦于 1921 年 7 月 18 日出生于美国俄亥俄州坎布里奇，1942 年加入美国海军陆战队。他曾在第二次世界大战和朝鲜战争中担任飞行员。后来他成为试飞员，任务是试验驾驶新飞机，以帮助改进飞机。1959 年，格伦被选为宇航员，他于 1964 年辞去了试飞员的职务。1974 年至 1999 年，格伦担任俄亥俄州参议员。1984 年，格伦竞选美国总统，因未能赢得第一轮选举最终退出竞选。格伦于 1998 年搭乘发现号航天飞机重返太空，成为年龄最大的太空旅行者。他于 2016 年 12 月 8 日去世。

延伸阅读：宇航员；太空探索。

宇航员格伦是第一个绕地球轨道飞行的美国人，他乘坐"友谊 7 号"宇宙飞船进行了历史性飞行。

隔热

Insulation

阻隔热量或者声音的流动分别称作隔热和隔声。隔热可以使建筑物在夏季保持凉爽，在冬季保持温暖，同时还可以降低进入建筑物的噪声。

某些特殊材料，如玻璃纤维或塑料，可以用作房子的隔热材料来抵御寒冷，因为热量很难穿过这些材料，它们可以阻止热量流入或流出房间。

隔热材料也被用于隔声，它能阻止声音从一个房间传播到另一个房间。其他类型的隔声材料则可以吸收声音，从而降低房间里的噪声水平。地毯、窗帘和家具通过吸收声音起到隔声的作用。

延伸阅读：建筑施工；玻璃纤维；塑料。

隔热材料阻止热量或声音穿过建筑物的墙壁。

工厂

Factory

工厂是制造产品的地方。一些工厂只有一个车库的大小，另一些则是覆盖城市整个街区的建筑物群。在工厂里，工人用机器生产零部件并把它们组装在一起制成产品，这个过程叫作"制造"。我们所使用的大部分产品都是在工厂里生产的。

世界上大约有四分之一的人从事制造业。工厂把分工的理念付诸实施，工厂里的工作被分为几个部分或几个任务，一个工人可以一次又一次地重复做某一项工作，另一名工人则做另一部分工作，如此循环。工厂也使用计算机和机器人来制造产品。

在工厂出现之前，人们在家庭或车间里用手工生产产品，这样生产出来的每一件产品都存在差异。到了18—19世纪，人们发明了动力驱动的机器，这些机器的使用催生了工厂。现代工厂生产的产品很大程度上具有一致性。

延伸阅读： 装配线；机械；材料。

工程

Engineering

工程就是利用科学技术来设计、制造有用的东西的过程。工程师们设计飞机、桥梁和计算机，设计巨大的水坝和微小的电路，也制造有用的化学品、药品、假肢和器官。

工程师有各种不同类型。例如，航空航天工程师规划和测试火箭、导弹、航天器或飞机。土木工程师规划和建造水坝、公路、铁路、建筑物和许多其他项目。计算机工程师制造计算机并编写供计算机运行的软件程序。工程知识领域往往相互交叉，不同类型的工程师往往要在某些特定的项目上密切合作。

早期的工程师使用简单的工具，如滑轮、劈和轮轴。公元前2500年左右，古埃及人使用这些简单的工具建造了吉萨的大金字塔。18世纪中至19世纪，工程师们发明了由蒸汽发动机驱动的机器。这一时期被称为"工业革命"。自那时以来，科学知识急剧增加。到了21世纪，工程师们必须不断学习研究，以随时了解和掌握新的知识。

延伸阅读： 建筑施工；计算机；机械。

土木工程师在检查建筑工地。

工具

Tool

工具是用来做工作的器具，常被用来测量、夹持、成形和切割。用手使用的工具叫作手工工具，在机器上工作的工具叫作机床。

木匠使用木工工具。尺用于测量长度；角尺和量角器测量角度；圆规作圆和圆弧。木匠用水平线和铅垂线有助于确保工件是笔直的。

其他种类的木工工具包括虎钳和夹具。这些工具将材料固定在适当位置以使其成形。成形工具包括锯子、凿子、刨子、锉刀和钻孔的钻头。木工也用锤子把钉子敲入木头里。螺丝起子用于旋紧螺丝以连接木片。

金属加工工具被用来制造机器和其他金属物品。这些工具必须比木工工具更精确。

它们可以测量微小的距离。称为千分尺和卡尺的工具可以测量小到 0.001 毫米的长度。钢锯是一种切割金属的工具。丝锥和板牙用来加工螺纹，制成机器零件。

机床是用于切割金属或使金属成形的动力机器。车床是用来把金属切削成圆形的；铣刀铣削平面或特殊形状；砂轮磨削金属表面，使其光滑。

几十万年前，人们就开始使用工具。他们知道

常用的手工工具包括锤子、螺丝起子和扳手。

手持式电动工具，如这种钻头，可用于木材或金属。

机床，如这种车床，是动力机械，用来车削金属成形。

某些形状的岩石和棍棒可以用于切割、研磨和其他用途。当人们学会使用钢铁时，他们开始制造更坚实、更锋利的工具。在 18 世纪，人们学会了如何用蒸汽动力驱动机器。蒸汽机、汽油机和电动机的出现使制造机床成为可能。

延伸阅读： 工厂；锤子；铁器时代；机械；机床；犁；锯子；技术。

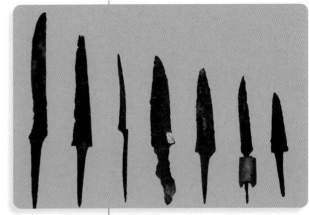

在公元前 1500 年铁器时代的前夕，人们开始用铁器制造坚实的农具和武器。

人类制造的第一批工具是锋利的石头。

公路

Road

公路是陆地上主要用于轮式车辆行驶的狭长区域。公路对所有人而言都是重要的。农民把他们的农产品运送到商店去要用公路。卡车司机通过公路将商品从一个地方运送到另一个地方。人们在公路上开车去上班。每天有数以百万计的轿车、公交车、自行车和卡车要在公路上行驶。

城镇内部的道路常被称作街。街通常承载小范围内的车辆，它们还把小社区相互连接起来。街都有各自的名字和号码，便于人们寻找。

高速公路是能承载大量汽车行驶的公路，连接了各个大城市和城镇。人们在高速公路上能高速行驶。

高速公路是每天承载许多车辆行驶的大路。道路是分层建成的：底层的路基是天然土壤，在路基上覆盖砂、石头或其他材料形成基层。路面在基层顶部。许多道路都有紧急情况下供车辆停靠的停车带。

　　公路通常又被划分为若干个车道，每条车道仅能行驶一辆车。小马路每个方向仅有一条车道，有些高速公路则有 4 条或更多车道。

　　道路会随着时间的推移而磨损，需要维护。寒冷地区的道路还必须清除冰雪。当需要建造新的道路时，规划者必须搞清楚人们对于新的道路的需求，他们还必须对这条新道路周围地区在未来的变化做出相应的规划。

　　在修建一条新的高速公路时，第一步是场地清理。第二步是在这块区域内将车道规划好，并把地面弄平整；然后沿着道路的两边挖出沟渠，布局下水道；再然后开始铺路。路面通常用泥土或碎石修建，并用沥青或水泥来使它们黏合在一起。在繁华地区，工人们会在路的两旁架设路灯。

　　古埃及人、中国人和其他古代文明都市都在几千年以前就建造了道路。第一批伟大的筑路者是古罗马人，罗马的道路能把水排入沟渠。罗马人在他们的帝国里修建了超过80000 千米的道路，其中一些道路至今仍在使用。

　　延伸阅读： 汽车；水泥和混凝土；运输。

谷登堡

Gutenberg, Johannes

　　约翰斯·谷登堡（1395—1468）是德国发明家、印刷工，他发明了印刷机。

　　谷登堡的印刷机使用的是粘在金属片上的字母，这些字母可以重复使用和重新排列以创建新的页面。其他印刷机使用刻在板上的字母，这种板很难制造，也不能重复使用。

　　谷登堡的发明改变了书籍的印刷方式，他的印刷机比手工抄书快得多。谷登堡出生于德国美因茨。在年轻的时候，他就学会了如何使用金属。

　　延伸阅读： 发明；印刷。

谷登堡发明了一种活字印刷机。

谷歌公司

Google, Inc.

谷歌公司是一家以网络搜索为主的互联网技术公司，网络搜索帮助人们找到网站和其他有用的信息。谷歌同时经营与其搜索工程一起运行的广告业务，以及非常流行的视频分享网站 youtube。谷歌还为手机和其他设备制作专门的软件。

谷歌于 1998 年正式成立，它是由斯坦福大学的两名学计算机科学的学生佩奇 (Larry Page) 和布林 (Sergey Brin) 创立的。谷歌这个名字来自一个非常大的数字，googol，它表示 1 后面有 100 个 "0"。Google 这个名字喻指互联网上巨大的信息量。

延伸阅读： 互联网；搜索引擎；网站。

固特异

Goodyear, Charles

查尔斯·固特异 (1800—1860) 是一位美国科学家，他发明了一种处理橡胶的方法，叫作硫化法。硫化后的橡胶强度提高，具有耐热和耐冷的性能。

1832 年，固特异开始试验一种印度橡胶，它在寒冷的时候容易断裂，热的时候又会变黏。固特异发现使用硫黄处理后印度橡胶就不那么黏稠了。

1839 年，固特异意外地把橡胶硫黄混合物洒在炉子上，发现它没有熔化。固特异意识到加热有助于使橡胶—硫黄混合物变得更强固。这种硫化橡胶可以用来制造许多有用的东西。

固特异发明了一种使橡胶更坚固的方法。

管道工程

Plumbing

这里的管道工程指利用管子将水引入和排出大楼或其他建筑物的系统。一座大楼的管道系统通常包含两套管道：一套引入清洁水，另一套排出废水和固体废物。

城镇的水大都来自河流、湖泊或者水井。水首先在一个处理厂里被净化，然后清洁的水流入到泵站，再被压入称为总水管的大口径管道里。

从自来水总管道引入到大楼中的水管被称为供水管道。通过供水管道进入大楼的水是冷的，有一根管道将水接引到一个热水器里，水在热水器的水箱内被加热。热水从热水器通过管道流到浴缸、水槽、洗衣机或洗碗机里。冷水通过另一组管道流向所有这些地方和厕所。当人们打开水龙头、冲洗马桶或是使用洗衣机、洗碗机时，就会有水流出来。

使用过的污水会通过排水系统排出。排水系统用粗管道。在这些管子中，垃圾不易被堵住。排水管将废水和固体废物排到称为污水立管的大口径管道里。污水立管一直通到大楼下面的排水沟。在大多数地方，排水管把废水排入下水道。在另一些地方，下水道也会连接到化粪池。废物会被储存在一个大缸中慢慢分解。

大多数的冲水马桶由两部分组成，一个马桶座和一个水箱。马桶座和水箱是相连的。一个橡皮止水塞堵住水箱与马桶座连接处的开口。它确保不冲洗马桶时水不会流入马桶。

当要冲洗马桶时，止水塞被抬起，水从水箱冲到马桶座里。在水冲下去的同时，水箱内的一个与阀门相连接的浮球会下沉。浮球的下沉使得进水阀门被打开，水开始流入水箱。

止水塞重新复位，水箱被充满水。当水箱的水充满时，浮球升起，进水口的阀门重新被关闭，然后，水箱停止进水。

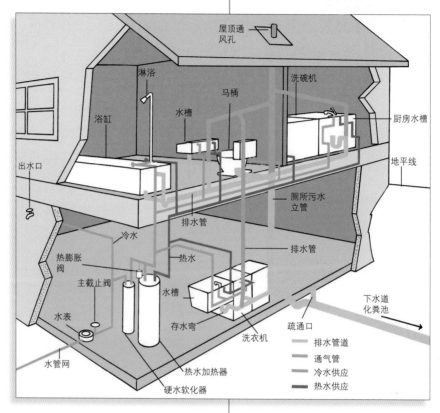

一栋房子的管道系统包含几种管道。供水系统为家里提供清洁的水。排水管道把污水和污物从家里排出。热水器和连接的管道为水槽、淋浴器和其他器具提供热水。通气管保持管道系统里的空气流动。

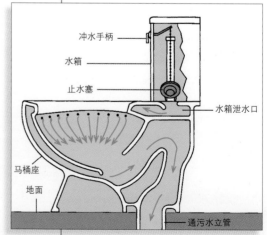

冲洗冲水马桶，抬起止水塞，让水冲进马桶座里。当水箱几乎是空的时候，止水塞落下。

印度河流域文明在大约公元前 2500 年左右就使用管道工程了,这个区域位于如今的巴基斯坦和印度西部,当时房屋里有排水道。古罗马人建造过复杂的管道系统,他们用铅做管子。管道工程一词的英语 plumbing 就是来自罗马语的"铅"。

罗马帝国在公元前 400 年就衰落了,管道知识失传了有好几个世纪。到 16 世纪,冲水马桶被发明了。在 1778 年,一个叫布拉默 (Joseph Bramah) 的英国家具匠发明了一种改进型的冲水马桶。在 19 世纪中叶,化粪池被发明了,到 19 世纪 60 年代,现代污水处理系统在伦敦开始运作。

延伸阅读: 建筑施工;污水。

光盘

Compact disc

光盘,简称 CD,可以存储数字化的信息。CD 是由硬塑料和金属 (通常是铝) 组成的扁平的薄盘。盘上有一个由众多凹坑组成的螺旋形,不同的凹坑组合形成代码。通常音乐 CD 上的代码记录音乐,其他的 CD 中,代码可以记录文字、图片、视频、电子游戏或任何其他类型的信息。

CD 播放机从光盘上读取信息,它把激光射在旋转的光盘上,光盘的金属涂层会反射激光。当激光照射有些凹坑时,凹坑反射的激光会变弱。

激光反射变化的组合就代表了光盘里储存的信息。

一张完整的 CD 可能包含 20 亿个凹槽,它可以存储一个相对较短的视频。DVD 可以存储比 CD 更多的信息,主要用于存储电影。

光盘

延伸阅读: 计算机存储盘;DVD;激光。

光污染

Light pollution

光污染是由人工照明造成的。夜晚,城市的灯光照亮了夜空,人们因此看不到星星,天文学家也不能进行研究工作。如果灯在你不需要的地方发光，这样的灯就是浪费能量。另外，人工照明也会影响野生动物，改变动物的自然行为和迁徙。

我们可以遮蔽灯光不让它照耀天空而只是照亮地面，这有助于减少光污染。一些社区致力于对抗光污染，对照明装置的类型和位置都有限制。

城市的光污染会在天空中产生明亮的光辉，使人看不见星星。

光纤

Fiber optics

光纤利用光和极细的玻璃丝或塑料线来发送信号，光纤甚至比人的头发还细，搭载信号的光脉冲以极高的速度穿过纤维。光纤电缆是构成互联网的主要部分，它们把互联网的信息传播到世界各地。光纤在医学和其他工业上也有广泛的应用。

光纤可以弯曲而不断裂。激光脉冲被送到光纤中用以发送信号，光纤的内壁能反射激光，激光通过光纤的内部反射而迅速从光纤的另一端穿出。信号能够通过长达数千米的光纤。

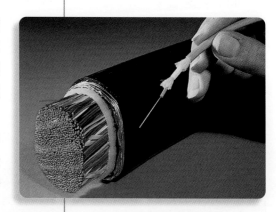

一根细微的光纤甚至可以被两根手指夹住，但它能承载的数据信号是大型电缆所承载的数倍。

在通信中，信号以光脉冲的模式形成一个数字代码。该代码可以代表文字、图片、声音或视频。医生还使用光纤收集有关人体的信息。由于这些纤维足够纤细，它们可以进入到血管或身体中的其他部位。

延伸阅读： 电缆；互联网；金属丝。

国际空间站

International Space Station

国际空间站是太空中的一颗大型人造卫星。所谓人造卫星是指绕着某个物体（在这个例子中是地球）的轨道运行的人造飞行器。超过 15 个国家合作建造了国际空间站。空间站的第一部分于 1998 年发射，在 2011 年建成。宇航员继续不断对空间站进行改进。

国际空间站距离地球约 400 千米。

国际空间站一次可容纳 6 名宇航员生活和工作。2000 年，人们开始在空间站上生活。2009 年的一段短暂时间内，曾经有过 13 人同时在空间站里生活。国际空间站在离地球上空大约 400 千米的地方。

人们在国际空间站里进行各种科学实验，其中一些实验是测量太空环境如何影响包括宇航员在内的生物。

空间站的一个主要优点是，许多设备只需要被带入太空一次。来自几个国家的航天器定期访问空间站，送去新的补给和航天员。2012 年，SpaceX 公司成为第一家向空间站派送航天器的私营公司。

延伸阅读： 宇航员；欧洲空间局；美国国家航空和航天局；卫星号系列、人造卫星；太空探索。

一名宇航员在空间站里漂浮着工作。

空间站上的宇航员在失重的条件下生活和工作。

国际商用机器公司

International Business Machines Corporation (IBM)

国际商用机器公司是一家主要的计算机技术公司。它生产许多重要的计算机部件，包括构成计算机"大脑"的微处理器芯片。该公司还为大型企业和组织生产先进的计算机和软件程序。

国际商用机器公司起源于一家较早的计算制表记录公司，它于 1924 年采用了现在的名称。那时该公司生产制表机、时钟和电动打字机等设备。

20 世纪 50 年代，国际商用机器公司开始转向电脑技术领域。20 世纪 60 年代，它的主要业务是制造功能强大的大型计算机。1981 年，它开始销售个人计算机，这是一种比大型机更小、更便宜，适合家庭和企业购买的计算机。但其他公司很快就制造出类似的电脑，它面临着激烈的竞争。2005 年国际商用机器公司把个人电脑业务出售给了联想集团。

H

哈勃太空望远镜

Hubble Space Telescope

哈勃太空望远镜在离地球约 610 千米的轨道上运行。它非常强大，可以拍摄到外层空间里的恒星、彗星和太阳的清晰照片。该望远镜以美国天文学家哈勃（Edwin P. Hubble）的姓氏命名。

哈勃太空望远镜为反射式望远镜。望远镜上有一面宽 240 厘米的大镜子来收集光，光线反射到一个小透镜上，再把它聚焦到照相机上。望远镜能让科学家看到宇宙中一些遥远的物体。

地球的大气层会扭曲和减弱光线，而哈勃太空望远镜不需要透过地球大气层就能观测太空。哈勃望远镜虽然比地球上最大的望远镜小得多，但是由于它不必透过大气层观察，所以可以比地球上任何望远镜都看得更远。

发现号航天飞机于 1990 年将望远镜送入轨道。后来宇航员又几次在望远镜上安装了新的部件，比如让望远镜图像更清晰的特殊设备。宇航员最近一次到哈勃望远镜上执行任务是在 2009 年。

延伸阅读：太空探索；望远镜。

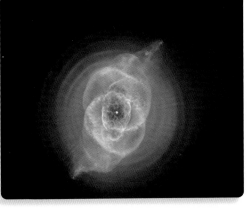

这张由哈勃太空望远镜拍摄的照片显示了许多处于不同生命阶段的恒星。

哈勃太空望远镜捕捉到的猫眼星云。

哈里森

Harrison, John

约翰·哈里森(1693—1776)是一位英国钟表匠。1735年，他建造了一个非常精确的时钟，名为"航行表"，水手们可以用它来帮助确定位置。有了这项发明，水手们可以航行得更远而不会迷路。

当时的钟大多用钟摆。钟摆是一个来回摆动的重物，但是由于热胀冷缩的原因，钟摆会变长或变短，这导致时钟计时不准。

哈里森发明了格栅状补偿式钟摆，这种钟摆会自动适应冷热变化而不用调节摆的长度。即使在寒冷的环境下，它仍然保持精确。哈里森把它用在航行上。

哈里森于1693年3月24日出生在英格兰西约克郡，1776年3月24日哈里森去世。

延伸阅读：时钟；导航；钟摆。

哈里森发明了一个非常精确的时钟。

海水淡化

Desalination

海水淡化是从海水中除去盐的工艺过程，海水是咸的，而人和许多动物只喝淡水，大多数植物也需要淡水。人们利用海水淡化工艺用海水制作饮用或浇灌庄稼的水。

海水淡化有几种方法。把海水煮沸亦称蒸馏，这时水变成蒸汽，把盐和水蒸气分离开来了。当水蒸气冷却时，它又变成了液态水。这样获得的淡水可以收集起来使用。这个工艺已经沿用了几千年。

另一种海水淡化的方法叫作反渗透——让含盐的水在压力下流过一个特殊的屏障，但盐不能通过。通过的淡水则在屏障的另一边被收集起来。

电渗析是海水淡化的第三种方法，它利用电流将盐和水分开。

延伸阅读：电解。

海水淡化设施除去海水中的盐分。然后人们可将淡水用于饮用、浇灌作物和其他用途。在淡水短缺的地区人们使用海水淡化来满足用水需求。

焊接

Welding

焊接是一种利用高温或压力将金属块黏合在一起的技术。工厂将零件焊接在一起用以制造汽车、冰箱和其他产品。建筑工人焊接建筑物和桥梁的金属构件，也有人焊接计算机芯片的微小部分。

焊接的一种方法是将两块金属固定在一起，加热直到被焊接的金属部分熔化为止。金属冷却时就黏合在一起。在电弧焊接中，热量来自大功率的电火花。其他焊接方法中，热量也可能来自燃烧的气体或激光。

另一种形式的焊接是将两块金属挤压在一起。巨大的压力会使工件连接在一起，而不是熔化。不同材质金属的硬币就是用压焊这种方法制成的。

延伸阅读：电流；电极；金属。

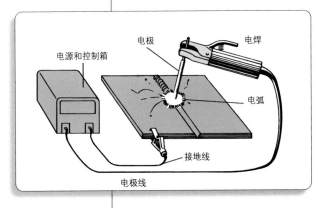

电弧焊采用大功率放电的电火花连接两块金属。电火花从一个被称为电极的装置中放电并加热金属以形成焊缝。

合成材料

Synthetics

合成材料是由人工制造的物质或材料。合成物是结合了两种或多种化学物质制成的一种新物质。有些合成物是称为纤维的细长线，另一些是薄片或液体。它们可以被制成不同的形状。

许多产品是由合成材料制成的。所有的塑料都是合成材料。合成纤维用于轮胎、刷子和服装等产品中。

有些合成物牢固而又坚硬，另一些则可以被拉伸。韧性塑料用于家具、机械零件和包装材料。许多合成物不会受到化学物质、昆虫或阳光的侵蚀。

延伸阅读：材料；塑料；纺织品。

尼龙是一种由人类发明的合成材料。尼龙可制成称为纤维的细长线。

合金

Alloy

　　合金是一种金属与另一种或多种其他材料的混合物。合金中的主要金属称为基体金属。添加到合金中的材料可以是金属，也可以是非金属。

　　合金的性能与其基体金属不同。好的合金使基体金属变得更硬或更强。例如，钢是一种含有少量碳的铁合金，但钢比铁硬得多。不锈钢是由铁添加了金属铬制成的合金，而不锈钢制作的东西不会生锈。

　　人类制造合金已经有几千年的历史了。第一种合金是青铜，是铜和锡的混合物。人类第一次制造青铜是在大约 5500 年前。

大多数的锅都是由不锈钢制成的。

和平号空间站

Mir

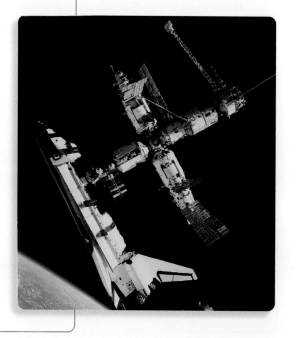

1995 年，亚特兰蒂斯号航天飞机成为第一艘与俄罗斯和平号空间站连接的美国航天器。

　　和平号是苏联建造的一个长期运行的空间站。和平号由若干个称为"模块"的单元组成，这些模块是分别发射升空的。第一个模块于 1986 年发射。和平号空间站于 2001 年坠毁。Mir 这个词在俄语里的意思是和平。

　　在与美国"太空竞赛"期间，苏联开始把和平号的各个模块连接在一起。苏联想要运行和平号五年，但是这个国家在 1991 年解体了。俄罗斯决定让和平号在太空里停留更长时间。有一段时间里，空间站被至少一个人占据了近 10 年时间。

　　俄罗斯于 2001 年 3 月结束了和平号计划，它将和平号送入地球大气层，并将它燃烧殆尽。

延伸阅读：人造卫星；太空探索。

核反应堆

Nuclear reactor

核反应堆是一种控制核反应的装置。这种反应涉及分裂或合成原子核。核反应释放出巨大的能量,这种能量可以用来发电。

在大多数反应堆中,铀棒被紧密地固定在一起。铀原子的核大而易于分裂。这种分裂过程称为核裂变。当一个铀原子核裂变时,碎片飞离出去并分裂附近的其他原子。

发电厂的核反应堆用核裂变的方式来发电。

裂变产生的能量会释放出大量的热。这种热能在反应器中使水沸腾,产生蒸汽。然后,热蒸汽又带动涡轮机转动。旋转的涡轮机产生电能。

在核反应堆中,裂变是被精准控制的。它以恒定的速度发生。特殊的控制棒可以迅速停止裂变。反应堆不同于核武器,核武器是立刻释放出所有的能量。

延伸阅读:电力;核废料;涡轮机。

核废料

Nuclear waste

核废料是来自核电站的剩余材料。大多数核电站用铀作为燃料。铀原子核在核反应装置中发生裂变。裂变时释放出能量,释放出的能量被用来发电。

当铀原子分裂时,这些碎片就形成放射性元素。放射性元素会在较长时期内(有时甚至几千年)释放出危险能量。它们会诱发癌症和其他致命的健康问题。

核废料很难被安全地清除掉,放射性物质会继续散发出热量。大多数核电站把废物储存在离工厂不远的水池里。水有助于保持废物的冷却。几年后,核废料被转移到风冷混凝土容器中。但它仍然是危险的。

延伸阅读:有害废弃物;核反应堆。

核武器

Nuclear weapon

核武器是最危险的也是最具破坏性的武器。它的能量来源于原子核内的变化。一个小型的核武器能杀死上百万的人，一场大规模的核战争能毁灭地球。

人类目前仅投掷过两枚核武器，它们在第二次世界大战末期被美军投到了日本。这两枚核弹炸死了几十万人。二战后，美国和苏联建造了总共上千枚核弹。其中许多枚核弹的威力都远远超过了当年在日本投下的那两枚。

核武器主要分两类。裂变武器靠的就是分裂原子核，它们也被称为原子弹。当一个原子核分裂时，它会释放出巨大的能量。当年投在日本的那两枚原子弹就是这种裂变武器。

热核武器则比裂变核武器更具威力。它们产生的能量来源于氢原子核的聚变。这类反应可以释放出和来自太阳一样的巨热和光。热核武器也被称为聚变武器或氢弹。

核爆炸会产生多种效应。爆炸会产生一个巨大的火球。冲击波（也叫震荡波）会朝各个不同方向散射出去，冲击波的压力使建筑物坍塌。爆炸同时还会发出光和热辐射，这种射线能烧伤皮肤及引发火灾。这一系列的效应取决于核武器的威力，天气情况和地形。一枚中等当量的核武器释放的冲击波和热能可以将爆炸周围几千米的地方夷为平地。

核武器爆炸后带来的其他效应是致命的。火球膨胀成为蘑菇状云，这种蘑菇状云含有放射性尘埃和残骸。这种物质在很长时间内将不断地散发出危险的能量。放射性物质最终落到地面，这种辐射可以广泛传播，会引发癌症。

美国和俄罗斯拥有世界上绝大多数的核武器。中国、法国、印度、以色列、巴基斯坦和英国也拥有核武器。南非曾经也发展过核武器，但南非已于20世纪90年代初销毁了这些核武器。朝鲜也试验爆炸了几个核装置。另外，伊朗已研制出核武器材料，但他们声称这只是出于和平目的。

延伸阅读： 炸弹；炸药。

火炮式裂变武器

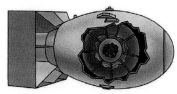

内爆式裂变武器

裂变武器将原子核分开。火炮式武器通过剧烈结合两个核材料样本来启动裂变反应。内爆式武器使用常规炸药压缩核材料。

核武器的爆炸会产生一个巨大的蘑菇云。

恒温器

Thermostat

恒温器可以控制机器或房间内的温度。许多家用电器使用恒温器，包括空调器、加热器和冰箱。

恒温器通过测量温度的变化来启动或关闭机器。例如，如果冰箱里的空气变得太热，它会触发冰箱的恒温器。恒温器会启动冷却装置，当温度变得足够冷时，恒温器将关闭冷却装置。

许多恒温器是由两种不同金属黏合在一起制成的双金属带。不同的金属随着温度的变化而膨胀（增大）或缩短（收缩），这导致双金属带随着温度的变化而卷曲或伸展，这种伸展会关闭或打开开关，从而打开或关闭机器。

延伸阅读： 空调器；制冷；温度计。

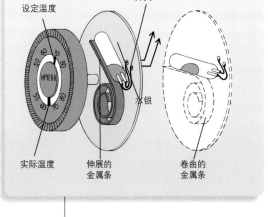

这个恒温器有一个可以设定到所需的温度的刻度盘，另一个刻度盘则跟踪实际温度。

如果房间里的温度变得太低，恒温器内的金属条就会伸展。这会导致水银关闭开关，并启动加热装置。达到设定的温度后，金属条卷起，水银开启开关，切断加热装置。

虹吸管

Siphon

虹吸管将液体从较高的容器吸到较低的容器。

虹吸管是用来从容器中抽出液体的装置，它使得液体越过容器的边缘并被排到较低的水平面。大多数虹吸管都是弯管或软管，它们把液体从一个较高的容器吸到一个较低的容器中。

制作虹吸管的一种常用方法是将管子的一端插入装有液体的容器中，然后把管子的另一端放在另一个容器里，该容器应位于比装有液体的容器更低的水平面上。接下来，将第一个容器里的液体抽吸到管子里，直到管子充满液体。

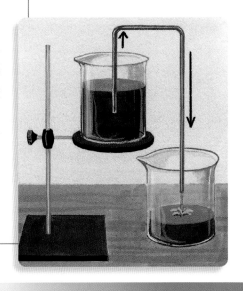

一旦液体开始流动，就可以除去抽吸力，液体将继续流动。

虹吸管的工作原理是重力。重力使管子里的液体向下。当液体下降时，更多液体源源不断地注入管内。液体通过管子继续保持流动状态，直到两个容器中的液体液面处于相同高度或上部的容器排空为止。

虹吸管有很多用途。例如，它们被用于管道和灌溉。

延伸阅读： 泵。

胡佛大坝

Hoover Dam

胡佛大坝是世界上最高的混凝土大坝之一，它有助于防止洪水和土壤流失，同时提供水和电力。大坝位于美国亚利桑那州和内华达州边界上的科罗拉多河的黑色峡谷中，距离拉斯维加斯东南约 40 千米处。流经大坝的水产生的电力用来供给亚利桑那州、内华达州和南加利福尼亚州。

胡佛大坝高 221 米，长 379 米。混凝土底座厚 200 米。大坝使用了 340 万立方米混凝土，这些混凝土足够铺设一条从纽约市到旧金山的双车道公路。

大坝筑起了一个叫"湖泊草甸"的水库，它是世界上最大的人工水体之一，约 185 千米长，180 米深。水库通过 390 千米长的输水管为南加利福尼亚州的城市供水。

胡佛大坝于 1935 年竣工，它是为了纪念胡佛（Herbert Hoover）总统而命名的。

延伸阅读： 坝；电力。

胡佛大坝是世界上最高的混凝土坝之一。

胡克

Hooke, Robert

罗伯特·胡克 (1635—1703) 是一名英国科学家。他做过多种科学实验，其中一项是研究一些物体在被拉伸或弯曲后是如何回复到原来的形状的，物体的这种性能被称为弹性。胡克提出了关于弹性的胡克定律，今天的科学家仍然接受这一规则。

胡克还建造了第一台格里高利望远镜，它是早期的反射型望远镜。此外，他还用早期的显微镜观察一片植物表皮并从中发现了植物细胞。

在另一个实验中，胡克观察了一个弹簧的振动，他发现这种振动类似于钟摆的来回摆动，从而发明了用于手表的平衡弹簧。胡克还陈述了关于光的亮度的逆平方定律。

延伸阅读： 显微镜；望远镜。

互联网

Internet

互联网是一个计算机网络系统，它将数十亿台计算机、手机和其他设备连接在一起。世界上有近三分之一的人接入了互联网。

互联网就像一个巨大的图书馆，它存储着大量的信息，包括文本，如书籍和新闻作品；还包括音乐、图像和视频；甚至还有计算机程序，这些程序中包括电子游戏。

互联网上的网站把互联网上的信息组织起来。所有的互联网网站连接在一起就形成了万维网。与互联网的某些部分不同，非专家也能很容易地使用和搜索网站。

互联网不只是储存信息。人们在互联网上工作、购物和娱乐，还可以分享艺术作品和想法。人们使用互联网以多种方式进行交流，既可以彼此发电子邮件，也可以通过特殊的摄像头进行视频交流。社交网站可以帮助人们保持与朋友

互联网改变了人们工作、购物和交流的方式。

和家人之间的联系。

互联网包括计算机、手机和其他设备，以及将所有这些东西连接在一起的电缆线。这些物体被称为硬件。它们连接在一起，形成一个"网络"。电子信号在互联网硬件上快速移动，这些信号携带文本、照片和视频等信息。

互联网上的硬件只有在软件的支持下才可以工作。软件协议是一套特殊的规则，它们控制着信号在互联网上的移动方式，其工作原理就像引导交通的交通规则一样。

然而，信息在互联网上的传送方式与汽车在路上的移动方式不同。例如，你可以通过互联网将一张照片从你的手机发送到朋友的计算机上，但是这张照片并不是以完整的方式来传送，相反，照片被分割成信息块，这些信息块被称为信息包。每个信息包都可以在互联网上通过不同的路径传送，如果某一条路径较慢或者发生堵塞，这个信息包就会换走新的路径，这个概念叫做分组交换。最终，所有的信息包都到达了你朋友的计算机上，它们被重新组合在一起，然后计算机显示出照片。

互联网的发展始于20世纪60年代。当时，美国政府担心来自苏联的核攻击，因为这种攻击可能会使美国的通信系统瘫痪。为此，美国军方与计算机科学家合作开发了早期的互联网。在分组交换的情况下，通信在受到攻击的情况下仍能得以进行。

20世纪90年代，一位名叫伯纳斯－李的计算机科学家开发了万维网，它使互联网更容易使用。

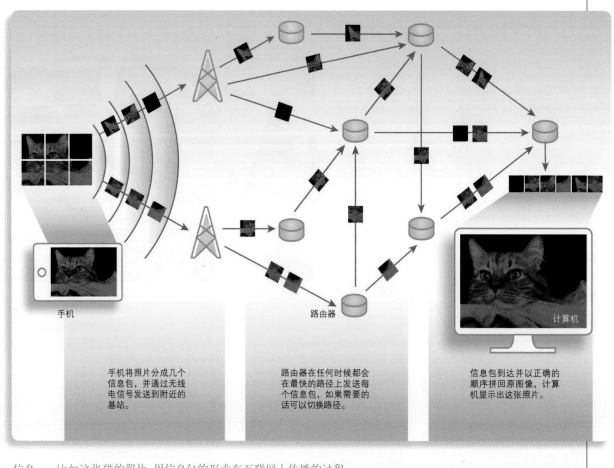

手机

路由器

计算机

手机将照片分成几个信息包，并通过无线电信号发送到附近的基站。

路由器在任何时候都会在最快的路径上发送每个信息包，如果需要的话可以切换路径。

信息包到达并以正确的顺序拼回原图像，计算机显示出这张照片。

信息——比如这张猫的照片，用信息包的形式在互联网上传播的过程。

进入 21 世纪，互联网连接变得更快了。新的网站鼓励普通人发表自己的文字、照片和视频。到了 2010 年后，许多手机和其他的无线设备也可以连接到互联网。

延伸阅读： 伯纳斯－李；手机；计算机；计算机病毒；谷歌公司；网站。

华生·瓦特

Watson-Watt, Sir Robert

华生·瓦特

罗伯特·华生－瓦特爵士 (1892—1973) 是苏格兰工程师和发明家。他致力于研发一个叫作雷达的系统。雷达被用来定位远处的物体。

华生－瓦特在 1919 年制作了一种早期的无线电测向仪，该装置用收到的无线电信号来确定方位。当时，华生－瓦特与英国气象部门合作共事。

1935 年，华生－瓦特开始研究如何利用无线电波找到飞机。到 1940 年，他在英国沿海岸边帮助建立了可投入实用的雷达站。在第二次世界大战期间，这些雷达站帮助侦测到不列颠战役中的敌机。

因华生－瓦特在研制雷达中作出的努力，在 1942 年他被授予了爵士称号。战后，在返回英国之前，他住在加拿大和美国。

延伸阅读： 发明；雷达；无线电。

滑轮

Pulley

滑轮是一种简单的机械，被用来提升东西。它是由一个轮子和一根绳子组成的。在最简单的滑轮中，轮子被固定在上面，绳子跨过轮子上升或下降。绳子的一端系着一个负载，拉绳索的另一端提升起负载。拉下绳索通常比直接提升一个负载容易些。

在另一种滑轮形式中，轮子直接作用于负载上，而不是绳索系着负载。绳子绕过滑轮,绳索一端固定于顶部的构架,拉绳索的另一端提升滑轮和负载。滑轮可减小提升负载所需要的拉力,但是拉过的绳索的长度必定是负载提升距离的两倍。其他滑轮系统使用两个或多个滑轮。

延伸阅读: 机械;轮轴。

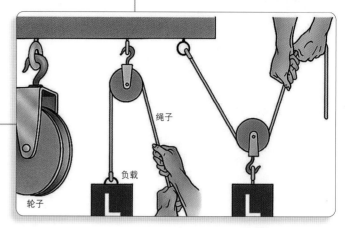

滑轮由一个轮子和一根跨过轮子可以被拉的绳索组成。提升的负载可以被系在绳索上或固定在滑轮上。

滑翔机

Glider

　　滑翔机类似小型飞机,但它没有发动机。人们使用滑翔机主要是为了娱乐和运动。滑翔机有时也被称为"帆船飞机"。莱特兄弟的滑翔机试验帮助他们发明了第一架飞机。

　　无论飞机还是滑翔机都必须飞得足够快才能停留在空中。速度使足够多的空气围绕飞机的机翼运动,而机翼四周的空气运动会产生升力。飞机依靠发动机把飞机推得足够快,足以让它起飞和飞行,而滑翔机必须使用其他方法来起飞并让它停留在空中。但由于滑翔机比飞机轻得多,它只需要较少的浮力就能保持在空中。

滑翔机类似小型飞机,但它没有发动机。

　　在美国,滑翔机往往被飞机拖到空中后再被释放。在欧洲,滑翔机通常被地面上的车辆像拉风筝一样拉到空中。滑翔机飞行员利用上升的气流在空中飞行很长时间,大多数滑翔机可以持续飞行 1～5 个小时。

延伸阅读: 飞机;李林塔尔;莱特兄弟。

黄铜

Brass

黄铜是铜和锌的合金，常用于五金件、饰品和乐器。

黄铜的颜色介于黄色到铜红色之间。铜本身是一种软金属，但是当铜与锌混合后，铜会变得更硬。其他金属可能由于各种原因被添加到黄铜中。例如，添加铅会使黄铜更容易切削。

黄铜最初是被偶然制造出来的，当时人们加热了含有铜和锌的岩石意外获得了黄铜。古罗马人在大约 2000 年前就使用黄铜制作铜币、罐和装饰品。

延伸阅读： 合金；金属。

黄铜从古代就开始被使用了。这是 19 世纪的黄铜盒子和盖子。

回收再利用

Recycling

回收再利用就是一种将资源反复使用而非将其丢弃的做法。回收再利用有助于人们节约材料和能源，使得资源免于充斥于垃圾填埋场。回收再利用也能以减少污染的方式来保护环境。

许多种材料都能被回收再利用。罐头、玻璃、纸张和一些塑料都可以被回收再利用。铝可以被重复使用，制成饮料罐和口香糖的包装等物品。纸可以被回收制造成新的报纸和硬纸板。玻璃可以重复使用做成新的各种玻璃制品，比如玻璃瓶。此外，废玻璃还能在制作混凝土时替代所需要的沙子。一些废塑料能被融化并用来制作新的塑料制品。

也有人回收从草坪上剪下来的草屑和其他庭院垃圾。这种材料可以做成堆肥。堆肥可使土壤更肥沃并帮助植物生长。

如果可回收材料能从垃圾中分离出来，那它们是非常有用的。及时的分离能使材料不至于变得太脏。为了回收利用，许多城市都收集可循环利用的材料。在另一些地方，人们必须将生活垃圾丢到指定地点。一些公司还购买废弃的可回收再利用的垃圾。

延伸阅读：玻璃；垃圾填埋场；材料；金属；纸；塑料。

回收厂的工人把废弃物品分类。工人们把纸、塑料、金属和其他可回收的材料分类。

工人根据颜色对玻璃制品进行手工分类。分类后，玻璃制品被粉碎、熔化，并制成新的器皿。

压扁的铝罐被包装和堆叠起来。它们将被熔化并制成大块状，可以用来制造新的铝制品。

撕碎的纸在回收中心集中，再化成纸浆。纸浆干燥后再制成新的纸制品。

惠特尼

Whitney, Eli

伊莱·惠特尼（1765—1825）是美国的发明家。他最著名的发明是轧棉机。轧棉机是一种将棉籽从棉花绒毛纤维中分离出来的机器。惠特尼的轧棉机可以抵 50 个工人手工剥离棉籽和棉花纤维。有了这种机器，美国很快就成为世界领先的棉花种植者。惠特尼还是枪支和其他武器的制造者。

惠特尼出生在马萨诸塞州韦斯特堡。早在童年时期，他就表现出了制造的天赋。12岁的时候，他制作了一把小提琴。1792年，惠特尼去格鲁吉亚萨凡纳教书并研究法律。他的朋友格林 (Catherine Littlefield Greene) 建议他造一台机器来清理棉花。到1793年4月，他已经造出了轧棉机。这不是历史上发明的第一台轧棉机，但它比以前的机器工作性能更好。

■ **延伸阅读**：轧棉机；发明。

惠特尼的轧棉机可以在一天内清理更多的棉花，因为它能抵50个人的手工操作。

混合动力汽车

Hybrid car

混合动力汽车是指使用一种以上的能源驱动的汽车。普通混合动力汽车装有汽油发动机和电池驱动电机。

混合动力汽车的驱动动力来自汽油机、电动机或两者的叠加动力。当汽车加速时，两个系统同时提供能量。当汽车定速巡航时，电动机提供所有的动力。当不需要汽油发动机来驱动汽车的时候，它可以给电池充电。在制动过程中，电动机利用汽车运动产生的能量为电池充电。这一过程称为"再生制动"。

混合动力汽车比同类型的汽油发动机汽车所需的燃油要少。然而，混合动力汽车更复杂、更昂贵。丰田汽车公司从

普通的混合动力汽车既使用汽油发动机，又使用电池供电的电动机。

1997年开始在日本销售第一辆大规模生产的混合动力汽车普锐斯(Prius)。到21世纪初，混合动力汽车开始受到消费者的欢迎。

延伸阅读：汽车；电池。

活塞

Piston

活塞是许多机器中的一个部件。它是一根在活塞缸内往复移动的实心杆。活塞用于发动机和泵，也被用在压缩机（压缩空气和其他气体的机械）和某种乐器中。

大多数发动机使用活塞将燃烧燃料的能量转化为机械能。例如，汽车的汽油发动机。发动机有几个气缸，每个气缸充满空气和燃料的混合物。活塞向下推挤混合物，压缩它。火花点燃混合物，产生爆炸，爆炸力推动活塞后退。活塞的上下运动带动曲轴转动，曲轴带动汽车的轮子转动。

延伸阅读：汽车；发动机；汽油发动机；机械。

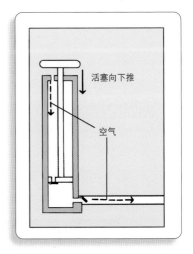

自行车打气筒有一个上下移动的活塞，它把空气挤压入软管再进入自行车轮胎。

火柴

Match

火柴是用来点火的一片薄纸板或木头。火柴头有一种特殊的化学混合物，非常容易燃烧。当火柴头在一个特制的表面上摩擦时，火柴便燃起火焰。有些火柴在任何粗糙的表面摩擦时都能点燃，而安全火柴必须擦在一个特制的表面（通常是在火柴盒上）才能点燃。许多火灾都是使用火柴不小心引起的，火柴应该储藏在儿童够不到的地方。

1827年，一位名叫沃克(John Walker)的英国药剂师发明了一种火柴，当把它擦在砂纸上时，会引起一连串微小的爆炸。瑞典化学家帕施(Gustave E.Pasch)于1844

年发明了第一根安全火柴。普西(Joshua Pusey)是费城的一名律师，他于1892年出版了第一本关于火柴的书。卡迪(Raymond D.Cady)是钻石火柴公司的一位化学师，他在1943年制作了浸在水下八个小时还能点亮的防水火柴。

延伸阅读：炸药。

安全火柴必须擦在一个特制的表面（通常是在火柴盒上），才能点燃。

火车

Train

火车是重要的交通工具。有些火车载客，快速客车可以以每小时超过320千米的速度行驶。其他列车运送煤炭、谷物、木材、机械等货物。一列有许多车厢的货运列车可以装运数千吨货物。

与飞机、汽车和轮船不同的是，火车是不能转向的。他们只能沿着铁道运行。铁道有两条铁轨。铁轨引导火车的车轮。称为火车头的大型机车牵引多节车厢沿轨道运行。

许多旅客列车都由电力机车牵引。它们从连接到发电站的线

火车运送货物穿越澳大利亚贫瘠的内陆。

路中获取电力。

其他机车用柴油发动机。这样的机车就像一个移动的发电站。它燃烧燃料来产生电力，电力使火车运行。

19 世纪 20 年代，火车在英国开始运行。这些列车采用蒸汽机，蒸汽机牵引货运列车或旅客列车。

在 19 世纪末和 20 世纪初，数以千计的蒸汽火车横穿美国。它们运送了大量国内的货物和长途旅客。横跨北美洲西部的第一条铁路于 1869 年竣工。这条铁路有助于美国西部向移民开放。

旅客列车上的列车售票员。

20 世纪中期，飞机变得比火车更受乘客欢迎。然而，很多人仍然坐火车旅行。高速列车于 20 世纪末在许多国家开始运行。2011 年，世界上最长的高速铁路在中国开通。

一些高速列车采用磁悬浮技术，通常被称为磁悬浮列车。磁悬浮列车没有轮子，列车利用磁铁来悬浮在轨道之上。

延伸阅读： 柴油发动机；机车；磁悬浮列车；蒸汽机。

火箭

Rocket

火箭是一种通过向相反方向发射气体来推动自身的装置。火箭是一款发动机，像汽车发动机和喷气式发动机一样，火箭产生推动作用。火箭是唯一一款能在外层空间工作的发动机，它们也是动力最强的发动机。

大多数火箭通过燃烧燃料产生推力，这些火箭被称为化学火箭。除了燃料外，火箭还携带一种叫作氧化剂的物质，因为燃烧燃料需要氧气，而氧化剂可以提供氧气。喷气式发动机工作起来很像火箭，但它们没有氧化剂，它们从空气中获取氧气。火箭不需要依赖空气中的氧气，它们可以利用氧化剂而在外层空间燃烧燃料。火箭的燃料和氧化剂的混合物叫作推进剂。

火箭是最强大的发动机，也是唯一能在外层空间工作的发动机。

化学火箭在燃烧室中燃烧燃料，燃烧产生热气体，这些气体在各个方向上迅速膨胀。火箭的尾部有个称为喷嘴的开口让气体喷出。当气体从喷嘴中喷出时，火箭被推向与喷出气体相反的方向。这个现象可以用英国科学家牛顿发现的运动定律来解释。牛顿定律说，每一个作用力，都有一个与它大小相等且方向相反的反作用力。

大多数的太空火箭有两个或三个部分，每个部分叫作级，这种火箭被称为多级火箭。每一级都装有火箭发动机、推进剂和氧化剂。第一级，最底部的一级，用于发射火箭。在第一级燃烧尽推进剂之后，这级火箭就自动脱落，然后第二级点火。火箭以这种方式一级一级地工作。

人们主要用火箭来进行科学研究、太空飞行和战争。火箭也用于发射卫星，使卫星进入到环绕地球的环形轨道上。

延伸阅读： 发动机；戈达德；导弹；太空探索。

火箭发射了许多快速飞行的导弹，如这里所展示的爱国者导弹。

13世纪，中国士兵在战斗中发射了火箭弹，火箭作为武器和焰火从中国传到了亚洲和欧洲的大部分地区。

火箭发动机

你需要准备：

- 一个气球
- 一根塑料或纸质吸管
- 一根绳子
- 厚纸
- 剪刀

　　火箭发动机能在太空中工作是因为火箭尾部的喷射产生推动火箭向前的推力。你可以用一个气球、塑料或纸质吸管、绳子和厚纸制成模型火箭来了解它是如何工作的。你还需要一把剪刀。

1. 切掉三分之一长的吸管，把剪下的这部分吸管插入到气球的开口端。

2. 用绳子把气球的末端紧紧地绑住吸管。不要绑得太紧，以防吸管被夹闭。

3. 把一个小的长方形的纸裁剪成 5 厘米 ×10 厘米的大小，接着把纸对折，然后打开它。在纸的中心，沿折痕线上，用剪刀戳一个小洞。

4. 把气球底部的吸管穿过这个洞。再把纸的两个褶皱压在一起。这就是火箭的尾部。

5. 用吸管吹气，充满气球。把拇指压在吸管的末端，防止空气逸出，并将气球指向你想要的方向。把拇指从吸管的一端松开。空气将从气球中冲出，产生一个推力，使气球向前发射。这就像一个真正的火箭在工作。

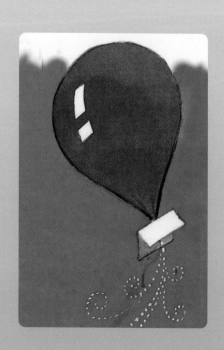

火器

Firearm

　　火器是一种用火药发射子弹或弹丸的装置。人们谈到火器时，通常是指包括步枪、机枪、短枪、手枪等的轻型火器，也称为小武器。重型火器，如大炮，一般称为火炮。

　　现代火器由四个基本部件构成：枪管、枪膛、后座机构、发射机构。枪管是一根长管子，子弹就从这个管子里射出。枪膛是枪管尾部一个加宽的洞，里面装有弹药。后座机构把枪管的尾部封闭，它使弹药被顶在枪膛里。发射机构给子弹点火。

　　中国人早在10世纪就发明了火药。到12世纪，中国人可能已经开始使用类似小型手持枪械的火器。旅行者在13世纪把火药从亚洲带到欧洲。14世纪初，欧洲人发明了大炮，然后又发明了手枪。

　　枪械使战争发生了巨大的变化。装甲骑士和城堡的墙壁无法抵御枪炮的攻击。步枪是在16世纪初被发明的，它能比其他的枪支更精确地发射子弹。自那时以后，又经过了许多改进后，威力强大的枪支出现了。

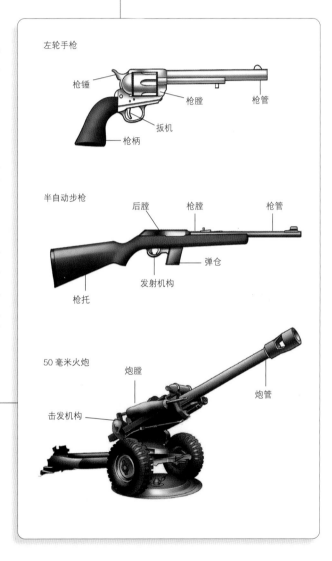

左轮手枪
枪锤
枪膛
枪管
扳机
枪柄

半自动步枪
后膛
枪膛
枪管
弹仓
发射机构
枪托

50毫米火炮
炮膛
炮管
击发机构

火器的种类

火药

Gunpowder

火药是一种爆炸性物质，它通过迅速燃烧形成高压气体，气体在枪管内膨胀并以极大的速度推动子弹射出。火药被用于制作各种弹药和爆炸物。

最早的火药，也称黑火药，是亚洲人首先发明的。黑火药是硝酸钾、木炭和硫黄的混合物，它会产生大量的烟雾，从而损坏枪管。火棉是一种早期的无烟火药，发明于 19 世纪 40 年代，它爆炸威力大，但制造起来很危险。1864 年，一种更有效的无烟火药问世。1887 年前后，瑞典化学家诺贝尔发明了另一种无烟药。

延伸阅读：炸药；烟花；枪。

枪支通过燃烧的火药来发射子弹。

霍兰

Holland, John Philip

约翰·菲利普·霍兰 (1841—1914) 是潜水艇的主要发明者。1898 年他建造的一艘名为霍兰的潜艇成为后来潜艇的样板。

霍兰出生在爱尔兰，当他还是一名教师的时候就已经开始研究潜艇的概念。后来他移居美国。1875 年他把潜水艇计划寄给了美国海军，但是该计划被否决了。一群爱尔兰爱国者支持霍兰的实验，因为他们希望对抗英国的海上力量。他们筹集资金，让他建造两艘潜艇。

这位发明家建造的霍兰潜艇于 1898 年问世。1900 年，海军购买了霍兰潜艇。霍兰公司后来继续为美国海军和其他国家建造潜艇。

延伸阅读：潜艇。

霍兰发明了潜水艇。这是他展示的早期潜艇中的一艘。

霍珀

Hopper，Grace Murray

格蕾丝·默里·霍珀（1906—1992）是一位美国计算机科学家，她从事编程语言的研究。编程语言是为计算机提供指令的一组符号、字母、单词和数字。

霍珀1906年12月9日出生于纽约，1928年毕业于瓦萨学院，1934年在耶鲁大学获得数学博士学位。1943年霍珀加入美国海军，二战期间，她在美国海军队伍中开始了她的计算机工作。后来，她在私营企业继续她的研究工作。

早期的编程语言往往很难理解和使用，霍珀认为这些语言应该更像日常语言。1952年，她开发了一个翻译系统，可将日常语言转变为计算机可以处理的指令。后来，她指导了开发COBOL的工作，COBOL是最早被广泛使用的计算机程序之一，其名称含义是面向通用商业的语言。

霍珀于1986年从海军退役。她于1992年1月1日去世。

延伸阅读： 计算机。

霍珀

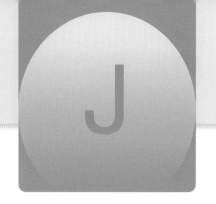

机场

Airport

机场是飞机和其他飞行器起飞和降落的地方。乘客在机场上下客,货物在机场装卸。

大城市的机场是令人兴奋的地方。头顶上,飞机进站降落。地面上,一架又一架的飞机起飞。成千上万的人待在航站楼里——飞机和乘客到达和离开的地方。私人汽车、公共汽车和出租车则在航站楼外接送旅客。

大的机场看起来像个小城市。许多机场有旅馆、餐馆、银行、邮局和商店。有些机场可能有自己的警察部队、消防部门和医务室。

乘客从航站楼的登机区登机。在大多数大型机场,有顶棚的通道将登机口和飞机连接起来,乘客通过通道进出飞机。航站楼有取行李的地方,到达的乘客可以在那里领取行李。

机库离航站楼很远,飞机在那里存放和修理。有些机库很大,足以同时容纳几架大型喷气式飞机。

机场航站楼是接送乘客的地方。

工作人员在控制塔上指挥空中交通。

航空公司的工作人员在机场值机柜台帮助旅客完成值机手续。

在控制塔中,空中交通管制员直接指挥空中交通。他们告诉飞行员往哪里飞行,他们确认何时何地降落和起飞是安全的。

飞机在跑道上起飞和降落。跑道必须足够长,足够宽,以满足使用该机场的最大飞机的需要,这些跑道的铺设像道路一样。小型机场则使用草地作为跑道。

延伸阅读: 飞机;雷达。

机车

Locomotive

机车是驱动火车的动力车辆,它在铁轨上牵引列车。有的时候机车是用以顶推火车而不是牵引火车。

机车主要有三种。最古老的一种是蒸汽机车;它加热水以产生蒸汽来为发动机提供动力。蒸汽机车现在仍在世界上的某些地方使用。

柴油机车燃烧柴油。

蒸汽机车。

有些柴油机车把柴油燃烧产生的能量直接用来推动火车，但更多的是柴－电机车，即柴油机把柴油燃烧产生的能量用来发电，再用电能来驱动火车。

电力机车本身不发电，而是通过电线或铁轨向它们供电。许多高速旅客列车使用电力机车。

延伸阅读： 柴油发动机；电动机；发动机；活塞；蒸汽机；火车。

柴－电机车结构部分。

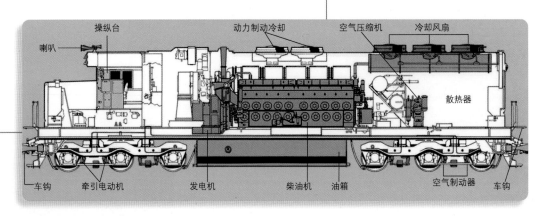

机床

Machine tool

机床是一种用于把金属或其他的材料加工成特定形状的动力机械。它们可以将材料弯曲、钻孔、研磨、锤打或挤压。机床比手工工具精确得多。操作机床的人被称为机械师。许多机床是由计算机控制的。

机床用于制造汽车、计算机、电视机，以及成千上万种产品的零部件。工厂里的机器本身也是用机床制造的。

机床不但有各种各样的规格，还有数百种不同的类型。有些机床只进行一项加工任务，如磨削或钻孔，另一些被称为加工中心，可以执行多种任务。

延伸阅读： 工厂；机械；工具。

机床通过切削、研磨把金属和其他材料制成有用的形状。

机器人

Robot

机器人是一种能自动执行工作的机器，通常由电子计算机控制。工厂经常使用机器人焊接、钻孔或油漆汽车部件，也用它们包装食物或组装电子产品。机器人做的许多工作是有危险的、艰苦的，或者人们不愿做的。robot 这个词来自捷克语，意思是艰苦、枯燥的工作。

机器人有很多种类，但是很少有科幻小说中描述的那种形似人的机器人。大多数机器人都是笨重的机器，固定在一个地方，用单臂举起物体和操作工具。当然，有些机器人可以从一个地方"走"到另一个地方。这些机器人经常带有摄像机，能给控制者发送图像和视频。这种机器人已经被用来探索人类不能轻易到达的地方，比如海底和火星表面。先进的机器人可以在没有直接人工控制的情况下移动，它们能感觉到阻碍前进的物体并避开。

研究机器人的科学被称为机器人学。机器人依赖电子计算机，随着计算机的发展，机器人可以执行更复杂的任务，它们可以移动和作出反应而不依赖于人类的控制。有些机器人研究人员在人工智能领域工作，希望研究出能够像人类一样有"思考"能力或"行为"能力的计算机。

延伸阅读： 人工智能；计算机；机械；遥控。

这张 2004 年的照片展示了勇气号火星探测器的机器人"手"。
机器人有时被用来探索人类探险者无法到达的地方，如火星等。

机器人手臂在工厂组装汽车。

机械

Machine

机械使我们的工作变得更轻松。机械可以帮助我们去完成那些人力无法完成的工作。比如，一些机械可以搬运沉重的家具，一些机械可以长距离地运输大箱子。工厂使用多种机械，如钻头和锯子。商业活动中使用打字机、电子计算机和其他办公机械。汽车、公共汽车和飞机都是机械，卡车、火车和轮船也是机械。没有机械，就没有现代生活。

人们制造了各种不同种类的机械来满足他们的需要。早期的人们用石头做斧子，用作武器和工具。随着时间的推移，人们制造出了四轮马车和载人车厢。又过了很久，出现了发动机和汽车。人们还制造出印刷机来印刷书籍。机械使人们对环境有了更多的控制。

六种简单的机械

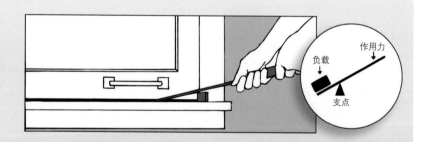

杠杆是最早也是最简单的机械之一。它是一根长棒，依靠一个支点。撬棒就是一种杠杆，在它一端施加一个力，就可以撬起杠杆另一端上的一个重物。

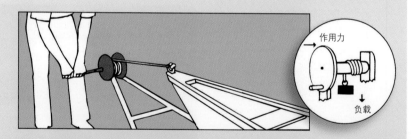

轮轴有两个相连的部分：一个大轮和一个较小的轴。转动大轮比转动轴所需的力小，因此连接到轴的负载更容易通过转动大轮来提升或移动。

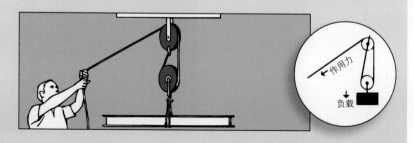

滑轮由一个带槽的轮子和轮子上跨过的一根绳索组成。它改变施加在绳子上的力的方向。多个滑轮组成的滑轮组可用来减少提升负荷所需的力。

　　为了运转这些机械，人们学会了如何利用瀑布的动力、煤或石油以获得能量。

　　有些机械只有几个部件，有些则有很多部件。但是一切包含运动部件的机械都由一个或几个简单的机械构成，其中六种简单的机械是：1.杠杆；2.轮轴；3.滑轮；4.斜面；5.劈；6.螺纹。

　　最简单的杠杆就是一根棒或杆子，它依靠一个支点来转动。在杠杆的一端施加一个力，这个力会在杠杆的另一端提升一个负荷。杠杆的种类很多，像跷跷板、独轮手推车，乃至人类自己的手臂，都是杠杆。

汽车由许多不同的简单机械组成。

　　轮轴用旋转力来工作。一个大的轮子连接到一个较小的轴。旋转轮子会带动轴旋转，反之亦然。

　　转动轮子带动轴所用的力要比直接转动轴所花的力小，但是轮子必须旋转得更多。有一种轮轴叫作"辘轳"，它被用来从井里提起水桶。水桶用绳子拴在轴上，轴连接到一

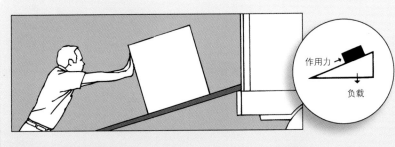

在斜面上移动重物向上比直接抬起重物更容易。斜面越长，所需力越小，但是重物要通过的距离越长。

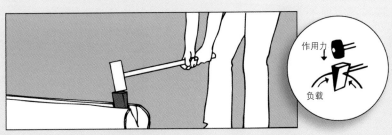

劈在锤子或木槌的敲击下，受到向下的力会改变为侧向力。薄劈比厚劈更加有效。

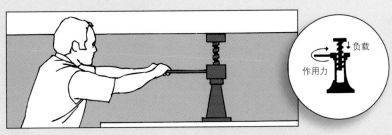

螺纹有一个螺旋斜面。千斤顶（螺旋起重机）是杠杆和螺纹的组合，它可以用较小的力来提升一个较重的负荷。

安装在起重机上的滑轮有助于吊起重物。

刀也是劈，它将切下去的力转变为把胡萝卜切开的侧向力。

个易旋转的曲柄上，转动曲柄时，轴缠绕绳索，将桶提升上来。

　　滑轮类似于轮轴，基本上是一个绕着绳子的轮子。拉动绳子的一端会使绳子的另一端上升，使滑轮更易提起较重物体。

　　斜面就是一个斜坡。它看起来不像机器，但能帮助人们工作。例如，一个人可能无法将一个沉重的箱子举到卡车里，但借助斜面这个工具就容易多了。人们可以把箱子沿斜面推到卡车里。把箱子推上斜面所需的力量较小，但箱子不得不移动更远的距离。

　　劈的一端厚，然后向另一端收窄。斧子是劈的一个例子。为了劈开一根原木，你举起斧子往下劈，楔形的斧子将向下的力改变为往侧向的力，这个侧向的力把原木劈开。

　　螺纹可以看作是旋转的斜面。它有一根绕杆子中心旋转的螺旋线。螺纹从螺旋的主体伸出。人们拧动螺纹使它向下或向上。小小的螺钉能把几片物体固定在一起。

　　机械使我们的生活更容易。但是，没有一台机械能够凭空创造出能量，总是存在着某种平衡。例如，把一个箱子推到一个倾斜的平面上比直接提起箱子所需要的力要小，但箱子必须要移动更长的距离。汽车是由许多简单的机械组装而成的，但是汽车不会自己移动，它需要使用燃料或电池来驱动。

　　延伸阅读： 工厂；斜面；杠杆；滑轮；螺纹；工具；劈；轮轴。

许多日常用品实际上都是简单的机械。例如，扫帚就是一种杠杆。

机械制图

Mechanical drawing

　　机械制图是对一个物体及其结构的精确描绘。建筑物和桥梁都是根据机械制图来建造的，汽车和冰箱也是如此。

　　机械制图显示物体的外观，就像草图一样，但机械制图比草图更精确。它们是基于测量而作的，从不同的观察面来显示物体，如俯视图和侧视图。

　　人们过去一直使用诸如圆规、量角器和正方形等工具把机械图画在纸上。今天，大多数的机械制图都是在计算机上完成的。通过计算机来绘制机械图纸称为计算机辅助设计（CAD）。与传统的设计方法相比，CAD具有许多优点。例如，建筑师使用CAD可以在开始施工前就在建筑物的模型里面浏览一番。

　　延伸阅读： 建筑施工；计算机；工程。

机械制图显示了物体从不同角度测量而得的精确情况。

激光

Laser

　　激光是一种强而窄的光束。它强到足以在钻石上烧出个洞，或窄到可以在针头上钻出200个孔。激光在现代技术中有许多用途。

　　普通的光向各个方向传播。例如，灯泡的光照亮房间的各个部分，太阳光向四面八方传播，可以同时照亮半个地球的表面，而激光是另一种光，它只向一个方向传送，狭窄的光束像箭一样运动。

　　光是由电磁波构成的。和海浪一样，电磁波具有不同的波长。太阳光和灯光里包含许多不同波长的光，我们看到不同颜色的光，就是因为它们有不同的波长。当各种颜色的光结合在一起时，我们看到的就是白光。

　　另一方面，激光是波长几乎完全相同的光波，因此，激光只包含一种颜色。激光之所以被称为相干光，是因为它的光波以高度规范化的方式运动。激光光波就像游行队伍中的游行者，以同样的步幅向同一个方向移动。

激光是通过给一群特殊排列的原子注入能量而产生的。原子是构成物质的元素，它们是如此的微小，以致在大多数显微镜下都无法看到它们。当给原子注入能量后，原子开始放光。例如，当你加热一根金属棒时，它就会发光，这是因为热能使金属棒的原子释放出光。

激光中的原子以一种特殊的方式吸收能量并释放光。原子被排列成一种如同晶体般特殊的图案，当一个原子吸收能量时，它释放出光，光给另一个原子提供能量，然后那个原子释放光，以此类推。每次原子释放出的光都具有相同的能量和相同的波长。光被夹在两个反射镜之间，它被发射回来，再往前射去，光波排列整齐，于是形成激光束被释放出去。

激光有许多用途。激光可以载送电视和互联网信号，激光信号可以通过由微细的玻璃或塑料管制成的光纤电缆来传播。激光还可以读取和写入 CD 和 DVD 上的凹坑里的信息，这些信息代表声音、影像或其他信息。此外，激光还可用以扫描商店里销售的产品上的条形码，条形码包含了关于产品的信息，如价格。

激光也被用来测量距离。光速（包括激光光速）是已知的，这个知识帮助人们精确地测量距离。人们可以测量出激光束从一个遥远的物体反射回来所需的时间，这段时间通常只是几分之一秒，它可以用来计算距离。采用这种方式，科学家们测量出月球与地球之间的精确距离，做法是测出从宇航员留在月球表面上的一面镜子上反射回来一束激光束所需要的时间。

激光可以为船只和飞机导航。由于激光是直的，激光束可以探测出任何方向的变化。激光也被用来引导炸弹和导弹瞄准目标。

有些激光束会产生很大的热量，可以用作精密切割的

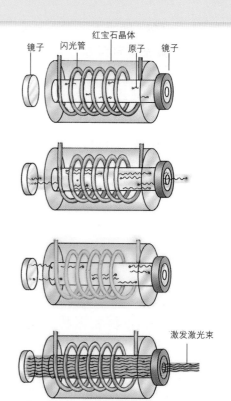

激光光波相互排列在一起，形成强而窄的光束。激光的产生取决于一种特殊的原子排列，如红宝石晶体。

彩色激光束可以从物体的表面射出或追踪壮观的图形。

工具。医生有时用激光代替刀,它比刀更精确,造成的出血更少,在眼科手术中特别有用。激光束可以穿过眼睛前方的清晰部分,同时可以烧掉下面的组织。它们还可以重塑眼睛的晶状体,使人们的视觉更加清晰。

著名的科学家爱因斯坦是第一个描述激光的人。科学家从 20 世纪 50 年代开始将这一想法付诸实施。第一台激光发生器建于 1960 年,它用红宝石棒来产生激光。自那以后,激光开始普及。2009 年完工的美国国家点火装置 (NIF) 运行着世界上规模最大、功率最强的激光系统,它被用于核能研究。

延伸阅读: 光盘;DVD;全息技术。

激光打印机

Laser printer

激光打印机利用激光在纸上形成文字和图片。激光打印机使用干粉状墨水,即墨粉。墨粉是携带电荷的,它附着在一个叫硒鼓的桶形装置上,但它只附着在硒鼓的某些区域上,即那些被激光改变了原先的电荷的地方。

激光在硒鼓上创建一个文字或图片的图案,墨粉粘在这个图案上。然后,墨粉被粘压在一张空白纸上,于是纸上有了文字或图片的图案。

最后一步,纸张通过一个滚筒,滚筒给纸张加热并熔化墨粉,融化了的墨粉会永久粘在纸上。

激光打印机每分钟可以打印几页文字,但它们打印复杂的图像和照片时的速度要慢些。许多激光打印机可以实现彩色打印。

激光打印机使用干粉状墨水,即墨粉。墨粉粘在由激光制成的带电图案上。

延伸阅读: 计算机;激光;纸。

计算机

Computer

计算机是处理信息的机器。这些信息包括数字和文字，还可以包括图片、声音、视频和游戏。世界各地的人们每天都使用计算机。许多设备（如时钟、照相机和汽车）里面都有嵌入式计算机。全世界的计算机连接在一起就形成互联网。

笔记本电脑由充电电池供电，它们一般通过无线网络连接互联网。

计算机由硬件构成，硬件包括计算机的所有物理部分，还包括那些连接到计算机上的设备。计算机使用程序来工作，程序是一组指令，指示计算机做什么。程序也称为软件或应用程序。

计算机程序有很多种。人们使用文字处理器来编写文本，人们在电子表格上编排业务信息。电子游戏也是一种重要的软件。网页浏览器是用来浏览互联网站点的程序，而操作系统是所有程序中最重要的，它控制计算机的基本功能和所有其他程序。流行的操作系统包括 Windows、Mac OS 和 Linux。

如今，几乎所有的计算机都是电子计算机。它们以数字方式，即数字编码的形式存储信息。计算机用数十亿个称为晶体管的极小电子开关进行运算。就像电灯开关一样，晶体管可以呈现"开"或"关"两种状态，这两种状态代表数字 1 和 0。数字构成代码，代码可以代表文字、图片、视频、游戏或其他信息。

计算机有多种不同类型。个人计算机可能是人们最熟悉的，它们有屏幕，通常还有键盘。台式计算机比较大，使用交流电。笔记本计算机较小，使用可充电电池，它们使用折叠铰链开合，顶部是屏幕，底部是键盘。平板计算机只有一个屏幕，人们触摸屏幕上的字母或图案来代替键盘。智能手机工作原理类似个人计算机。

大型计算机是具有庞大外形和最强功能的计算机，它们可以保存更多信息，并且能处理比个人计算机更难的工作。很多人可以同时使用一台大型机。最强大的大型机被称为超级计算机，科学家们使用超级计算机来解决非常复杂的问题，比如模拟地球的气候。

一台专用计算机可以执行几个不同的任务。电子游戏控制台就是专用计算机的一个例子，它主要是为玩游戏而设计的。服务器计算机常见于互联网和较小的计算机网络中，它们主要存储信息，例如网站代码。它们的设计目的是快速地将这些信息发送给网络上其他的计算机。

嵌入式计算机是内置在其他机器中的计算机，它们控制机器执行任务。例如，汽车中的嵌入式计算机控制汽车的刹车和换挡；飞机上的嵌入式计算机帮助飞行员驾驶飞机。嵌入式计算机也可以控制机器人、航天器和导弹。

计算机对所有现代工业都至关重要，包括建筑业。

微处理器或中央处理器被称为计算机的"大脑"，它控制计算机的其他部分，如晶体管电路的开和关。通过这种方式，计算机处理信息工作。微处理器的大小通常与手指甲差不多，是由硅片制成的。硅片上刻有数十亿个晶体管，这些微小的晶体管只有在高倍率的显微镜下才能看到。微处理器的工作与内存芯片密切相关，内存芯片保存微处理器所使用的信息和程序。

其他设备也可以存储计算机信息。大多数计算机都内置了硬盘驱动器，它们使用旋转磁碟进行编码存储，可以存储大量信息。闪存存储器也称为"固态存储器"，它没有转动部件。DVD用于存储诸如电影和游戏等信息。

气象学家在计算机上研究气象模型。

最早的计算机实际上是用来计算的机器。1642年，法国科学家帕斯卡（Blasie Pascal）发明了一种能进行简单计算的齿轮式机器。17世纪70年代，德国哲学家莱布尼茨（Gottfried Wilhelm Leibniz）改进了帕斯卡的计算器，他还开发了二进制数字系统，这个系统可以用1和0两个数码来表示任何数字，现代计算机就是使用这个系统。

第一台电子计算机是在 20 世纪 30 至 40 年代建造的，它巨大而昂贵，占据整个房间。在第二次世界大战期间，英国人使用电子计算机破译了纳粹的密码。

晶体管是在 1947 年问世的，计算机芯片则是在 1959 年研发成功的。不久之后，工程师们学会了将计算机的所有工作安装在少数几个芯片上进行，他们还学会了在单个芯片上安装更多的晶体管。计算机很快变得更小、更便宜、更强大。1971 年由英特尔开发的第一台微处理器拥有大约 2500 个晶体管，而现代微处理器拥有数十亿个晶体管。

第一台个人计算机是在 20 世纪 70 年代被发明的，个人计算机在 20 世纪 80 年代和 90 年代开始广泛流行。

20 世纪 90 年代，家用计算机开始使用万维网与互联网连接。进入 21 世纪初，便携式计算机随着智能手机和平板计算机的流行也日益普及。

延伸阅读： 苹果公司；人工智能；巴贝奇；伯纳斯－李；计算机芯片；计算机图形；计算机模拟；计算机存储盘；计算机病毒；数据库；电子游戏；比尔·盖茨；互联网；乔布斯；微软公司；调制解调器；香农。

计算机病毒

Computer virus

计算机病毒是一种有害的计算机程序。它像疾病一样在计算机之间传播，侵入到计算机程序和文件上，当这些程序和文件从一台计算机传送到另一台计算机时，病毒与它们一起传播。

计算机病毒可以删除、更改或存储计算机上的信息，它可以通过数据存储设备（如磁盘）进入计算机，也可以通过互联网传播。一些计算机病毒甚至可以控制计算机的电子邮件软件，将病毒通过电子邮件发送到其他计算机里。人们可以使用专门的防病毒程序来保护计算机。

计算机病毒并不是唯一有害的计算机程序。"特洛伊木马"就像病毒一样，但它不会自己复制，"蠕虫"甚至在不受干预的情况下也能传播到其他程序。病毒和其他有害程序被称为恶意软件。

延伸阅读： 计算机；互联网。

计算机存储盘

Computer storage disk

计算机存储盘是用来存储数据信息的一个扁平的圆盘。存储盘主要有两种：（1）磁盘；（2）光盘。磁盘是用磁性材料制成的，数据可以通过改变磁盘表面的磁性来完成存储。在光盘上，数据存储在由微小凹坑构成的组合中。

存储驱动器用来读取盘上的数据，有些驱动器也可以在盘上写入数据。驱动器使盘片旋转，磁盘在驱动器的磁头下转动时，磁头就把磁信号写入盘片。磁信号用计算机语言"0"和"1"来表示，这称为计算机信息的"存储"。磁头也可以读取信息并将它们转化成计算机语言。这称为数据的转换。

硬盘是计算机最常见的磁盘，装在硬盘驱动器中。许多计算机都有内置的硬盘。外置硬盘是一个独立的设备，可以与各种计算机相连。

有一种光盘称作只读存储器，即 CD-ROM。激光束将微小凹坑的组合刻到光盘中，从而将数据存储在光盘上。数据以"0"和"1"来存储。要读取数据时，激光束照射在光盘凹坑上，从反射的激光中读取数据。DVD 是另一种光盘，它可以存储比 CD 更多的信息。

延伸阅读： 光盘；计算机；DVD；激光。

DVD 光盘把信息存入盘表面的微小的凹槽里。

计算机模拟

Computer simulation

计算机模拟包括建立真实世界的物理模型或设想的模型。例如，人们创建计算机天气模拟，以帮助预测天气。工程师可以在计算机上模拟新的汽车设计，他们可以在计算机上测试这辆设计的汽车，而不必制造出一台汽车来测试。科学家使用计算机模拟遥远的恒星的动态。计算机飞行模拟器可用于训练飞行员应对恶劣的天气或战斗场景，它们还可以模拟不同类型的飞行器。强大的超级计算机可以进行逼真的模拟。

延伸阅读：计算机；电子游戏；虚拟现实。

科学家们使用计算机模型来模拟现实世界，比如气象。

计算机图形

Computer graphics

计算机图形是用计算机程序制作的图像，它也是图像制作的艺术。计算机图形广泛应用于电视、电影和电子游戏中，科学家也使用计算机图形。

计算机屏幕上的图像是由许多被称为像素的小点组成的，像素是构成图片的元素。如果你仔细看计算机屏幕，可以看到单个的像素。

计算机图形是平面图像，但是它往往具有纵深感，通常被设计成三维的。艺术家创造的背景看起来就像虚拟的玩偶室，人物模型也可以是三维的，这些模型还可以从任意的角度进行修改艺术家还创造光线,使其照耀在人物和背景上。计算机图形就有点像这样的场景的照片。我们称这种场景的制作过程为渲染。

工程师用计算机图形来制作设备的三维模型。

电影制作者们把影像串连在一起，创造出看上去具有动感的动画。在电子游戏中，虚拟"相机"跟随玩家在三维空间里移动，游戏可以每秒钟多次渲染场景的图像。

科学家使用相似的技术。计算机图形可以显示分子的内部结构，人们可以使用计算机图形来制作诸如汽车、建筑物等的三维模型。

延伸阅读：计算机；电子游戏；虚拟现实。

计算机芯片

Computer chip

计算机芯片是一种很小的元器件，通常由硅制成，承载着复杂的电子电路。电路是电信号的通路，电路中的晶体管可以像电灯开关一样"开"和"关"，大多数芯片只有指甲那么大。

计算机芯片有两类：(1) 微处理器；(2) 存储器。微处理器是计算机的"大脑"，它按照计算机程序执行指令。存储器存储计算机程序和其他数据。大多数计算机都使用这两种芯片。

第一批计算机芯片是在 1959 年由美国工程师基尔比 (Jack Kilby) 和科学家诺伊斯 (Robert Noyce) 两人研制的。他们将计算机电路的所有部件都安装在一块硅片上。在 20 世纪 60 年代，科学家们研制出了用于制导导弹和卫星的芯片。第一台微处理器芯片是 1971 年制造的，用于台式计算器。2010 年之后，计算机芯片通常包含数十亿个晶体管。

延伸阅读：计算机；电子器件；晶体管。

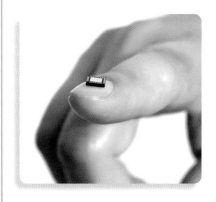

微型计算机芯片里包含一个复杂的电子电路。电路里的晶体管可以像电灯开关一样接通或断开。

计算器

Calculator

计算器能快速进行数学运算。现代计算器是装有计算机芯片的小型设备。计算机芯片上有微型的电子电路，电路可以开或关，就像电灯的开关一样。"开"和"关"的电路状态代表一定的数字。

简单的计算器在一个叫作显示屏的小窗口上显示数字。这些计算器可以进行加、减、乘、除运算。更复杂的计算器可以运行计算机程序来解决数学问题，它们还可以显示图像和图形。计算机和许多手机都有内置计算器。

延伸阅读：算盘；手机；计算机。

袖珍计算器

技术

Technology

技术是使用工具、机器和材料的技能和方法。技术就在我们周围。人们使用技术来种植食物和生产服装；人们通过书籍、电话和电子计算机等来分享思想；人们建造城市，用技术照亮夜晚；人们利用技术来探索我们的世界，去其他星球旅行。在战争中，人们也用技术来征服和毁灭对方。

技术与科学密切相关。科学家使用显微镜、望远镜和计算机等技术，这些技术又帮助科学家了解世界。科学知识反过来又帮助人们形成更好的技术。

人们早在了解科学知识之前就已经使用了技术。数百万年前，现代人类的祖先用木头、石头或动物骨头制作了简单的工具。大约60万年前，人们发现了如何取火。

农业体现了技术的重大进步。人类学会农耕是在大约公元前8000年。农耕时代使得人们可定居在一个地方。定居的人发展了文明，这些文明开发了运河、帆船和书写等技术。

历史上，商人从一个地方到另一个地方传播新技术。例如，中国人在公元900年左右开始使用火药，到1200年，商人把火药知识带到欧洲。火药很快改变了欧洲的战争，盔甲和城堡墙难敌火器和大炮。

商人也把中国的印刷知识带到欧洲。中国人早在公元600年就开始使用印刷术，但印刷术更适合欧洲的语言。到了15世纪，欧洲人开始大量印刷书籍，更多的人学会了阅读和写作，而书籍本身有助于广泛传播技术和科学知识。

许多现代技术都起源于工业革命。工业革命始于18世纪的英国，在此期间，人们学会了如何制造蒸汽机。第一批工厂因此出现了。新的机器和化学品的出现也便于农业耕作。

到了19世纪，人们学会了使用电力。城市很快就被电

技术可以在战争中显现出强大的优势。在16世纪，钢铁盔甲和先进的武器帮助西班牙士兵征服阿兹特克帝国。

许多现代技术都依赖电力工作。风力涡轮机是一种清洁的电源。

灯照亮了。许多人放弃了传统的生活方式。他们迁徙出农村，在城市工厂工作。工厂以快速、低廉的价格生产货物。到 20 世纪初，工厂生产出了像汽车这样的复杂产品。政府还修建了新的道路和铁路，遥远的地方变得容易到达。到了 20 世纪 40 年代，乘客可以坐上飞机快速环游世界。这样的旅程可能仅需几周的时间。

新的电子通信也伸展到了偏远的地方。电报是在 19 世纪中期发明的，人们可以通过电波从一个城市向另一个城市发送代码信息。电话和收音机使声音能够传播到很远的地方。这些技术，像更早的印刷机一样带来了重大的社会变化。

在 20 世纪 40 年代，美国和英国发明了第一台电子计算机。之后，计算机技术快速发展。计算机可以做到体积更小的同时容量更大，其他技术很快就要依赖于计算机。例如，现代汽车、舰艇、飞机和导弹都依赖于微型计算机。在 20 世纪 60 年代，美国政府把许多台计算机联网，这样的网络最终发展成了互联网。到 2010 年底，世界上几乎有三分之一的人口可以上网。

技术使人们工作更为容易。在工业革命之前，农民种植的粮食几乎不足以养活自己的家庭。进入 21 世纪，一个农民种植的食物足以养活 100 多人。医学技术使人们能带病生存。像电视和电子游戏这类的技术为全世界数以百万计的人提供了娱乐。

但是高速发展的现代科技也会产生巨大的危害。工厂、农场和汽车产生了污染，污染了地球上的空气、水和土壤。技术利用了这些自然资源，其中某些资源，如树木，可以再生，但其他的，如石油、煤炭和天然气，是无法再生的。

用现代技术制造的武器可以使战争更加恐怖。第二次世界大战是历史上最具破坏性的战争，原因是其使用现代武器作战。死亡人数达五六千万。第二次世界大战末人类发明了核武器。大规模核战争可能会摧毁整个人类。随着技术变得越来越先进和强大，人们必须确保它不会威胁到我们的生存。

延伸阅读： 交流；计算机；电子器件；工厂；发明；机械；材料；印刷；工具。

现代技术，比如这个微型便携式媒体播放器，对于几百年前的人们来说是难以想象的。

新的技术常常使人们的工作方式发生重大变化。许多人，比如这个股票经纪人，整天都在计算机上工作。

加加林

Gagarin, Yuri Alekseyevich

尤里·阿列克塞耶维奇·加加林 (1934—1968) 是全人类第一个进入太空的人,他是苏联空军飞行员。1961 年 4 月 12 日,加加林绕地球飞行一圈。他的行程很短,只在轨道上停留了 89 分钟,而整个行程持续了1 小时 48 分钟。在他的旅程中,飞行速度超过每小时 27000 千米,离地面最高点约 327 千米。加加林的太空船名叫"东方 1 号"。

加加林于 1934 年 3 月 9 日出生在莫斯科附近的格扎茨克。他于 1955 年加入苏联空军,1959 年开始接受训练成为一名宇航员,1968 年 3 月 27 日,他在一次空难中丧生。

延伸阅读: 宇航员;太空探索。

加加林

加农炮

Cannon

加农炮是一种威力很大的筒形火炮,它太大,无法徒手携带。加农炮这个名字来源于拉丁文中的 canna,意思是筒或簧片。由青铜或铁制的大炮最早在 1350 年的战争中被使用。发射重型球状弹的加农炮在美国内战中被广泛使用。

延伸阅读: 火器;熔断器;枪。

加农炮

加诺

Garneau, Marc

马克·加诺（1949—　）是第一位在太空旅行的加拿大人，他是加拿大皇家海军的一名船长。加诺与六名美国宇航员一起乘坐美国航天飞机"挑战者号"于 1984 年 10 月 5 日到 13 日在太空飞行。随后加诺还在 1996 年和 2000 年间进行了太空穿梭飞行。

加诺于 1949 年 2 月 23 日生于魁北克市，他在伦敦帝国科学技术学院获得电气工程博士学位。加诺于 1965 年加入加拿大皇家海军，成为通信和武器专家。1983 年，加诺被选为加拿大首批六名宇航员之一。他从 2001 年到 2005 年担任加拿大航天局（CSA）主席。加诺于 2008 年当选为加拿大议会议员。2015 年，他被加拿大总理特鲁多（Justin Trudeau）任命为运输部长。

延伸阅读：宇航员；太空探索。

加诺

建筑施工

Building construction

建筑施工包括各种建筑物的建造——从小房子到大型写字楼，它自古以来就一直是一项重要的产业。

建筑物有两个主要部分。地下部分称基础，它起支撑建筑物的作用。基础也包括地下室的墙体，即使它们的一部分是在地面上的。建筑物地面上的部分称为上层建筑。

工人们建造了一个钢筋混凝土框架。这个框架支撑建筑物的墙壁、地板和屋顶。

摩天大楼的框架一次建成一层楼。建筑材料由起重机提升上来。

基础和上层建筑都起到承受建筑物重量的作用，而建筑物必须经受风、雪和地震的影响。在一些建筑物中，墙也起到承重的作用。在摩天大楼和其他建筑物中，墙不支撑任何东西。这样的建筑物使用骨架结构，以坚固的框架支撑墙壁、地板和屋顶。

建筑师和工程师在建筑物开始建造之前就先要设计。大型建筑，如摩天大楼，需要大量的规划。计算机能帮助建筑师了解并保障建筑物的安全。

有些建筑物被称为预制，这意味着所有的部件都是在工厂里按照精确的尺寸制成后被送到建筑物的建造地点，再由工人们把各个部分组装在一起。预制建筑通常花费较少的时间，建造成本也较低。

延伸阅读： 水泥和混凝土；工程；材料；管道工程；摩天大楼；钢；焊接。

有些建筑物是用预制部件建造的。工人们在建造地点上把这些部件组装在一起。

建筑师和工程师在施工前就要设计好建筑物，新建筑的设计是用计算机创建的。

箭头

Arrowhead

箭头是指箭顶端尖锐的部分，是单独被固定在箭杆上的一个部件。在史前时代，许多不同地方都发明了弓和箭。最初的箭头是用石头做的，后来才出现铁做的箭头。

美国印第安人用燧石或其他的石头制作箭头。首先，印第安人会将石头打碎，选取其中大小合适的一块碎石。然后，他们用工具用力压打碎的石头，这样最终会从碎石的下面

燧石箭头

脱落一层薄石片。他们重复这样的操作直到箭头变得足够锋利。

印第安人的箭头有许多不同的形状，比如三角形和椭圆形。最大的约 5 厘米长。对于不同种类的箭头，科学家能识别出它们各自的制作地点和制作年代。

延伸阅读：工具。

降落伞

Parachute

降落伞是一种能使人或物减慢坠落速度的大片状织造物。当物体坠落时，地心引力就会把它拉向地面。然而，空气对坠落的物体有阻力，这种空气阻力与重力起相反作用。降落伞的表面积很大，因此受到较大的空气阻力，可以减慢物体降落到地面的速度。

人们使用降落伞从飞机上跳下来或空投物品。降落伞展开的部分被称为伞篷。多年来，降落伞一直是圆形的伞篷。现在，大多数的伞篷形状呈矩形，这样的降落伞比圆形的降落伞更易控制。现代降落伞伞篷通常是由尼龙材料制成的。

人可以背着折叠在包中的伞篷。当绳索被拉起时，伞包稍微打开些。当拉到伞包全打开，较大的伞篷就展开了。

延伸阅读：飞机。

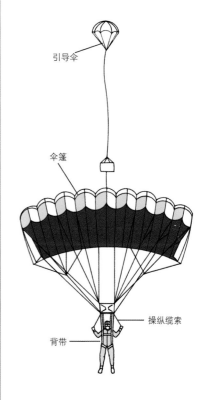

引导伞

伞篷

操纵缆索

背带

小型引导伞帮助主伞快速展开。

交流

Communication

交流就是共享信息。人们主要通过说话和写作来相互交流，人们也可以不用言语来交流——他们可以用脸上的表情譬如微笑或皱眉，甚至可以用双手比划来交流。

我们的日常交流大多是个人交流，即一个人与另一个人或一小群人通过交谈或写信来进行交流。大众交流是指许多人一起分享信息。书籍是大众交流的一种形式，报纸、杂志、

烟雾信号是最早的远程通信形式之一。

交流的历史

印在黏土上的楔形文字。这个黏土圆筒是公元前 500 年在巴比伦制造的。

莫尔斯在 19 世纪 40 年代成功发明了最早的电子电报。他还开发了可用来发送信息的莫尔斯电码系统。

活字印刷术最早于公元 11 世纪初年代在亚洲发明，欧洲在 15 世纪初才发明印刷术。这里显示的是 17 世纪的一家印刷厂。

贝尔成功设计出最早的电话。他在 1876 年获得了专利。

电视和无线电也是如此。大众交流并不总是需要文字，艺术家通过绘画、音乐和舞蹈也可以进行交流。无论是个人交流或大众交流都可以在互联网上进行。

　　传播系统被称为媒体。数百万人在媒体公司工作，他们制作新闻、娱乐和广告。政府也依赖媒体，政府和其他组织利用媒体进行传播和宣传，一种旨在影响人们思想和行为的传播方式。

　　交流的根源在于语言。人类婴儿会快速学习语言。专家认为人类大约在 15 万年前就开始使用语言了。在早期，语言帮助人们协同工作，也帮助他们制作工具和庇护所。

　　早期的人们主要通过交谈来交流。信使把信息从一个村庄传递到另一个村庄。那时的人们击鼓并发出烟雾信号来交流。后来，人们在陶器上做标记，这可能是为了保存记录。另外，人们也通过绘画来交流。随着时间的推移，一些图案

爱迪生于 1877 年发明的第一个实用的留声机，它把声音记录在一个外面裹着金属薄片的圆柱体上。

被当作符号来表示某种事物或想法。

苏美尔人在公元前 3300 年左右发展了第一种书写系统。当时苏美尔人生活在现在的伊拉克境内，他们的书写系统叫作楔形文字，即使用楔形标记，其中一些是以图片为基础的。

其他文化也发展了自己的书写系统。随着时间的推移，一些标记变得更像现代的字母，它们代表声音，而不是物体或想法，它们可以结合起来形成单词和意思。

古代文化用文字来记录法律。他们把信从一座城市寄到另一座城市。但几千年来，只有极少数人知道如何读或写，因为写作材料是昂贵的。

公元 400 年到 1500 年间，艺术家们使用抄写工来抄写复制书本，一本书可能要花几个月的时间才能完成。

马可尼 1895 年发明了无线电报，它促使了无线电的发明。

约在 10、11 世纪，印刷已在亚洲出现，欧洲人随后在 15 世纪初学会了印刷书籍。印刷比手写更快捷，更容易。印刷的圣经遍布欧洲各地，同时更多的人学会了阅读。

在 17 世纪初，全欧洲的商人都阅读一份叫作 *corantos* 的新闻报纸，它与人们今天阅读的报纸相似。报纸告诉他们哪些船已经到岸了，船上载了什么货物。

19 世纪初，新发明使传播变得更快、更容易。蒸汽动力的印刷机可以更快、更便宜地印刷书籍。蒸汽轮船和火车将新闻传送到很远的地方。

19 世纪 40 年代，一位名叫莫尔斯的美国画家兼发明

电影摄影机是由几位发明家在 19 世纪末到 20 世纪初发明的。

20 世纪 20 年代，无线电广播成为主要的信息来源和家庭娱乐方式。

20世纪20年代,实验性的电视广播传播了菲力猫的漫画形象。

1962年发射的通信1号卫星,用以传送电话、电视节目和其他通信内容。

计算机通信兴起于20世纪60—70年代。它使得诸如航空公司工作人员这样的群体可以与大量民众直接联系起来。

家制成了第一份电报,它采用电子信号,把信息用点和横线的方式通过电线发送出去。这种电报码被称为莫尔斯电码。1866年,第一根水下电报电缆横贯大西洋海底。

19世纪末,新发明带来了新的通信形式,一些发明包括照相机、留声机和电影放映机可以显示声音和图像。电话使相隔遥远的人能够彼此交谈。打字机使书写更加容易。

1895年,意大利发明家马可尼发明了第一台无线电收发机。就像电报一样,它使用了莫尔斯电码,但它不依赖于电线,而是可以在空中发送信息。1906年,加拿大科学家费森登(Reginald A.Fessenden)在马可尼的仪器上安装了一个电话话筒,这使他第一次能够通过无线电发送语音。

1925年,苏格兰工程师贝尔德(John Logie Baird)第一次向公众展示电视。1936年,英国广播公司(BBC)播出了世界上第一个电视节目。到了20世纪50年代初,美国各地都建有电视台。围绕电视和广播形成了巨大的产业。

1979年,日本建立了第一个蜂窝电话系统。手机很快成为一种重要的交流方式。

20世纪下半叶,人们开始使用计算机进行通信交流。20世纪60年代,美国政府将许多计算机连接在一起,这个系统最终成为互联网。1991年,英国的计算机科学专家伯纳斯－李开发了万维网,使普通人更容易使用互联网。到21世纪初,互联网的速度更快了,音乐和视频在互联网上传播。到2010年后,许多手机可以连接到互联网上。

电子邮件(email)使用户能在他们的电脑上发送和接受信息。个人、公司和学校广泛使用电子邮件。

延伸阅读: 手机;计算机;电子邮件;互联网;印刷;无线电;电报;电话;电视。

手机收发的短信息在现代通信中被广泛使用。

交流电

Alternating current

交流电是电的一种形式，它是一种电流。电流是一种极微小的粒子（即电子）的流动，电子可以在金属线上运动，就像水流过管道一样。

交流电不同于直流电。直流电只通过导线向一个方向移动，简称为DC。交流电则不停地改变电流的方向，简称为AC。

许多电子器件使用直流电，但交流电更容易产生，也更容易远距离传输。此外，交流电也很容易转变为直流电。

发电厂的大型发电装置产生交流电，并通过电线把电输送到家庭、学校和办公室。墙上插座输出的就是交流电。

延伸阅读：直流电；电力；发电厂。

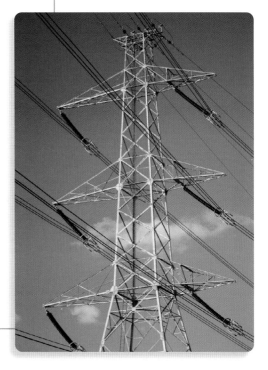

交流电容易产生，也便于通过电力线远距离输送。

胶水

Glue

胶水是从动物身上提取原料制成的黏性物质，它是一种黏合剂。很多人用胶水这个词表示所有的黏合物，但本文只讨论由动物制成的胶水。

人们把动物的皮肤、骨头等煮沸后制成胶水。将胶水涂在两个物体的表面，然后把物体压紧，两个物体就会黏合在一起。胶水填补了物体表面上的小洞，当胶水干涸时，就会形成坚硬的黏合。

胶水的制作历史已经有好几个世纪了，它仍然是最受欢迎的黏合剂之一。许多木制品，如家具、玩具和乐器，都是用胶水来黏接的。

胶水是由动物器官制成的黏性物质。

绞车

Winch

绞车有曲柄。它被用在机器转动中。这种运动被称为旋转运动。

绞车也可以指一个装在滚筒上的曲柄。绳子被缠绕在滚筒上并系住一重物，然后，通过转动曲柄，可以用绞车提升（拉）物体到某个位置或高度。

最简单的绞车是用手转动的。其他绞车可以有电动机。液压绞车通过液体中的压力来转动。

延伸阅读：机械；轮轴；卷扬机。

这艘船上的绞车被用来拖装满鱼的大而重的网。

杰米森

Jemison, Mae Carol

梅·卡罗尔·杰米森（Mae Carol Jemison）（1956—　）是一名美国医生，后来成为一名宇航员。她是第一位在太空旅行的非裔美国人。

杰米森出生在亚拉巴马州迪凯特。她在芝加哥长大，后来去了纽约州伊萨卡的康奈尔大学学习医学。她在非洲维和部队工作了两年。

1992年9月，杰米森乘坐"奋进号"航天飞机在太空里飞行了八天，其间，她做了许多科学实验。

杰米森于1993年3月离开了太空计划，开始从事其他的工作，包括改善西非的医疗保健工作。

延伸阅读：宇航员；太空探索。

杰米森

捷列什科娃

Tereshkova, Valentina Vladimirovna

瓦莲京娜·弗拉基米罗芙娜·捷列什科娃（1937— ）是第一位进入太空的女性。她是一名苏联宇航员。

捷列什科娃曾在 1963 年 6 月 16—19 日期间乘坐过东方 6 号飞船。在那次任务中她绕地球飞行了 45 圈，并且亲自操控了飞船。当飞行任务结束时，她操控太空舱返回地球，并在太空舱下落时跳了出来，最后通过降落伞着陆。

捷列什科娃是有史以来第一个没有试飞员经历的宇航员。在那之前她曾是名跳伞员。刚开始跳伞时她只是把它当做一种爱好，在进入太空训练学校前她已经完成了 125 次跳伞。

延伸阅读： 宇航员；太空探索。

捷列什科娃

金属

Metal

金属是种类数量最多的化学元素，所谓的化学元素是构成原子的物质。地球的相当一部分是由金属构成的。

金属和合金（金属混合物）是现代生活中最重要的材料之一。坚固的钢框架支撑着摩天大楼和其他建筑物，汽车、轮船和飞机也都是由金属和合金制造的。同样的，计算机、电子设备、电池甚至一些药品也是如此。长期以来，人们用金属制造武器和盔甲。动植物都需要微量的某种金属元素来保持健康。

在铸造厂，金属被熔化后倒入模具，形成特定的形状。

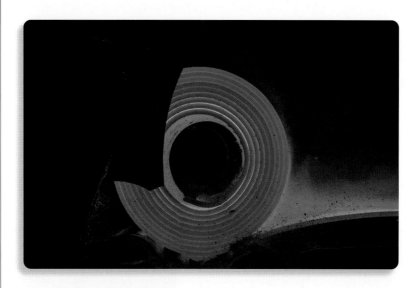

　　许多金属闪闪发光，这是由于它们反射光。金属也是良好的导电导热体。大多数金属可以被锤打成薄片，也可以被拉伸成金属丝。

延伸阅读： 合金；青铜；材料；采矿；钢；焊接；金属丝。

像其他许多金属和合金一样，钢可以被轧制和挤压成薄片。

金属用来制造汽车以及制造汽车的机器。

实　验

金属实验

> ⚠ **警告：不要在这个实验中使用大功率的电池——它会使电线很热。**

在你周围能找到多少种不同的金属？最常见的是铝和铁，也可以找到一些铜或金。其他的材料是合金，也就是金属的混合物，包括黄铜、钢和青铜。

金属有一些与非金属不同的性质。你可以通过测试将金属材料和非金属材料分开。例如，许多金属很容易被弯曲，金属在通常情况下会很快变热。还有，金属是导体，也就是说，电流可以通过。一些非金属材料可能具有上述性质中的一两项。例如，某些塑料很容易被弯曲，但塑料不容易变热，也不能导电。只有金属同时具有这三种性质。

你可以做这个实验，看看电流是如何通过不同的元素。

1. 剪三根约 15 厘米长的金属丝。把一根的末端连接到电池的一端，用胶带把另一端固定在电珠上。

2. 将另一根电线连接到电池的另一端。用胶带把第三根电线固定在电珠的另一边，把两根电线的自由端缠绕在两根铁钉上。

你需要准备：

- 剪刀
- 胶带
- 一节 1.5 伏电池
- 一只 1.5 伏的带灯座的电珠
- 一把钢勺子
- 一些铁钉
- 一些硬币
- 一块木炭
- 电工胶带或黏胶带

3. 将两个钉子的尖端连接在一起，检查电路接线是否正确。灯泡应该亮了。现在来测试你的勺子、钉子、硬币、木炭，把这些物体的两端放在缠绕有电线的铁钉的位置上。

发生了什么？

当你完成测试项目时，应该注意到有一些实验的结果是相同的。所有的金属都能点亮电珠，因为它们是很好的导体。有一种物质是非金属，它不能点亮电珠。

金属丝

Wire

金属丝是一种细长的金属。有些金属丝比较粗硬，但另一些很细，容易被弯曲。金属丝可以有不同的颜色、尺寸和形状。

金属丝通常被用来输送电。电线通常由铜或铝制成，这些金属是良好的导电体。导体能很好地传导电流。电线可以是单股金属线，或者也可以是几股金属线缠绕在一起。

电线通常被绝缘体包裹着。绝缘体是阻挡电流流动的材料，它使电线免遭任何损坏或电到人。电线通常用塑料或橡胶绝缘。没有作绝缘处理的电线叫作裸线。

不是所有的金属丝都用来输送电流。一些金属丝被拧成粗壮结实的缆绳。缆绳可以支撑桥梁和其他结构。光纤很像金属丝，但它们是由玻璃纤维制成的。它们传送的是光脉冲，而不是电流。光纤被用在因特网上传输数据。

延伸阅读： 电缆；电流；光纤；绝缘体；金属。

金属丝是如何制作的？

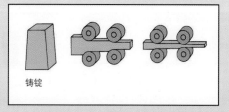

1. 一块被称为铸锭的金属被加热并通过辊压机被挤压成较薄的形状。

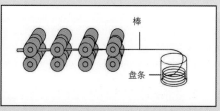

2. 用许多轧辊将金属挤压成棒状，再绕成圈状的盘条以便于运输。

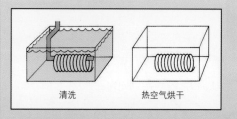

3. 盘条被清洗和烘干。它被涂上一种称为润滑剂的光滑物质。

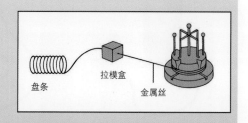

4. 盘条穿过一个压线模盒上的小孔，被挤拉得更细。它变成了一根金属丝。

金属探测器

Metal detector

金属探测器可用于寻找隐藏的或丢失的金属。当发现金属时，金属探测器会发出声音、可视信号或振动。

警察和机场安保人员使用金属探测器来检查隐藏的武器。寻宝者使用金属探测器寻找丢失的硬币和其他有价值的金属。研究远古时期人类遗留物的科学家——考古学家也使用金属探测器。

金属探测器有不同的尺寸和形状。它们或者很小，可以握在手里；它们也可能大到足以让一个人通过。

延伸阅读： 金属。

金属探测器在接近金属时会发出声音或其他信号。

金字塔

Pyramid

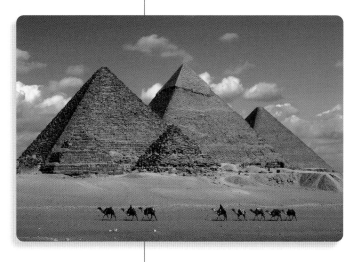

金字塔是一种具有四个三角形的面的结构体，其侧边都可延伸到顶点。古代人们建造了巨大的金字塔作为陵墓或祭拜的场所。最著名的金字塔群——吉萨金字塔建于 4500 年前，它们是埃及国王的陵墓。这些埃及金字塔是古代世界七大奇观之一。古代世界七大奇观是公元前 2500 年至公元前 250 年建造的著名建筑。

至今仍有 35 座大型古金字塔矗立在埃及，其中最大的是胡夫金字塔，也被称为大金字塔。这个金字塔是由超过 200 万块石块垒成的，每块约 2.5 吨。大金字塔最初有 147 米高。它现在稍微矮一些，因为一些顶部的石头已经风化滚落了。

古代埃及人把统治者和重要人物的木乃伊(保存的干尸)

吉萨金字塔位矗立在尼罗河西岸至少有 4500 年了。

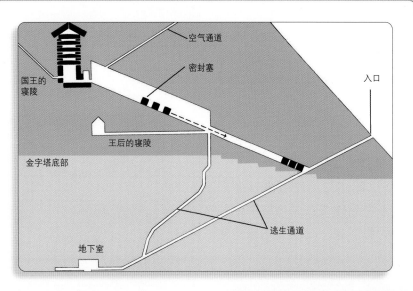

空气通道

密封塞

入口

国王的寝陵

王后的寝陵

金字塔底部

逃生通道

地下室

埃及大金字塔的内部安放着国王和王后的陵墓。葬礼后，工人们把被称为密封塞的大石块从通道滑下，堵住墓穴的入口，然后再从逃生通道离开金字塔。

放在金字塔内。埃及人相信只要人的尸体免于腐烂，灵魂就可以永生。他们用取出死者的器官和干燥身体的方法来制作木乃伊，然后用布裹住尸体。这些木乃伊被藏在金字塔内的秘密房间里或金字塔下面，秘密房间里也装满了珍宝。

　　古巴比伦人也建造金字塔状的建筑物，称为金字形神塔。巴比伦人生活在现在的伊拉克。几百年前，中美洲和南美洲的土著人也建造过大金字塔。这些金字塔通常在两边有巨大的台阶，其顶部是扁平的，人们在金字塔顶端建造祭祀场所。在墨西哥的特奥蒂瓦坎，人们可以看到两个保存完好的古印第安金字塔实例，那是太阳金字塔和月亮金字塔。

　　<u>延伸阅读：</u>建筑施工；工程。

太阳金字塔在墨西哥的特奥蒂瓦坎，是几百年前由托尔特克印第安人建造的。

晶体管

Transistor

　　晶体管是一种广泛应用于计算机和电子领域的小型器件。晶体管控制电流的流动，它可以打开或关闭电流，就像电灯开关一样，或者它可以放大电信号。1947年，位于新泽西州的贝尔电话实验室的科学家们发明了晶体管。

晶体管是计算机芯片的主要组成部分。计算机通过代码 1 和 0 存储诸如字、声音或视频的信息。通过开关接通或断开，晶体管可以在 1 和 0 之间切换，这样就能处理计算机存入的信息。一个指甲大小的计算机芯片可能包含数十亿个晶体管。

另一种晶体管不只是接通或断开，它可以把电信号放大，收音机使用这些类型的晶体管。无线电波产生微弱的电信号，晶体管把这些信号放大，然后收音机可以把电信号变成人们可以听到的声音。

延伸阅读： 计算机芯片；电流；电子器件；半导体。

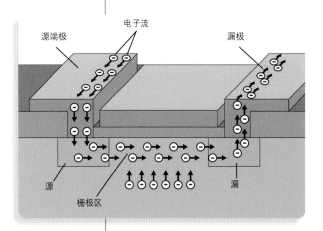

当被称为电子的微小带电粒子移动时，晶体管就会导通。它们从一个被称为源的区域流向另一个区域，即漏极。栅极区域控制它们的流动。

井

Well

井是地面上的一个洞，水井是最常见的井，从那里可以获得水。也有许多其他形式的井，如油井和天然气井。另有些井被用来从地下深处获取盐和硫黄。

流入井的地下水称为地表水。这些水大部分来自渗入地下的雨水。水慢慢向下流到充满水的土壤和岩石地带。这个区域的顶端是地下水位，也是水井中的水位。

延伸阅读： 采矿；泵。

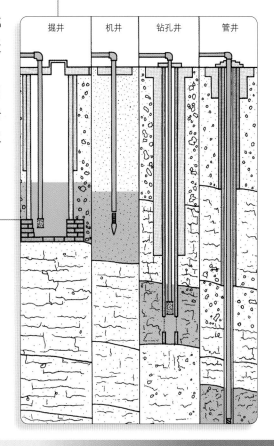

不同的方法被用来挖不同深度的井。浅井可以用利器在地面挖掘，这样的井可能达到 15 米深。而用一种叫作螺旋钻的工具来钻井，可以达到 30 米深。深井甚至可以被钻到 300 米以上。

镜子

Mirror

镜子是一面可以发射光的平整的表面。当你看着镜子时，光线会反射回到你的眼睛，你看到的光就是镜子里的一幅图像。

镜子能产生明亮而清晰的反射，这是由于它既平滑又发亮。发亮的表面反光性能良好，而光滑的表面使反射光线的方向保持一致，从而形成清晰的反射。粗糙的表面，像闪亮的岩石，也能够反射光线，但它把光线向四面八方散射开去，无法形成镜面反射。例如，月亮在晚上会发光，因为它反射太阳光，但它太粗糙了，所以无法成为镜子。

许多镜子是由光滑的玻璃制成的，玻璃后面是闪亮的银或铝。玻璃支撑着金属层，同时保护它闪亮的表面。许多科学仪器中的镜子前面都有金属涂层，一片抛光的金属片即使没有玻璃也可以作为镜子。此外，一片平坦的水面，如晴天里平静而清澈的湖面，也像镜子一样。

延伸阅读： 透镜；显微镜；望远镜。

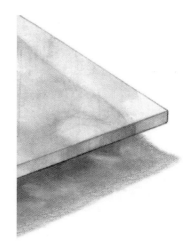

镜子指在一片光滑的玻璃后面涂上一层薄而发亮的银或铝。具有光泽和平滑的表面有助于清晰的反射。

锯子

Saw

锯子是一种切割工具，它有一个金属刃口，沿边缘有尖锐的锯齿。锯子几乎可以切割任何材料。

锯齿是倾斜的。相邻两齿一个向左倾斜，一个向右倾斜。倾斜的锯齿有助于锯子穿过被锯割的材料。锯子在切割时，锯齿把锯末从被锯的材料里去除。锯缝的宽度要比锯片宽，这样锯片在锯割材料时才不会被卡住。

锯切面的光滑程度取决于锯齿的粗

锯子锋利、倾斜的锯齿可以切割许多材料。这张照片显示的是一把圆锯。

细，用细齿的锯子切割出的切口较光滑。

锯子主要分为手锯和动力锯两种。手锯被拉和推作来回运动。有的只是作直线切割，另一些既作直线切割又作曲线切割。动力锯由电动机或汽油机驱动。有些动力锯被固定在一张特殊的桌子上，另一些则是用手握住的。大多数动力锯可以安装不同类型的锯片来切割不同的材料。动力锯的锯片刀运动速度很快，必须小心使用。最常用的动力锯是圆锯。它的锯片是圆形的，在圆周上都是锯齿。

延伸阅读： 电动机；汽油发动机；机床；工具。

聚酯

Polyester

聚酯是被广泛使用的塑性材料，它可以被纺为纤维，也可以被压成薄膜，还能与其他材料合成塑料零件。

聚酯和其他塑料一样，由微小的聚合物组成。聚合物形成长链。每块聚合物链都是按一定形式排列形成的。在聚酯中，这些聚合物靠酯相互连接。酯由一个碳原子和两个氧原子组成。

聚酯纤维强度高又有韧性，常用于制作轮胎和服装。聚酯薄膜用于制作热缩包装、磁带和塑料瓶。一些聚酯与其他材料（比如玻璃纤维或玻璃丝）相熔合后会形成一种强度高又坚硬的材料，可用于汽车和轮胎制造。

延伸阅读： 塑料；纺织品；轮胎。

卷扬机

Windlass

卷扬机是一种简单的机械，它常被用来提起重物和牵引负载。卷扬机也可以称为绞车。它是一种典型的轮轴。

卷扬机有一个曲柄，曲柄固定在滚筒上。绳子或链条缠

卷扬机是一种轮轴。它可以用来从井里提水——转动曲柄带动轴转动。绳索绕起，提起水桶。

绕在滚筒上。转动曲柄可以把绳索或链条绕在滚筒上，这样与绳索或链条相连的负载就会被提升上去。

早期的卷扬机被用来从井里提水。人们用绳子系着水桶放入井里。桶里装满水后，转动曲柄拉起绳索，提起一桶水。

现代的卷扬机是由机器带动的。它们被用在船上起锚，也用于起重机和电梯。

延伸阅读： 机械；井；轮轴；绞车。

绝缘体

Insulator, Electric

绝缘体是一种电流无法通过的阻隔材料。其他类型的阻隔材料可以阻挡热流的通过。

绝缘体阻止不必要的或危险的电流流出，它们包括干燥的木材、玻璃、矿物云母、塑料和橡胶。另一方面，所谓导体是指电流容易流过的材料，金属就是很好的导体。

导体通常用绝缘材料包裹起来以防止电流的泄漏。例如，金属电线上通常覆盖着橡胶或塑料。电工和建筑工人使用塑料或橡胶手柄的工具，以避免受到电击造成伤害。绝缘材料也用于各种电气和电子设备中。

延伸阅读： 电缆；电流；金属丝。

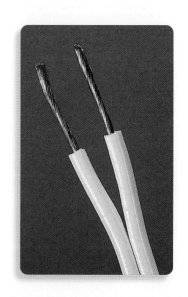

电线通常被绝缘材料包裹，如橡胶或塑料制的管子。

军用航空器

Aircraft, Military

军用航空器包括飞机、直升机和其他飞行器。军队在战争和和平时期使用军用飞机执行各种各样的任务。在战争期间，这些飞机被用来观察和攻击敌军，或保护和运送部队、物资。在和平时期，军用飞机可以帮助救援人员，也可以帮助进行科学实验。

　　战斗机是快速飞行的攻击飞机。它们通常携带火炮、火箭和导弹。战斗机用以击落敌方飞机,也可以打击地面目标。

　　轰炸机是另一种攻击飞机。与战斗机不同,它们通常不攻击其他飞机。相反,它们攻击地面上的目标。战略轰炸机可以飞越很远的距离,它们可以深入敌方的领土。战斗轰炸机的航程较短,隐形轰炸机的设计则是为了避免被敌方雷达发现。

　　其他飞机不用于直接攻击。空中加油机在飞行中为其他飞机加油。运输机运载人员和装备。直升机广泛用于运输、观察及攻击目标。

　　无人驾驶飞行器简称无人机,它们是遥控的,飞机上没有飞行员。它们也被称为"雄蜂"。无人机通常配有先进的摄像设备以观察目标。一些较大的无人机携带导弹。

　　延伸阅读: 飞机;直升机;喷气式飞机。

战斗机是一种快速飞行的飞机,能攻击其他飞机或地面目标。

卡车

Truck

卡车是一种大型机动车辆。卡车被设计用于装载重物。卡车几乎运输我们吃、穿和用的所有东西。

卡车有大功率的发动机。最大的卡车是三重拖车，它是由拖拉机牵引的三辆拖车组成的。拖车就像车轮上的大箱子。拖拉机包含发动机和驾驶室，司机坐在驾驶室。

卡车有很多用途。它们把材料运到工厂。它们把产品运送到商店和仓库。卡车也用于农业。它们把水果、蔬菜和禽畜从农场运到市场。

许多人用卡车搬家。卡车运送家具和家庭用品，一些大型卡车甚至可以搬运房子。称为书车的卡车充当移动图书馆。有些卡车运送医疗设备和工人，工作人员使用这些设备采集血液或用 X 射线摄片。一些卡车被用作救护车，它们充当移动急救室。

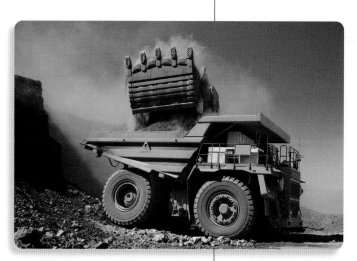

许多类型的卡车都有专门的用途。这张照片显示的是一辆重型自卸车。

政府在很多方面都使用卡车。美国军用卡车运载士兵和武器。美国州政府使用卡车帮助建造桥梁、公路和公园。城市警察和消防部门也需要卡车。卡车还被用来清扫街道，清除积雪和收集垃圾。

有些类型的卡车被用作移动房屋。有些人在露营或旅行时使用这种卡车，这些卡车被称房车。

卡车有三种主要类型：轻型、中型和重型。这些类型的划分基于车辆的总质量。总质量包括卡车的自身质量加上它的载质量。美国的大多数卡车都很轻。这些卡车包括皮卡和拖车。大多数轻型卡车装汽油发动机，如同汽车一样。

中型卡车比轻型卡车更宽更高。它们被用来运送包装和瓶装物品，如水和软饮料。在中型卡车上，驾驶员可以站在方向盘后面，轻松地上下车。大多数中型卡车使用柴油而不是汽油。

重型卡车，如自卸卡车和拖车，做各种繁重的作业。自卸车后部倾斜，便于卸货。拖车前面有一辆强动力的牵引车，这台牵引车牵引着一辆装有全套轮子的拖车。几乎所有重型卡车都装有柴油发动机。柴油发动机很重，但它们能比汽油发动机更有效地将燃料转化为动力源。因此，装有柴油发动机的卡车可以比汽油发动机卡车装载更重的货物。

 延伸阅读：汽车；发动机；拖拉机。

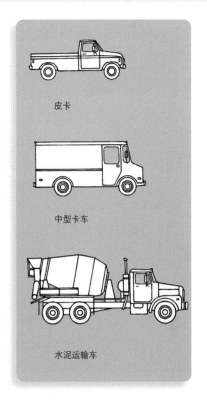

皮卡

中型卡车

水泥运输车

主要有三种类型的卡车：轻型卡车、中型卡车和重型卡车。轻型卡车包括皮卡和拖车。中型卡车经常用于运送货物。重型卡车包括自卸卡车、水泥搅拌车和拖车。

卡弗

Carver, George Washington

乔治·华盛顿·卡弗 (1864—1943) 是一位开拓性的非洲裔美国科学家，他以研究土壤和作物而闻名世界。

卡弗最著名的研究成果是花生。他用花生制作了300多种产品，其中包括化妆粉、打印机墨水和肥皂。

小乔治出生时是马苏里一个农场里的奴隶。当他还是婴儿的时候，他的父亲死于一次事故，他的母亲被拐卖，他是由摩西和苏珊·卡弗一家抚养长大的。卡弗一家是他的主人，直到1865年奴隶制在美国被宣告非法。卡弗一家教小乔治读书写字，11岁时，他在密苏里州进了一所面向非洲裔美国小孩的学校。

卡弗后来进了艾奥瓦州立农业学院 (现在的爱荷华州立大学) 读书。然后，他搬到亚拉巴马州，在塔斯基吉学院 (现为塔斯基吉大学) 任教。在塔斯基吉，他研究土壤学，提出了许多提高收成的方法。他还教会南方农民，特别是黑人农民如何使用现代耕作方法。

1910年，卡弗开始研究花生。他周游美国，宣传花生的价值。他还致力于改善黑人和白人之间的关系。卡弗因他的工作获得了许多奖项。

延伸阅读：发明。

卡弗(右)以其农业研究而享誉全球。他在亚拉巴马州塔斯基吉研究所任教。

卡西尼号

Cassini

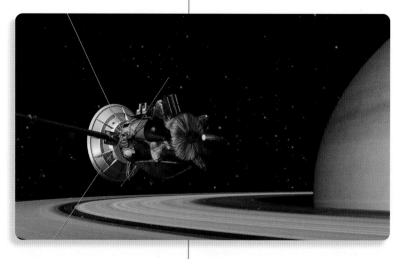

卡西尼号是一艘被送往土星的宇宙飞船，用来研究土星及其光环和卫星轨道。从 2004 年到 2017 年，卡西尼号在土星轨道上运行，它为我们提供了最壮观的图像，并收集到了土星的最详细的信息。卡西尼号是由美国国家航空和航天局于 1997 年 10 月 15 日发射的。

美国国家航空和航天局喷气推进实验室的工程师和科学家们建造了卡西尼号。意大利航天局为其提供了一个巨大的天线和其他几个部件。这艘飞船以出生于意大利的法国天文学家乔卡西尼 (Giovanni Domenico Cassini) 的姓氏命名，他在 16 世纪末对土星做出了重大发现。

卡西尼号飞船携带了由欧洲空间局设计建造的名为惠更斯号的探测器，并将其送入土星最大的卫星泰坦的大气层。该探测器配备了研究泰坦大气和表面的设备，它以 1655 年发现泰坦的荷兰物理学家、天文学家和数学家惠更斯 (Christiaan Huygens) 的姓氏命名。

卡西尼号飞船的研究主要集中在土星的大气层和内部，同时也观察到了泰坦上的湖泊和在另一颗卫星恩克拉多斯上喷发的间歇泉。卡西尼号还研究了土星环和其较小的卫星，以帮助科学家了解土星和土星环系统的起源和演化。2006 年，卡西尼号发现了在土星环内的微小的"卫星"运行轨道的证据。

卡西尼号和惠更斯号对泰坦的研究基于两个原因：(1) 它是太阳系中最大的卫星之一；(2) 它的大气层是所有卫星中最厚的。泰坦的大气层主要由氮气组成，为浓密的烟雾状，可见光无法穿过雾霾，所以卡西尼号携带了能够穿透大气层的雷达。飞船还配备了装有特殊滤光器的照相机，它们能够拍摄泰坦的表面。

卡西尼号于 2005 年 1 月 14 日抵达泰坦的大气层。在两

卡西尼号飞船绕土星运行。

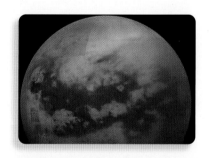

卡西尼号飞船拍摄了土星最大的卫星泰坦表面的第一张照片。

个半小时内，探测器分析了大气层中的化学物质，记录了声音，并测量了泰坦表面的风向风速。雾霾在泰坦上空大约 30 千米的地方消失。探测器的摄像头随后拍摄了泰坦的表面，这些图像显示泰坦似乎有着由液态甲烷和乙烷的雨水塑造的地貌景观。着陆后，惠更斯号成为第一艘在地球以外的行星的卫星上着陆的飞行器。

在 2008 年卡西尼号完成其主要任务后，美国国家航空和航天局两次批准了它延长任务，允许它再继续执行九年的任务。当卡西尼号在 2017 年燃料耗尽时，探测计划者们将它撞毁于土星。

延伸阅读： 太空探索。

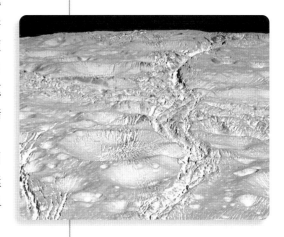

卡西尼号飞船飞行中看到的冰冷的土卫二的北极。

凯克天文台

Keck Observatory

凯克天文台位于夏威夷岛莫纳基亚山上，山上建有两台巨大的远程望远镜，天文学家在这里观测研究行星、恒星，以及天空中的其他物体。凯克望远镜是世界上最大的光学望远镜之一，光学望远镜能收集可见光。

除了可见光，凯克望远镜还能看到来自太空的红外线。两台望远镜分别叫作凯克一号和凯克二号，它们是反射望远镜，使用巨大的镜子来收集和聚焦光。

凯克天文台位于夏威夷岛莫纳基亚山上。

两个反射镜实际上都是由 36 个较小的反射镜组合在一起的，36 个反射镜共同形成一个直径为 10 米的反射面。这两台望远镜有时一起使用，此时它们的作用如同单个更大的望远镜。

凯克一号于 1992 年完成，凯克二号建于 1996 年。凯克天文台是用美国商人凯克(William Myron Keck)建立的慈善基金会来命名的，因为凯克基金会资助了天文台的建设。

延伸阅读： 天文台；望远镜。

凯克天文台包括两台巨大的望远镜：凯克一号和凯克二号。

凯利

Cayley, Sir George

乔治·凯利(1773—1857)爵士是一名英国工程师，他常被称为现代航空学之父。航空学是研究设计、制造航空器并进行飞行的学科。

凯利提出了许多关于航空和飞行的早期想法。他发表过关于直升机、降落伞和流线型飞机的论文。他还设想出了一种具有两个翼翅的飞机，即双翼飞机。他制造了一架滑翔机，在空中飞行了270米。

凯利认为，只有比空气更轻的飞行器才能在发动机的驱动下长时间飞行。他建议使用类似于现代飞艇的管状飞船。

凯利于1773年12月27日生于英格兰斯卡伯勒附近，他卒于1857年12月15日。

延伸阅读： 飞机；飞船；气球；滑翔机。

凯利

柯达公司

Eastman Kodak Company

伊士曼-柯达公司作为世界上最大的摄影设备制造商之一而闻名于世。它生产照相机、胶卷、照相化学品和其他设备。它还生产数码相机，数码相机拍摄的照片可在计算机上观看。该公司还生产电脑扫描仪、X光设备和胶卷。

美国商人伊士曼（George Eastman，1854—1932）于1880年创立了该公司。当时，摄影是困难而昂贵的，而伊士曼开发了一种新型胶卷。1888年，他的公司推出了一款简单的相机。对普通人来说这些产品使拍摄照片变得更容易，也更便宜。该公司多年来一直很成功。但从2000年以来，数码摄影变得比胶卷更受欢迎。从2012到2013年，该公司进行了破产重组。

伊士曼

肯尼迪航天中心

Kennedy Space Center

肯尼迪航天中心是航天器的发射基地，位于美国佛罗里达州东海岸。

该中心的全称是美国国家航空和航天局(NASA)肯尼迪航天中心。它位于梅里特岛，对面就是卡纳维拉尔角，航天中心过去曾建在那里，因此，人们有时也称该中心为卡纳维拉尔角。

美国国家航空和航天局在肯尼迪航天中心进行航天器的测试、修复和发射工作。该中心有一部分可供公众参观。

延伸阅读： 美国国家航空和航天局；太空探索。

位于佛罗里达州东海岸的肯尼迪航天中心是美国国家航空和航天局（NASA）的发射基地。

空气净化器

Air cleaner

　　空气净化器是一种用于分离空气或其他气体中杂质的装置。固体杂质指灰尘、纤维屑、烟尘和花粉，液体杂质指油烟，其他杂质来自各种气化物和废气。

　　空气净化器有多种用途。例如，食品加工和电子产品生产过程中使用空气净化器可以将游离在空气中的粉尘清除，它也可以帮助人们预防由花粉或灰尘引发的过敏，百货商场也可用它来保持商品的清洁。空气净化器收集了灰尘或其他易燃物还可减少火灾风险，医院则使用它来防止交叉感染。

　　延伸阅读： 空调器。

空调器

Air conditioning

　　空调器可以使建筑物或车辆内冷暖舒适，也可以用来控制空气的清洁度和湿度。空调器给人们的居住、工作和娱乐环境带来舒适。医院和某些工厂需要装备空调器以保持空气的清洁和环境的舒适。然而，在为许多机器和计算机设备制冷的同时，空调器也在释放出大量热量。

　　许多空调器是通过盘管吹出空气来工作的。当盘管注满冷水或其他液体时，它从空气中吸收热量。同样的，热管或金属丝网可以加热空气。有些小型空调机被嵌入窗子中。中央空调则是大型的，能够给整栋住宅或建筑物供冷或供热。

　　在现代机器被发明之前，古代埃及人、希腊人和罗马人

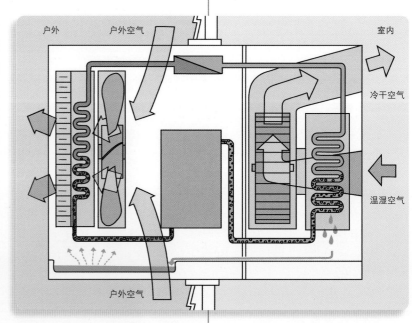

窗式空调器，制冷盘管从室内吸走热量，实现制冷。盘管吸收的热量被转移到户外的空气中。

用潮湿的蒲包来冷却室内空气。他们把潮湿的蒲包挂在帐篷或住所的门口，当风吹过蒲包时，通过潮湿蒲包上的水分蒸发来冷却空气。

延伸阅读： 空气净化器；制冷。

盔甲

Armor

盔甲是一种在武力冲突中防护身体的器具。很早以前人们用动物皮革做盔甲。古希腊人和罗马人穿金属盔甲护胸护腿。他们也携带金属盾，戴金属头盔。

中世纪时，骑士们穿的是锁子甲。这种盔甲是用金属小环钩链组成的。然而，到了14世纪，新款武器能够刺穿锁子甲，士兵开始穿由铁片制作的盔甲，这种盔甲价格昂贵，一套盔甲的费用相当于一座小庄园。

枪支的发明改变了人们穿盔甲的习惯。人们放弃金属盔甲是因为穿着它太重而子弹仍然可以穿入到人体。到了17世纪，仅头盔和胸甲仍被使用。一些军官和士兵穿盔甲常常是为了作秀。现如今厚重的金属主要用来装备舰艇、坦克和其他车辆。士兵和警察穿人造材料制作的防弹衣。

延伸阅读： 枪；船舶；坦克。

警察穿防弹衣并手持盾牌来防御。

古希腊和古罗马士兵穿金属盔甲护身护头。中世纪时，骑士穿上整套金属盔甲。后来士兵穿胸甲或仅戴头盔。

古希腊士兵　　　　古罗马士兵　　　　德国士兵　　　　欧洲士兵　　　　19世纪初法国士兵

垃圾填埋场

Landfill

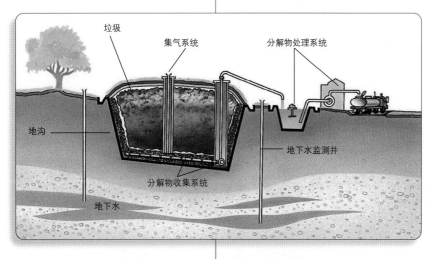

图中标注：垃圾　集气系统　分解物处理系统　地沟　地下水监测井　分解物收集系统　地下水

清洁的垃圾填埋场密封完好以保护环境。地沟可以防止废物泄漏进入周围的土壤或供水系统。垃圾分解后释放出的气体被收集起来以防止污染空气。

垃圾填埋场是用来处理垃圾和其他废弃物的地方。垃圾填埋场有两种主要类型：清洁的垃圾填埋场被封闭起来以免垃圾泄漏，不清洁的垃圾场是露天的。

露天垃圾场是不卫生的，从垃圾场里泄漏出来的废物会造成健康问题，也会危害环境——露天垃圾场产生的化学物质会污染土壤、水体和空气。

清洁的垃圾填埋场的设计比露天垃圾场对环境更加友好。清洁填埋场的外部是用黏土或塑料层构筑起来的，从而杜绝泄漏。排水系统将填埋场的雨水收集起来，水被抽出后净化。

延伸阅读： 有害废弃物；回收再利用；水污染。

拉链

Zipper

拉链是一种滑动的紧固件。拉链把衣服分开的部分连在一起。拉链用于多种服装，尤其是裤子、外套和靴子。

大多数拉链有两排金属或塑料的链齿，它们被锁在一起。每个链齿顶上有一个凸起的圆顶，底部有一个中空的部分。当拉链头被拉起时，拉链一个接一个地把链齿链合在一起，凸起的圆顶和另一排空心部分吻合，链齿就锁在一起，直到拉链头被拉开。

第一个带锁齿的拉链是在 1917 年发明的。到了 20 世纪 30 年代，拉链普遍用于服装中。

延伸阅读： 纺织品。

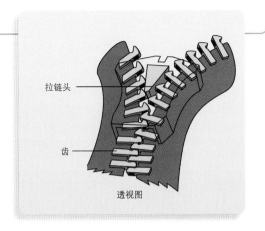

拉链头

齿

透视图

大多数拉链有两排锁在一起的链齿（左）。链齿用拉链头连接或分离。当拉头向上拉升时，拉头的弯曲边将链齿拉在一起。拉头向下移动时充当楔子作用，将链齿分开。拉链被广泛用在服装中代替纽扣（下图）。

蜡

Wax

蜡是一种高脂物质。它被广泛用于保护材料的表面。蜡不与空气、水和化学物质发生反应。大多数蜡在室温下是固态的，加热后则会变软。制造商生产三种蜡：矿物蜡、动物蜡和植物蜡。

大多数矿物蜡来自石油。石油来自地下深处的岩石，液态石油被用来炼制成品油。石油蜡不与水分和化学物质反应。它没有气味或味道，可用于制作防水的纸质品，例如牛奶盒、蜡纸。石油蜡也被用来制做汽车、地板和家具的抛光剂。

动物蜡可以单独或与石油蜡混合制作蜡烛或其他蜡制品。蜂蜡是动物蜡的一种。蜜蜂在筑巢时会分泌蜂蜡。羊毛蜡则来自未加工羊毛上的油脂覆盖层。

植物蜡来自植物的天然覆盖层，其中主要的类型来自棕榈树的树叶。

延伸阅读： 纺织品；防水。

这种蜡烛燃烧一种称为石蜡的矿物蜡。

莱德

Ride, Sally Kristen

　　萨莉·克里斯汀·莱德 (1951—2012) 是第一位进入太空的美国女性宇航员。1983 年 6 月，她和其他四名宇航员乘坐挑战者号航天飞机进行了一次为期 6 天的太空飞行。在这次飞行中，莱德协助完成了数颗人造卫星的发射并完成了一些实验。莱德在 1984 年 10 月进行了第二次太空飞行，同样是乘坐挑战者号航天飞机。在这次太空飞行任务中，她帮助完成了另一颗人造卫星的发射。

　　莱德于 1951 年 5 月 26 日出生在洛杉矶市。她于 1978 年获得了物理学博士学位，同年被选拔为一名宇航员。

　　莱德原计划在 1986 年进行第三次太空飞行。然而，挑战者号航天飞机在那一年的一次事故中坠毁了，莱德的飞行计划也因此取消。她被指派到一个特别小组去调查事故原因。

　　莱德从 1987 年开始在加利福尼亚斯坦福大学任教。1989 年，她成为加利福尼亚大学圣地亚哥分校教授和加利福尼亚空间研究所所长。2003 年，哥伦比亚号航天飞机在返回地球的途中爆炸解体，莱德再一次加入事故特别小组进行调查。2012 年 7 月 23 日，莱德去世。

　　延伸阅读： 宇航员；哥伦比亚号事故；太空探索。

莱德

莱特

莱特

Wright, Will

　　威尔·莱特 (1960—　) 是美国电脑游戏制作商。他开发的游戏模拟现实世界的某个部分。他最著名的游戏之一是《模拟城市》，该游戏是在 1989 年制作的。在《模拟城市》里，玩家创造一个想象中的城市，它就像一个真实的城市。例如，玩家没有修建足够的道路，交通堵塞就会发生；如果玩家建造太多的道路，可能没有足够的钱去建造其他重要的东西，比如医院。模拟城市是最受欢迎的计算机游戏之一。

莱特于 1960 年 1 月 20 日出生于亚特兰大。在孩提时代,他喜欢学习和建造模型。1984 年,他设计了第一款计算机游戏《袭击丁格林湾》。莱特曾制作了许多流行的模拟游戏。在《模拟人生》(2000)中,玩家控制模拟人的日常生活。莱特设计了一种名为《孢子》(2008)的游戏,它模拟了生命和文明社会的发展。

延伸阅读: 计算机模拟;电子游戏。

莱特兄弟

Wright brothers

莱特兄弟发明了飞机。他们的名字是威尔伯(Wilbur, 1867—1912)和奥维尔(Orville, 1871—1948)。在其他人只是通过气球和滑翔机飞行时,莱特兄弟是第一个驾驶由发动机驱动的飞机飞行的。所有现代飞机的原理都是以莱特兄弟奠定的基础为依据的。

在孩提时代,莱特兄弟就着迷于有关运动的研究。他们的母亲鼓励他们试验和学习。

1903 年 12 月 17 日,莱特兄弟在他们的飞机上做了四次飞行。这标志着人类第一次驾驶有发动机驱动的飞行器飞行。

在 1899 年,莱特兄弟开始研究飞行科学。他们开始用滑翔机试验。他们认为飞行机器最大的问题是控制。后来,他们在北卡罗来纳州基蒂霍克附近用了好几年时间试验滑翔机,最终,他们测算出了如何控制飞行中的飞行器。

在 1903 年,莱特兄弟建造了一架有发动机的飞行器。他们把它命名为"飞行者"。1903 年 12 月 17 日,兄弟俩用"飞行者"试飞了四次。最长的那次由威尔伯驾驶,飞行了 260 米,持续 59 秒。

多年后,大多数人对莱特兄弟的成就还是一无所知。一些报纸报道了莱特兄弟,但这些故事往往并不准确。当时很多人甚至对飞行器存在的可能性都有怀疑。但不管怎样,莱特兄弟坚持工作。他们花了几年时间完善飞机的设计。

1908 年，莱特兄弟在美国和法国展示了他们的发明。他们作了长途飞行，令广大观众大吃一惊。但是在 9 月 17 日的一次飞行最终以灾难告终。这次事故中奥维尔的飞机坠毁了。奥维尔受了重伤，乘客死亡。奥维尔后来恢复了健康并继续飞行。

1909 年，莱特兄弟成立了一家飞机制造公司。威尔伯于 1912 年死于伤寒，奥维尔在 1915 年出售了这家公司，但是他的余生一直在研究飞机。奥维尔于 1948 年 1 月 30 日去世。

延伸阅读： 飞机；滑翔机；发明。

缆车

Cable car

缆车是由移动的缆绳来牵引的车辆。缆绳由金属线缠绕在一起，结实而粗壮。缆车可以将乘客从一个地方运送到另一个地方。

大多数缆车就像火车一样在地面轨道上移动。缆绳则在地面下的沟槽中运行，中央车站的发动机以大约每小时 14 千米的稳定速度拖动缆绳。操作员将车辆夹钳夹在缆绳上，车辆就与缆绳一起移动。夹钳一旦打开，车辆便停止移动。

另外一种类型的缆车是在空中运行的，它运行在塔架之间的缆绳上。许多滑雪升降梯就是这种类型的缆车。

延伸阅读： 电缆；火车；运输。

缆车

劳伦斯

Lawrence, Robert Henry Jr.

罗伯特·亨利·劳伦斯 (1935—1967 年) 是一名美国试飞员和科学家，他是第一位被选为宇航员的非洲裔美国人。然而，他在进行太空飞行之前就去世了。

劳伦斯于 1935 年 10 月 2 日生于芝加哥。1956 年，他大学毕业，加入了美国空军。在完成飞行员训练后，劳伦斯担任战斗机飞行员和飞行指导。1965 年，他获得化学博士学位，进行了一小段时间的科研工作。

1967 年，劳伦斯毕业于空军试飞训练学校。为了建立一个小型空间站，他被选为宇航员。1967 年 12 月 8 日，劳伦斯因飞机坠毁而去世。

延伸阅读： 宇航员；太空探索。

劳伦斯

雷达

Radar

雷达是一种利用无线电波来定位物体的装置。无线电波是一种不可见的能量，在接触物体后无线电波会被反射，雷达设备因此能够测出物体有多远。雷达设备还能测出物体有多大，移动速度有多快。雷达可以在黑暗、浓雾、雨天或雪天里工作。

雷达有许多用途，飞行员用雷达使飞机在繁忙的机场安全着陆，在海面上遇到恶劣的天气时，船长用雷达来寻找航道，军队使用雷达监视敌机或导弹的突袭，天气预报员使用雷达来追踪风暴，科学家利用雷达来研究其他行星及其卫星。

雷达设备称为雷达机组。大多数雷达机组发射无线电波，这些电波接触到物体会被反射。这种反射波，亦称回波，会返回雷达装置。用回波返回所需的时间可

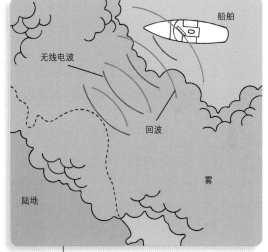

雷达使用无线电波，无线电波可以穿过雾和云传播。在这个图中，一艘船发出无线电波（红色）来探测陆地。波从附近的陆地上反射回来，它们的回波（蓝色）返回到船上。

船舶雷达装置包括发射和接收无线电波的设备。

以计算出物体有多远。回波来源的方向就是物体的方位。

雷达装置的发射机会产生雷达波，它的天线发送雷达波。天线也能接受从物体反射回来的回波。接收器能将回波清晰地显示在屏幕上，屏幕上以光点的形式来显示回波，它也可以显示物体的形状。

延伸阅读：飞机；导航；无线电；船舶。

棱镜

Prism

棱镜是一个两个面具有相同尺寸和相同形状的固体。这两个面被称为基面，互相平行（平行意思是在任何地方都是相同距离）。两个基面由三个或更多个侧面连接在一起。

一种棱镜有三角形的基面，它常常是用玻璃或其他透明材料做的，可以折射穿过玻璃的光。在光线被折射的同时，它也被分散成一道彩虹，我们称之为光谱。这种棱镜在光学仪器中被用来改变光的方向。

延伸阅读：双筒望远镜；潜望镜。

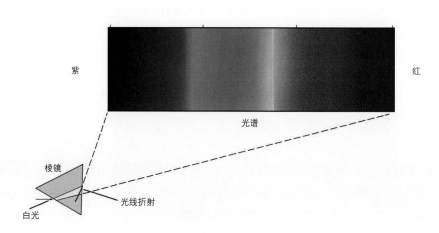

棱镜折射光，将白光分散成一道类似于彩虹的光谱。

犁

Plow

犁是一种农耕的工具。犁钻进地里，碾压、破碎、提升土壤，可以用来松土。

农民耕地的原因很多。犁能蓬松土壤，使种子更容易被植入土壤；耕耘土地可以覆盖残茬，还可以除掉杂草和杀死昆虫。此外，空气更易进入松散的土壤，而土壤中的生物（包括植物根系）生长都需要氧气。

人们早就知道植物在松散的土壤中生长得更好。早期的犁是手工制作的，大约是树杈状的。后来人们用牛拉犁，他们用铁或钢制成犁，他们还针对厚重的土壤设计了专用犁。

延伸阅读：工具；拖拉机。

拖拉机牵引的机械犁可以迅速地挖松大片的土壤以便种植。

李林塔尔

Lilienthal, Otto

奥托·李林塔尔（1848—1896）是德国发明家，他从事飞行器的制造和航空业。他驾驶滑翔机进行了第一次成功的飞行。滑翔机是一种没有发动机的有翼飞行器。李林塔尔的工作启发了莱特兄弟，后者建造了世界上的第一架飞机。

李林塔尔研发出许多不同的滑翔机模型。从1891年到1896年，他进行了数千次滑翔机飞行。

1896年8月，李林塔尔驾驶的滑翔机坠毁，他也因此于1896年8月10日去世。

延伸阅读：飞机；滑翔机；莱特兄弟。

李林塔尔于1891年成为第一个驾驶滑翔机的人。但是他的滑翔机很难控制。

利珀斯海

Lippershey, Hans

汉斯·利珀斯海（1570—1619）是荷兰的一名兼做眼镜的验光师。利珀斯海常被认为是第一个制作出望远镜的人，他在1608年把两个玻璃透镜装在一个细长的镜筒里制作了望远镜。利珀斯海出生在德国，成年后搬到荷兰。

虽然有人声称发明了望远镜，然而，利珀斯海的专利申请是实际制造出望远镜的最早记录。利珀斯海关于望远镜的描述很快传到了著名科学家伽利略那里。伽利略于1609年造出一台望远镜。

延伸阅读：透镜；望远镜。

利珀斯海是第一个为望远镜申请专利的人。

脸书

Facebook

脸书是一个社交网站。用户可以在脸书上相互联系，分享自己的照片和信息。全世界有许多人在使用脸书。企业、慈善机构和政治人物也使用这个网站。

用户可以创建个人资料页，在个人资料上发布图片、信息和其他个人信息，用户们只要互相成为朋友即可在脸书上相互联系，他们可以看到对方的个人资料，并很容易地互相跟踪。脸书改变了许多人的交流方式，用户可以通过聊天的方式即时传播信息和想法。

扎克伯格（Mark Zuckerberg）是哈佛大学的学生，2004年他在宿舍里创建了脸书。起初，该网站只对大学生开放。2006年9月起，脸书向13岁以上的人开放，并附有电子邮件地址。脸书的总部位于加利福尼亚州门洛帕克。该网站还在爱尔兰都柏林和韩国首尔运营。

延伸阅读：互联网；网站。

留声机

Phonograph

留声机是一种播放唱片的装置,也称唱片机。直到 20 世纪 80 年代中期,它们才成为听音乐或录音最常用的设备。现在,大多数人听用数字形式录制的音乐,也就是在电脑文件或光盘上录制的音乐。

留声机用在唱片表面上刻出的凹槽来存储声音。凹槽内有锯齿状的波纹,这些波纹与声音相匹配。唱片置于唱机转台上,在唱针之下旋转。凹槽中的波纹使唱针振动。这种振动信号被转换成电信号,电信号传播到扬声器,被还原为声音。在立体声留声机中,唱针与两组不同的波纹相耦合,即唱针与凹槽内的两侧接触,一个信号送到左边的扬声器,另一个信号送到右边的扬声器。

留声机有一个沿着唱片上凹槽转动的唱针。它将凹槽的形状转换成声音。

美国发明家爱迪生于 1877 年发明了第一台留声机,它可以在锡箔卷成的圆筒上录音。1887 年,德国移民到美国的贝利纳 (Emile Berliner) 发明的留声机用圆碟形的唱片代替了圆筒。圆碟更便宜,声音也更好。

1948 年,塑料 331/3 转/分的 LP 唱片投放市场。LP 代表播放时长。这种唱片的声音更响亮,还比旧款唱片更牢固。在 1949 年,45 转/分的唱片问世。立体声唱机和唱片在 1958 年出现。数字唱片在 20 世纪 80 年代出现,之后,唱机和唱片销量急剧下降。到了 21 世纪,很多人拥有电子计算机、手机和可以存储数以千计的数字歌曲的便携式媒体播放器。但有些业余爱好者仍然收集和播放唱片。

延伸阅读: 光盘;爱迪生;便携式媒体播放器。

卢斯卡

Ruska, Ernst

厄恩斯特·卢斯卡 (1906—1988) 是德国工程师。他发明了一种显微镜,称电子显微镜。

为此，他获得了 1986 年诺贝尔物理学奖。

电子显微镜能够清晰地显示微小的东西。它比普通显微镜（称为光学显微镜）的分辨率要高得多。电子显微镜使用极微小粒子束（称电子束）放大物体的图像，光学显微镜则使用可见光来达到同样的目的。

卢斯卡出生于德国海德堡。卢斯卡与物理学家克诺尔（Max Knoll）合作，在 1931 建造了第一台电子显微镜。卢斯卡多年来一直在设计改进电子显微镜。

延伸阅读： 电子显微镜。

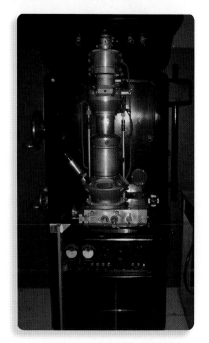

卢斯卡发明的电子显微镜

录像机

Videotape recorder

录像机是一种曾经被广泛使用的用于记录影像和声音的机器。它也被称为磁带录像机。录像机录制的节目被录制在叫作录像带的特殊磁性带上。这种磁带可以在被称为盒式录像机或录像机的设备上播放。录像机连接到电视机。

录像机（VCR）可以播放和录制录像带。

大多数录像机都使用盒式磁带。磁带是长长的塑料带子，它涂有一层叫作氧化铁的薄层材料，这种材料以特殊的磁性模式保存影像和声音。录像机通过把影像和声音变成电磁信号来录制电视节目。这些信号被记录在磁带上，当磁带被播放时，录像机将电磁信号还原变成影像和声音。

录像机在 20 世纪 80 年代至 90 年代流行。电视演播室用它们来录制节目。人们用录像机录制家庭电影。但到 20 世纪 90 年代末至 21 世纪初，数字录音设备变得更加流行。这些设备可以在光盘或计算机文件上记录视频。录像磁带现在已很少使用。

延伸阅读： 数字录像机；磁带录音机；电视。

露西德

Lucid, Shannon Wells

香农·威尔斯·露西德(Loo Sind)（1943— ）是一名美国宇航员，她创造了女性在太空中飞行最长时间的世界纪录。1996 年，她在太空生活了 188 天，其中大部分时间都是在俄罗斯的和平号空间站上度过的。这也是当时美国人在太空中生活的最长时间纪录。后来，其他宇航员打破了露西德的纪录。

露西德搭乘大西洋号航天飞机往返于和平号空间站。在和平号上，她进行了科学实验，研究了太空旅行中常见的失重现象以及失重对活体组织的影响。

香农·威尔斯于 1943 年 1 月 14 日出生于中国，后来在美国俄克拉何马州长大。1968 年，她嫁给了商人露西德（Michael F.Lucid）。从 2002 年到 2003 年，她是美国国家航空和航天局的首席科学家。她一直在美国国家航空和航天局工作，直到 2012 年退休。

延伸阅读：宇航员；太空探索。

露西德

旅行者号

Voyager

旅行者号是两台机器人空间探测器的名称。空间探测器是一种航天器，它利用科学设备收集信息并将信息发送回地球。

旅行者号是由美国航空和航天局发射的。该探测器研究了太阳系以外的行星（太阳系是由包括地球、其他七颗行星和它们所围绕的太阳组成的一组天体）。

这张照片展示了两个完全相同的旅行者号宇宙飞船之一的模型。

旅行者 1 号于 1977 年 9 月 5 号发射升空。它在 1979 年 3 月 5 日掠过木星，在 1980 年 11 月 12 日掠过土星。然后，它继续朝太阳系边缘飞去。

旅行者 2 号于 1977 年 8 月 20 日发射升空。它在 1979 年 7 月 9 日拜访木星，1981 年 8 月 25 日拜访土星。旅行者 2 号于 1986 年 1 月 24 日继续造访了天王星，1989 年 8 月 25 日造访了海王星。

旅行者号收集了有关木星、土星、天王星和海王星的信息。它们还探测了这些行星的环和卫星。探测器发现了木星的木卫一上存在火山的证据并在海王星的卫星海卫一上发现了冰冷喷泉。它们还发送了有关土星卫星土卫六上大气的信息。

每个旅行者探测器携带一套相同的科学仪器。一种仪器测量行星和卫星磁场的强度、形状和方向，

旅行者 2 号拍摄了木星上的大红斑，这是一个比地球大的长寿风暴。

旅行者 2 号于 1977 年 8 月 20 日发射。它在太阳系中的路径用红色显示。

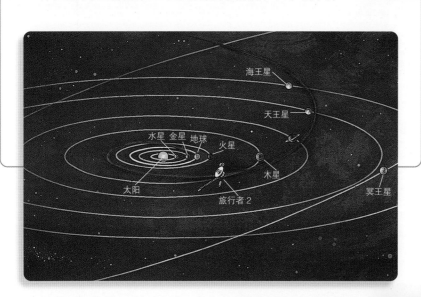

用旅行者 2 号拍摄的这张照片中，亮点覆盖了木星的卫星木卫四。亮点是由流星撞击造成的在黑暗表面暴露的明亮物质。

其他仪器测量来自行星和它们的卫星的光、环。

两个太空探测器继续前往太阳系的远方。它们在2010年继续将有价值的信息传回地球。2012年，旅行者1号率先进入星际空间，成为星际空间的探测器。

延伸阅读： 美国国家航空和航天局；太空探索。

旅行者2号拍摄了海王星的增强图像。这张照片显示了一大团黑色风暴，类似木星的巨大红斑。

由旅行者2号拍摄的彩色图像显示，土星的大气层有不同的云带。

轮胎

Tire

轮胎是一种用于车轮外部的覆盖物，它被用于飞机、自行车、公共汽车、摩托车、拖拉机、卡车和许多其他车辆。

大多数轮胎是橡胶做的。有些轮胎是用实心橡胶做的，但大多数轮胎里充满了保持一定压力的空气。空气支撑着车辆的重量，当轮胎翻滚颠簸时，它还能给车辆提供缓冲。大多数轮胎的外表面上都有花纹，这些花纹称为胎面花纹。胎面花纹有助于提高轮胎的抓地能力。

1845年苏格兰工程师汤姆森（Robert W. Thomson）

轮胎的表面，称为胎面，有许多凹槽。胎面提供牵引力（抓地力），防止轮胎在路面上打滑。

发明了充气轮胎。这种轮胎从 1895 年开始在汽车上使用。

延伸阅读: 汽车；自行车；摩托车；拖拉机；卡车；轮轴。

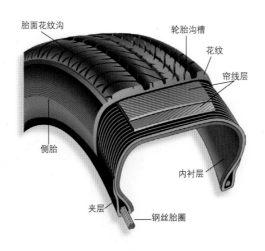

胎面花纹沟　　轮胎沟槽
花纹
帘线层
侧胎
内衬层
夹层
钢丝胎圈

凹槽和许多较小的缝隙被称为刀槽花纹，它们构成轮胎的胎面花纹。轮胎带尽可能多地将轮胎压住在路面上，这样做可以提高牵引力并减少磨损。橡胶侧壁覆盖并保护轮胎的其余部分不受外界影响。在轮胎内部，内衬有助于留住空气。轮胎的胎体是由多层构成的，这些层称为帘线层。帘线紧箍在两个钢丝胎圈上。钢丝胎圈靠在轮胎轮辋上。

轮轴

Wheel and axle

轮轴是一个重要的工具。它是由一个轮子和一根轴组成的，轮子装在轴上。轮子转动时，轴也转动。轮轴是物理学研究的六种简单机械之一。

一种叫作卷扬机的机械就使用了轮轴。卷扬机的一端有一根绳系在轴上，绳子的另一端系在需要提起的物体上。当转动轮子时，绳子绕轴转动并拉动物体。

轮轴使得提升更容易，因为轮子的直径比轴径大。要提升连接在轴上的物体，轮子必须转过较大的弧长，但是转动轮子比较容易些。

延伸阅读: 汽车；自行车；机械；摩托车；轮胎；卡车；卷扬机。

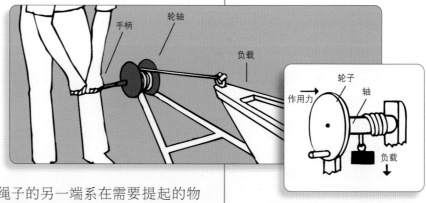

手柄　　轮轴　　负载
作用力　　轮子　　轴　　负载

轮轴可以更容易拉动负载。转动轮子比转动轴需要的力更小。但是轮子必须旋转一个更大的弧长。

罗齐尔

PilÂtre de Rozier, Jean-Franc,ois

弗朗索瓦·皮拉特尔·德·罗齐尔 (1756—1785) 是一位法国科学家。他是第一位乘坐热气球升空的人。在 1783 年 10 月 15 日，罗齐尔的热气球将他带到了约 24 米的空中。这个热气球用一根缆绳固定在地面上。

罗齐尔于 1783 年 11 月 21 日进行了第二次热气球飞行。这次他带上了一名法国军官，同时这次热气球是自由飞行的。他们在空中呆了约 25 分钟，并飞过了巴黎上空。

罗齐尔出生于法国梅斯市 (Metz)。1785 年 6 月 15 日，罗齐尔在一场热气球事故中遇难，当时他正试图飞越英吉利海峡。

■ **延伸阅读：** 气球。

罗齐尔

螺纹

Screw

螺纹基本上是一个围绕中心轴盘旋的斜坡。它是物理学中讨论的六种简单机械之一。大多数螺纹都很小。通过螺纹能把材料紧固在一起，比如木片或金属。螺纹也用于松开和夹紧称为"台虎钳"的工具，有些螺纹非常大，例如，用于船舶和飞机的螺旋桨也是一种螺纹。

螺钉有一根长长的中心轴轴顶部有一个较宽的扁平部分，称为螺钉头。螺钉上的螺纹是绕在轴上旋转的斜坡道或脊。当螺钉转动时，螺纹使螺钉旋进或旋出物体。大多数螺钉在头部有一个槽，螺丝刀被放在这个槽里，以便拧动螺钉。

螺钉有不同的尺寸和形状。它们通常由钢、铜、铝或其他金属制成。

■ **延伸阅读：** 机械；工具。

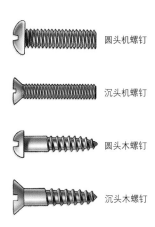

圆头机螺钉

沉头机螺钉

圆头木螺钉

沉头木螺钉

不同尺寸和形状的螺钉。

螺线管

Solenoid

螺线管是一个金属线圈。当电流通过时,它就产生了磁场。螺线管的一端称为北极,另一端称为南极。许多电磁铁运用的就是螺线管原理。

螺线管可用于电子门锁。它们可以控制锁闩的伸缩,从而执行开锁和闭锁指令。它们也可用于扬声器、汽车转弯信号灯、机械分拣装置和断路器(如果电流过强时自动关闭电流的开关)。

延伸阅读: 电流;电路;电磁铁;锁;金属丝。

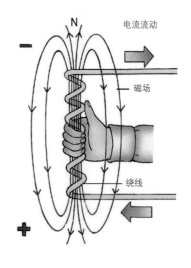

螺线管是一种能产生或加强磁场的线圈。如果你用你的右手握住线圈,手指会指向线圈电流流动方向,如图所示,你的拇指就指向磁场的北极。

洛夫莱斯,爱达

Lovelace, Ada

爱达·洛夫莱斯(1815—1852)是一位英国贵族,她编写发表了第一个计算机程序,同时她也是最早预见到计算机威力的人之一。

奥古斯塔·爱达·拜伦(Augusta Ada Byron)于1815年12月10日出生于伦敦,她是著名诗人拜伦勋爵的女儿。1835年,她嫁给了威廉·金(William King),金于1838年被封为洛夫莱斯伯爵。

爱达·洛夫莱斯受过数学教育。她对建造了早期计算机的英国数学家巴贝奇的工作非常感兴趣,她为巴贝奇工作了很多年。1843年,她发表了一篇关于计算机的论文,该文展示了机器如何执行程序以完成不同的计算。这些程序是最早的计算机程序之一。

20多岁时,爱达·洛夫莱斯的健康状况不佳。她转而沉迷赛马赌博,输钱使得她债台高筑。1852年11月27日,爱达·洛夫莱斯在伦敦死于癌症。1979年,人们为纪念她,用她的名字把一个计算机程序命名为爱达(Ada)。

延伸阅读: 计算机。

爱达·洛夫莱斯

M

马尔科尼

Marconi, Guglielmo

古列尔莫·马尔科尼(1874—1937)是一位意大利发明家，他因发明无线电报而闻名，无线电报今天被称为无线电。

马尔科尼出生在意大利博洛尼亚。他年轻时对电报信号产生了兴趣，当时电报信号是通过电线发送的。马尔科尼想知道在没有电线的情况下能否把电报信号以波的形式从空中发射出去。通过室内和室外试验后，他在 1895 年取得了成功。

1901 年，马尔科尼第一次从英国通过大西洋向加拿大发送无线信号。他与德国的布劳恩 (Karl Ferdinand Braun) 分享了 1909 年的诺贝尔物理学奖。他们的工作推动了无线电广播的研究开发。

1912 年，下沉中的泰坦尼克号船员使用马尔科尼的设备发出了求救信号，卡巴蒂亚号听到泰坦尼克号的信号后前来救援，共救起 705 人。

延伸阅读： 无线电；电报。

马尔科尼

麦考利夫，克里斯塔

McAuliffe, Christa

克里斯塔·麦考利夫 (1948—1986) 是第一位被美国国家航空和航天局选中去太空旅行的教师，她是从 11000 多名应聘这份工作的教师中被挑选出来的。她曾计划把她在太空飞行之前、期间和之后的想法和经历都记录下来。她乘坐的挑战者号航天飞机于 1986 年 1 月 28 日发射升空。起飞后不久，航天飞机由于事故而坠毁，这次事故导致她和其他六名宇航员全部丧生。

沙伦·克里斯塔·科里根 (Sharon Christa Corrigan) 1948 年 9 月 1 日生于波士顿。1970 年，她嫁给了麦考利夫 (Steven McAuliffe)，他们有两个孩子。克里斯塔·麦考

克里斯塔·麦考利夫

利夫于 1970 年在弗雷明翰州立学院获得学士学位，1978 年获得鲍伊尔州立学院教育硕士学位。从 1982 年到去世，她在新罕布什尔州康科德的康科德高中教授社会研究。

■■■■ **延伸阅读：** 宇航员；太空探索。

麦克风

Microphone

麦克风把声音转变成电信号，电信号通过电线或空气被传送到记录装置或扬声器中，扬声器又将电信号转换回声音播放出来。例如，电话既有麦克风又有扬声器。

一些艺人和演讲者手里拿着麦克风，有些人在舞台上使用麦克风，电线将麦克风连接到插座上。许多表演者使用无绳麦克风，这样当他们在舞台上走动时不会使电线缠结。上电视的人经常使用夹在衣服上的微型麦克风。

第一个麦克风原本是个电话，是由贝尔在 1876 年发明的。如今麦克风被广泛使用，它在音乐会上接收乐队的声音，也被用来录制电视节目和电影。许多计算机和其他电子设备都有内置式麦克风。

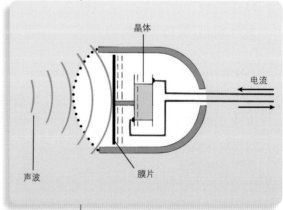

晶体

电流

声波

膜片

麦克风把声波转换成电信号。声波引起一个膜片振动，这个振动被转换成电流。

煤油

Kerosene

煤油是一种容易燃烧的液体燃料，它清澈无色，气味强烈。煤油来自原油。今天，煤油被用作飞机的燃油。农民把煤油和其他化学物质混合后用于杀死杂草和昆虫。在电灯发明之前，许多家庭用煤油灯照明。

煤油是通过蒸馏法从原油中提炼出来的，也就是说通

在电灯出现之前，煤油灯在家庭里是很常见的。

过加热或煮沸原油后分离出来的。

延伸阅读：灯。

美国国家航空和航天局

National Aeronautics and Space Administration (NASA)

美国国家航空和航天局的一个主要实验室是在梅里特岛上的肯尼迪 (John F.Kennedy) 航天中心，另一个是休斯敦的约翰逊 (Lyndon B.Johnson) 航天中心。

1957 年，艾森豪威尔 (Dwight D.Eisenhower) 总统为国家航空和航天委员会 (NACA) 建立美国太空计划。NACA 成立于 1915 年并在 1958 年改名为 NASA（美国国家航空和航天局）。它的总部设在华盛顿特区。NASA 已经发射了许多航天器，有些载人，有些没有。未载人的飞行器包括人造卫星和空间探测器，它们被用于通信系统和天气预报等。

1969 年美国国家航空和航天局的阿波罗 11 号太空飞船成为人类史上第一个登上月球的飞船。1981 年美国国家航空和航天局首次发射了哥伦比亚号航天飞机。然而在 1986 年美国国家航空和航天局遭受了历史上最严重的事故，挑战者号航天飞机在发射后不久就解体了，七名宇航员全部遇难。

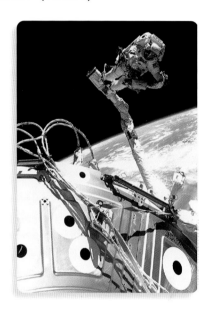

美国国家航空和航天局的宇航员在国际空间站工作。美国国家航空和航天局帮助建造国际空间站。

成千上万的科学家、技术员和工程师在美国国家航空和航天局工作。

1993 年,美国和俄罗斯同意组建太空空间站,即著名的国际空间站。

2003 年,哥伦比亚号航天飞机在返回地球大气层时发生解体,七名宇航员全部遇难。在事故发生后,美国国家航空和航天局引入新的安全措施。

美国国家航空和航天局的太空探索目标涉及更多的登月任务和一些可去的小行星,最终是登陆火星。美国国家航空和航天局正在研究几款新的太空飞行器并谋求与私人公司合作以实现更多的目标。

多年来,美国国家航空和航天局启动和支持了多个科研项目,不仅包括太空飞行计划,而且还涉及天文学、航空、气象学等更多领域。

美国国家航空和航天局是美国政府机构。它研究地球大气层内外的飞行,有成千上万的科学家、工程师和技术员在里面工作。

延伸阅读: 宇航员;挑战者号事故;哥伦比亚号事故;肯尼迪航天中心;人造卫星;太空探索。

美国国家气象局

Weather Service, National

国家气象局是美国政府机构。它监测美国领土的天气状况。在国家气象局,称为气象学家的科学家研究天气。国家气象局预报天气事件,它还发布危险天气(如飓风和龙卷风)的警告。

国家气象局是国家海洋和大气管理局(NOAA)的一部分。NOAA 又是美国商务部的一部分。

延伸阅读: 天气预报

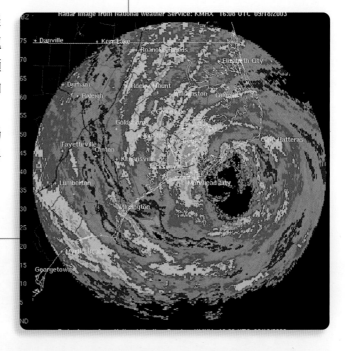

来自美国国家气象局的多普勒雷达图像显示飓风正逼近北卡罗来纳海岸。

蒙戈尔菲耶兄弟

Montgolfier brothers

蒙戈尔菲耶兄弟制造了最早的热气球，兄弟俩是法国造纸商。约瑟夫·米歇尔·蒙戈尔菲耶 (Joseph Michel Montgolfier) 生于 1740 年 8 月 26 日，雅克·蒂·蒙戈尔菲耶 (Jacques, tienne Montgolfier) 生于 1745 年 1 月 7 日。

兄弟俩做了个试验：在大布袋里装满热气体，热气体来自燃烧的羊毛和潮湿的稻草。因为热空气比冷空气轻，所以布袋上升了。

兄弟俩第一次升空气球是在 1782 年。1783 年 9 月，他们升空了一个气球，载着一只羊、一只鸭子和一只公鸡。国王路易十六亲眼目睹气球浮在空中。11 月，一位法国科学家和一位法国贵族乘坐蒙戈尔菲耶的气球在巴黎上空飞行了大约 25 分钟。这是人类历史上第一次在空中飞行。

蒙戈尔菲耶兄弟建造了最早的热气球。它于 1783 年 6 月 4 日在法国安诺奈举行的一次公开集会上升空。

灭火器

Fire extinguisher

灭火器是一种装有水或化学物质的特殊容器，用于灭火，同时也便于携带和使用。它可以在火焰蔓延之前扑灭小火。灭火器一般含有以下四种物质之一：水、泡沫、液化气体或干化学品。

在美国，州和地方的消防法规要求所有的公共建筑都要配备灭火器，而且必须放在容易看到的地方。校车、船只和大多数公共车辆也必须配备灭火器。

灭火器有几种不同类型，可用于不同类型的火灾。火灾预防专家把火灾分成 A、B、C、D 四个级别。级别取决于不

灭火器对于扑灭小火很有用，比如家庭的厨房火灾。

同的燃烧材料。A 类火灾涉及布料、纸张、橡胶或木材等；B 类火灾涉及易燃气体或液体，易燃液体包括烹调油、汽油和原油等；C 类火灾涉及电动机、开关或其他电气设备；D 类火灾涉及可燃的金属，例如镁的切削碎屑或刨花。大多数灭火器都标有防火等级，以便安全灭火。

摩根

Morgan, Garrett Augustus

　　加勒特·摩根(1877—1963)是一位非洲裔的美国发明家。他开发了一系列高安全性能装置，包括防毒面具和交通灯。

　　摩根于 1877 年 3 月 4 日出生在肯塔基州的巴黎，1895 年，他迁徙到克里夫兰 (Cleveland)。1912 年，摩根发明了一种新型防毒面具，这种防毒面具有一个能包裹住整个头部的密闭的帆布罩，这个罩连接着一根特殊的呼吸管。许多美国的警察和消防员使用摩根的防毒面具。1916 年，摩根用他的防毒面具营救了 20 多个被困在克里夫兰烟雾和水弥漫的隧道里的工人。

　　1923 年，摩根获得交通灯的专利。这种交通灯有别于今天使用的那种，但它也有红灯、黄灯、绿灯。

　　延伸阅读：防毒面具；发明。

摩根在 1912 年发明了防毒面具。该面具有可以罩住整个头部的密闭的帆布罩。

摩天大楼

Skyscraper

摩天大楼是指世界上那些高大的建筑物。这些巨型建筑最初问世是在 19 世纪后期的芝加哥和纽约。摩天大楼为办公室、商店、旅馆、餐馆、体育俱乐部和其他企业提供了空间。人们也居住在摩天大楼里。一些摩天大楼有巨大的空间，它们提供多种活动和服务，就像小型城市一样。

许多城市都建有摩天大楼。这些建筑有两个主要部分，地下部分是基础，地上部分是上层建筑，这两个部分都有助于支撑建筑物的重量。摩天大楼还必须能抵御大风。

世界上最高的摩天大楼包括阿拉伯联合酋长国迪拜的哈利法塔，沙特阿拉伯麦加的亚伯拉罕皇家钟塔酒店和马来西亚吉隆坡的双子塔。

延伸阅读：建筑施工。

世界上最高的摩天大楼是阿拉伯联合酋长国迪拜的哈利法塔。

摩托车

Motorcycle

这款摩托车适合在街道和公路行驶。

摩托车是一种带有 2 ～ 3 个轮子的由发动机驱动的车辆。发动机位于前后轮之间，靠汽油机驱动。人们骑摩托车是出于兴趣、运动、兜风等目的。许多人又称摩托车为摩托单车。

摩托车主要分两种。一种是在街道和公路上骑的，包括街车、巡逻摩托和摩托滑板车。另一种摩托车则是专为在崎岖地面行驶而制作的越野摩托，它能在崎岖不平的地面行驶，能爬坡和穿越溪流，它的轮胎有很深的花纹，能贴紧崎岖的地面。轻便摩托车是用脚踏板启动的小型摩托车。

摩托车有像汽车那样的轮胎，轮胎上的凹槽有助于使摩托车在转弯时不会滑倒。同时摩托车的前后轮都有刹车，这样骑手可以通过把手和踏脚板来控制摩托车车速。

摩托车是由德国工程师戴姆勒发明的。1855 年他将一台汽油发动机装入了一辆自行车的车身中，制造出了第一辆摩托车。

延伸阅读： 自行车；戴姆勒；汽油发动机；轮胎。

有些摩托车轮胎有很深的花纹，便于轮胎与崎岖的地面贴紧。

莫尔斯

Morse, Samuel Finley Breese

塞缪尔·莫尔斯 (1791—1872) 是一位美国的发明家和画家。他和他的伙伴们制作了第一部实用电报机。电报机用电信号来发送信息，信息能通过电线传输到很远的地方。之前，最快的信息是信使骑马来传递的。莫尔斯还发明了电码，这种电码是用点和短横来传送信息的，被称为莫尔斯电码。

莫尔斯出生在马萨诸塞州查尔斯顿。他在大学学习科学技术，但是他热爱艺术，成了一名受人尊敬的肖像画家，可是他没有足够的钱来维持生计。在 19 世纪 30 年代中期，他开始做电报试验。莫尔斯希望开发一种遍布美国的电报系统。

1843 年，国会出资让莫尔斯和他的合作伙伴在巴尔的摩、马里兰和华盛顿之间建立一条测试电报线，1844 年 5 月 24 日，莫尔斯成功地发送了"上帝创造了什么"的信息。尽管电报可以发送了，可政府不可能出资架设更多的电报线。莫尔斯和他生意合作伙伴只能靠他们自己开发了一个电报网络。

延伸阅读： 发明；莫尔斯电码；电报。

莫尔斯首次成功地发明了电报机，在美国获得一项专利。他也发明了莫尔斯电码。

莫尔斯电码

Morse code

莫尔斯电码是一组可发送信息的符号。它是由美国发明家莫尔斯发明的。

莫尔斯想找到一种通过电线来发送信息的方法。电线可以输送各种电信号，于是他需要一种代码，这种代码能便于人们把接收到的电信号还原成信息。

莫尔斯电码利用短脉冲和长脉冲分别代表字母、数字和其他字符。短脉冲和长脉冲是用点和短横记录在纸上的。如在莫尔斯电码里最著名的短信息之一就是 SOS。SOS 是处在危险中的人发出的信息。在莫尔斯电码里 SOS 被写成 dddjjjddd。

莫尔斯制作了一台可以通过电线发送信息的电报机并在 1844 年用它发出第一份电报。

延伸阅读： 莫尔斯；电报。

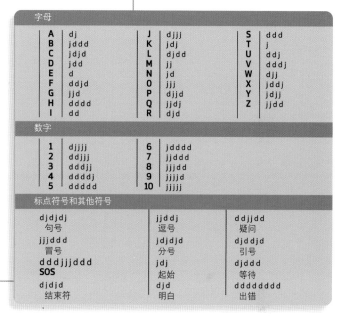

字母						
A	dj	J	djjj	S	ddd
B	jddd	K	jdj	T	j
C	jdjd	L	djdd	U	ddj
D	jdd	M	jj	V	dddj
E	d	N	jd	W	djj
F	ddjd	O	jjj	X	jddj
G	jjd	P	djjd	Y	jdjj
H	dddd	Q	jjdj	Z	jjdd
I	dd	R	djd		

数字			
1	djjjj	6	jdddd
2	ddjjj	7	jjddd
3	dddjj	8	jjjdd
4	ddddj	9	jjjjd
5	ddddd	10	jjjjj

标点符号和其他符号		
djdjdj 句号	jjddj 逗号	ddjjdd 疑问
jjjddd 冒号	jdjdjd 分号	djdjdj 引号
dddjjjddd SOS	jdj 起始	djddd 等待
djdjd 结束符	djd 明白	dddddddd 出错

国际莫尔斯电码由短脉冲和长脉冲组成，它们被写成点和短横。

纳米技术

Nanotechnology

纳米技术是制造和使用极其微小结构的技术。这种结构仅仅比原子、分子略大——原子、分子是组成物质的基本粒子。纳米技术的名字来自一种称为纳米的计量单位。一个纳米等于 0.000000001 米，约是人类头发丝的 1/100000。

纳米技术包括生产一种称为纳米颗粒的有用产品。纳米颗粒的大小在 1~100 纳米之间。它们有许多用途。比如用于防晒霜中阻隔太阳散射的有害光线。它们也被用于油漆和食品包装。纳米复合材料可以是纳米粒子和其他材料（如塑料）的结合。这种纳米复合材料比原来的材料更坚固、更轻。纳米机器是微小的机器。

美国物理学家费恩曼（Richard Feynman）首先描述了纳米技术的概念。他在 1959 年举办了一个名为"物质底层有大空间"的讲座。纳米技术实际应用始于 20 世纪末 20 年。到 2010 年后，一些计算机芯片是用纳米技术制造的部件组装的。

延伸阅读： 计算机芯片；工程。

尼龙

Nylon

尼龙是一种高强度的人造材料。人造材料不是来自大自然，而是人为合成的。

尼龙是由从煤、水、油和天然气中提取的化学物质制成的。尼龙制品强度高且十分光滑。它们不会收缩且干得快。绝大多数油类物质或动物油脂都无法使尼龙制品受损。

尼龙最初是由杜邦公司的美国化学家卡罗瑟斯（Wallace H.Carothers）在 1935 年制造出来的。之后卡罗瑟斯带领他的科学家团队研究尼龙。直到 1938 年他的团队才学会了如

模具　　　尼龙齿轮

尼龙产品牢固而又光滑。尼龙可以被制成各种形状，比如齿轮。

何大批量生产尼龙。次年，杜邦公司推出了第一批尼龙产品。

女性的丝袜是最早的尼龙产品之一。尼龙还被用于纤维织物、齿轮、轴承、五金、刷毛、电气、地毯、轮胎和钓鱼线。外科医生甚至用尼龙线来缝合伤口。

延伸阅读：材料；塑料；合成材料。

尼龙织物有耐磨的光滑表面。

尼龙搭扣

Velcro

尼龙搭扣是由小钩和环制成的扣件，用于服装、鞋、体育用品和医疗设备。它也用于汽车和飞机。一位名叫梅斯特拉（Georges de Mestral）的瑞士工程师在1940年的时候获得了发明尼龙搭扣的突发灵感。他从狗的皮毛上拔下了苍耳种子。苍耳种子的表面覆盖着钩状刺，使其能黏附在毛皮或布上。受此启发，梅斯特拉发明了尼龙搭扣。

尼龙搭扣是由两条带子组成的。带子被黏合或者缝在织物或其他物体上。一条带状织物表面有用牢固的线做的细小的钩子。另一条带状织物表面有绒面的小环。当两条带子被压在一起时，钩子拘住小环，这两条带子就黏合在一起。这种带子可以被拉开，并反复使用。

延伸阅读：纺织品。

尼龙搭扣由两条带子组成。一条带的织物（左上方）表面织有细小的钩子。另一条带的织物表面织有（右上方）绒面的小环。

欧洲空间局

European Space Agency (ESA)

　　欧洲空间局是西欧国家为执行太空计划于 1975 年创建的。欧洲航天局的成员有奥地利、比利时、捷克、丹麦、爱沙尼亚、芬兰、法国、德国、希腊、匈牙利、爱尔兰、意大利、卢森堡、荷兰、挪威、波兰、葡萄牙、罗马尼亚、西班牙、瑞典、瑞士和英国。

　　欧洲空间局将其成员国的部分空间项目结合在一起。它指导建造太空实验室。1983 年至 1998 年期间，美国航天飞机搭载欧洲航天局的太空实验室执行各种任务。欧洲空间局建造了哥伦布实验室作为国际空间站的一个实验室模块，还向太空发射了许多对其他行星的探测器。

　　欧洲空间局和美国国家航空和航天局在许多太空任务上都有合作，例如，他们是哈勃太空望远镜的合作伙伴。

　　延伸阅读： 国际空间站；太空探索。

阿丽亚娜 5 号火箭是由欧洲空间局和欧洲阿丽亚娜空间公司研制的，该火箭主要用于发射卫星。

抛石器

Catapult

抛石器是一种能投掷重石和其他物体的战争机器，古代军队经常用抛石器攻击城墙。

抛石弹的原理有点像巨大的弹弓。人们在一根长棍的一端装上石头、长矛或其他致命的物体，长棍连接在绞起的绳子或拉伸的纤维上。当长棍被释放时，绳子或纤维就像弹簧一样，使长棍向前猛冲，把物体抛向空中。有一些抛石器是利用幼小的树制成的，士兵们把树往后弯曲，然后释放它们来投掷致命的物体。被抛出的物体还包括燃烧的材料、装满炸药或毒气的罐子。

最早的实用抛石器出现在公元前 300 年。抛石器在中世纪 (公元 400—1400) 时被用来攻打城堡。如今，航空母舰的甲板安装有专门的弹射器，用来起飞飞机。

延伸阅读：阿基米德；机械。

在古代和中世纪，抛石器被用来向城堡投掷重石。这种武器就像一个巨大的弹弓。

喷气式飞机

Jet

喷气式飞机是飞机的一种，jet 这个词是指飞机的喷气发动机。使用喷气发动机的飞机可以长距离地高速飞行。

喷气发动机主要有两种：涡轮喷气发动机和涡轮风扇发动机。涡轮喷气发动机是最古老的发动机类型，它把空气和燃烧的燃料混合成废气后向发动机的后方排出，从而推动飞机前进。一些军用飞机使用涡轮喷气发动机。

涡轮风扇发动机与涡轮喷气发动机相似。但是，它的前面有风扇，风扇吸进了更多的空气，然后空气与废气混合。涡轮风扇发动机比涡轮喷气发动机噪声更小、功率更强大、使用燃料更少。大多数现代商用客机和军用飞机都使用涡轮风扇发动机。

有些飞机使用涡轮螺旋桨发动机。涡轮螺旋桨发动机使用涡轮喷气发动机排出的废气来驱动螺旋桨。涡轮螺旋桨飞机可以在低速、大功率的状态下飞行。一些小型商用飞机采用涡轮螺旋桨发动机。

　　许多军用喷气式飞机都是超声速的，有些甚至可以达到声速的两倍或三倍。目前没有超声速的商用喷气式客机在服役。曾有两款超声速商用客机，即英法协和式飞机和苏联图-144客机，都使用涡轮喷气发动机，这两款飞机现在都退役了。

　　延伸阅读：军用航空器；飞机；发动机；喷气推进。

喷气推进

Jet propulsion

军用喷气式飞机（上）可以高速飞行很长的距离。大多数商用飞机使用涡轮风扇发动机（下）。

　　喷气推进是通过高压下释放气流实现运动的。气体从喷气发动机的一端喷出，推动发动机向相反的方向运动。火箭、导弹和许多飞机使用喷气推进。喷气推进飞机的飞行速度比使用螺旋桨的飞机快得多，有些喷气式飞机在空中飞行的速度比声音还快。火箭使用喷气推进来飞越外层空间。

　　喷气发动机在燃烧室燃烧燃料，燃烧产生热气体，然后这些气体从喷嘴喷出。喷气发动机的燃料与空气中的氧气一起燃烧，而火箭发动机则自己携带氧气，因此火箭发动机也可以在外层空间工作。

　　英国科学家牛顿在1687年描述了喷气推进包含的基本思想，也就是他的第三运动定律：任何一个作用力，都有一种与它大小相等方向相反的反作用力。因此，强迫气体射出，会将飞机推向相反的方向。第一架喷气推进飞机于1939年在德国飞行。自那以后，人们制造了多种类型的喷气推进飞机。

燃烧室里的燃料和空气

空气

空气

压缩空气流

反作用——发动机向前运动

作用——气流从尾部射出

喷气式发动机吸入空气，将其与燃料混合后燃烧，热气体从另一端排出，气体流出的力将发动机推向相反的方向。

　　延伸阅读：飞机；发动机；喷气式飞机；火箭。

劈

Wedge

劈是一种由两个或多个斜面组成的工具。两条斜边汇聚在一起或在一个点上汇集。劈被用来劈开或戳穿不同的材料。它们也可以移动或支撑一个沉重的物体。刀子、凿子、斧子、门挡、别针、针和钉子都是各种劈。劈是物理学研究的六种简单机械之一。

人可以把劈敲打入物体内。劈面之间的夹角越大，锤击所需的力就越大。如果劈的夹角太大，就不可能将劈敲入物体中。

延伸阅读： 锤子；机械；工具。

劈是一种简单的机械。它能将向下的力（外力）变成可以分裂物体的斜向力。

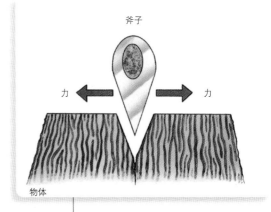

苹果公司

Apple Inc.

苹果公司是一家领先的电脑和电子产品公司。它的产品设计简洁、深受欢迎。苹果公司生产计算机和计算机软件。苹果的 iPod 是一款受欢迎的便携式媒体播放器，iPhone 则是一款手机。此外，该公司还通过互联网销售歌曲、视频和软件。苹果公司的总部位于加利福尼亚州库比蒂诺。

1976 年，乔布斯(Steve Jobs) 和沃兹尼亚克(Steve Wozniak)共同创立了苹果公司。两人都是计算机爱好者。1983 年，苹果公司推出了第一台用鼠标控制的电脑。1984 年，麦金托什计算机发布，这是第一台可以通过点击图像而不是输入指令来控制的计算机。

2001 年，苹果公司开始销售 ipod。2003 年，苹果公司开了 iTunes 专卖店，在网上销售音乐和视频。2007 年，苹果公司发布了 iphone，这款手机可以像 ipod 一样播放音乐和视频，还可以像计算机一样上网。人们只需触摸 iphone 屏幕就可以控制 iphone。2010 年，苹果公司发布了一台名为 ipad 的杂志大小的计算机。2014 年，苹果公司推出了一款苹果手表。

旗语

Semaphore

旗语是用信号旗发送信息的一种方式。这些信息可以在船舶之间或船舶与岸之间传递。船上的人用红黄双色的旗子作旗语，红白双色旗帜则在陆地上使用。

消息发送者双手各持一面旗帜。旗帜被举在不同的位置，每个位置分别代表某个字母或某个短语。旗语专业人员会明白信息的意思。

旗语通信系统是在 1790 年由法国的沙普（Claude Chappe）发明的。这些信息是从特殊的塔楼发出的。塔楼安装有可运动的臂和高耸的柱子，而不是旗帜。消息可以从一地的塔楼送到远方的塔楼。

延伸阅读：沙普；交流；船舶。

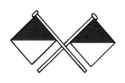

旗语是用来在船舶之间或船舶和岸之间发送信息的。红黄双色旗（左上）用于海上，红白双色旗（左下）用于陆上。

旗语代码用两面旗帜来表示消息。旗帜的位置代表字母和特殊单词。

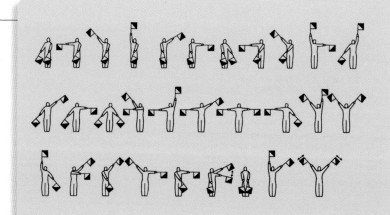

气垫船

Air cushion vehicle

气垫船是一种通过空气浮在地面或水面上的小船。空气的作用就像一层看不见的垫子，这层气垫使得小船能够浮起来。气垫船可以载人、载车或载货物。它广泛用于军事目的。

一艘气垫船会装有一个或多个风叶，空气通过风叶进到气垫船的船底，如此一来便在船底和地面或水面之间形成气垫。

通过螺旋桨的作用，气垫船可以后退、前进或侧向移动。有些气垫船能高速移动。气垫船还能在某些地方悬浮，故它们也被称为气垫车。

延伸阅读： 军用航空器。

气垫船漂浮在陆地上。

气球

Balloon

气球是一个浮在空中的气袋，里面充满热空气或轻质气体。热空气比普通空气轻；某些气体，如氢和氦，也比空气轻。充有任何一种这样气体的气球都比它周围的空气轻，所以它会浮在空中。

气球有不同的大小、形状和颜色，用途也是各种各样。孩子们玩玩具气球。人们驾驶运动气球来娱乐。大型气球装有篮子可以乘人。科学家使用气球收集关于天气的信息，人们把这些携带仪器的气球升高到空中，测量空气的温度等信息。

大型气球主要有两种：热气球和气体气球。热气球主要用于运动，它使用一种叫作丙烷的气体，丙烷燃烧产生火焰，火焰加热了气球内的空气，从而使气球上升。

气体气球通常携带科学设备，它们也被军方使用。它们可以充氢、氦或天然气。氢是最轻的气体，但它容易爆炸。大多数气球使用氦，因为它更安全。

人类的第一次空中飞行就是在气球上实现的。法国兄弟雅克·蒂·蒙戈尔菲耶（Jacques Étienne Montgolfier）和约

热气球能浮起来是因为气球里面的热气比它周围的冷空气密度要低，也就是更轻。

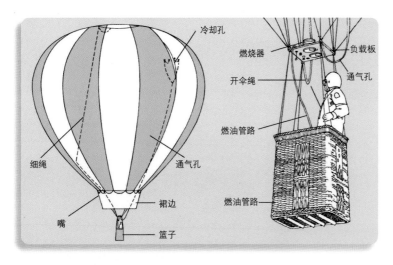

瑟夫·米歇尔·蒙戈尔菲耶 (Joseph Michel Montgolfier) 发明了热气球，气球的第一批乘客是一只鸭子、一只公鸡和一头绵羊。它们被蒙戈尔菲耶兄弟放在气球上升空。1783 年，法国科学家德罗泽 (Jean-François Pilâtre de Rozier) 成为第一个乘坐热气球飞行的人。热气球至今仍用于飞行。

延伸阅读：飞船；蒙戈尔菲耶兄弟；无线电探空仪；气象气球。

在热气球中，燃料燃烧以加热空气，使气球上升。要降低气球高度时，飞行员关闭燃烧器或打开冷却孔。着陆时，飞行员打开气球上的窗口，使热气迅速从袋子中释放出来。

科学家发射气体气球，把仪器带到高空。

气象气球

Weather balloon

气象学家是研究和预测天气的科学家。气象气球是气象学家使用的一种特殊类型的气球。

气象气球从世界上数百个地方升空。许多气球携带一种称为探空仪的装置。探空仪是一整套科学仪器，这些仪器能测量不同高度的空气的温度、湿度（湿润度）和气压。无线电探空仪也包括无线电发射装置，它能将测量结果发送到地面气象站。

气象气球将无线电探空仪升至空中 30 千米的高度。最后，气球爆裂或放气。无线电探空仪通过降落伞返回地面。

延伸阅读：气球；无线电探空仪；天气预报。

气象气球从世界各地升空。

气象卫星

Weather satellite

气象卫星是研究地球天气和气候的航天器，它在太空轨道绕地球运行。

气象卫星帮助科学家发现风暴，还提供有关天气的信息。这些信息包括温度和风速等。

一些气象卫星测量进入或离开地球大气层的总能量。这些数据帮助科学家追踪气候变化。

大多数气象卫星通过轨道穿过北极和南极的上空。其他气象卫星沿赤道上空的轨道同步运行。

延伸阅读： 人造卫星；天气预报。

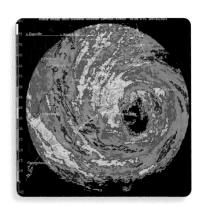

一颗称为地球同步运行环境卫星（GOES）的气象卫星沿赤道上空运行。

来自美国气象卫星——地球同步运行环境卫星的照片显示，热带风暴到达路易斯安那州和德克萨斯州海岸。

气压计

Barometer

气压计是一种测量空气压力的仪器。空气很轻，但它确实有重量，气压就是作用在物体上的空气的重量。气象预报员使用气压计来测量气压的变化，而气压变化通常意味着天气变化。

气压计是由意大利科学家托里拆利(Evangelista Torricelli)于 1644 年发明的。他用液态金属汞填充了一个长玻璃管,管子竖立在一杯汞里,当作用在杯子里的汞液上的空气压力增大时,它会使玻璃管里的汞柱升高。当气压下降时,管子里的汞柱就下降。

今天使用的气压计有两种。一种是汞柱气压计,它的原理与托里拆利装置基本相同。另一种气压计叫作无液体气压计,它利用金属气室来测量气压。一部分的空气进入到金属气室的外面,当空气压力上升时,金属气室的两边受到往里的挤压,当压力降低时,金属室的两边受到往外的挤压。这些压力变化会使指针在刻度盘上来回移动,针头在刻度盘上指示的数字就是气压。

飞机上的飞行员使用的气压计被称作高度计,它利用气压来测量高度。飞机飞得越高,周围气压越低。高度表测量的是空气压力,但显示的是高度。

延伸阅读: 天气预报。

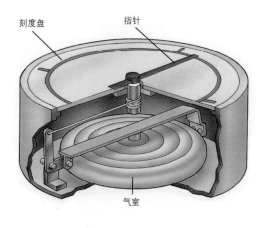

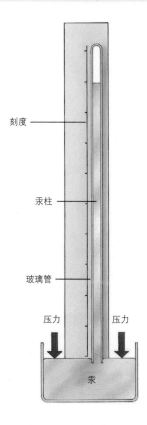

汞柱气压计有用液态金属汞填充的玻璃管,玻璃管的一端是封闭的。气压的变化会使管内的汞柱上升或下降,刻度变化反映了压力的变化。

无液体气压计利用金属气室测量气压,气压作用于金属气室上,带动指针在刻度盘上移动。

汽车

Automobile

汽车是世界上数百万人最重要的出行工具。在全世界的公路上,大约行驶着 6 亿辆乘用车。也就是说,几乎每 10 个人就有一辆汽车。几乎没有其他发明能像汽车那样如此深刻地改变了世界。

汽车是安上轮子的机器。当驾驶员踩油门时,汽车向前移动。这种作用和反应似乎很简单,但是要实现这个目标,必须依靠许多复杂的系统协同工作,而每个系统都有许多移动部件和计算机控制的部件。

动力系统包括汽车的发动机。发动机里有个中间空心的部件,称为汽缸,汽缸中有个部件称为活塞,它在汽缸内上下移动。绝大多数的发动机用汽油作为燃料,汽油在汽缸内燃烧,推动活塞上下运动。有些汽车采用大型电池驱动的电动马达。混合动力汽车既有电动马达,也有燃烧汽油的发动机。

汽车里的另一个系统是传导系统,也叫驱动系统,它把汽车的动力系统和车轮相连接。汽车的发动机或马达产生旋转运动,并最终带动车轮。但是首先,运动要被传导到汽车的变速箱里,变速器能确保旋转运动在到达车轮之前具有正确的速度和力。

控制系统用于驾驶汽车。转向系统控制前轮。驾驶员使用方向盘转动前轮并引导汽车方向。制动系统使汽车减速或停止,四个轮子都有制动器。

悬挂系统支撑车辆的重量,它包括车轮和车轴、轮胎和弹簧。大多数汽车都有减震器使汽车保持平稳行驶。

电气系统将其他许多系统连接在一起。它帮助启动汽车,还为汽车的灯、收音机和其他特殊设备提供能源。所有的汽车都用电池作为其电气系统的能源。混合动力汽车和电动汽车配有更强大的电池作为其电动马达的能源。

汽车制造工业雇佣大量的员工。设计和制造一辆新车需要几年的时间。工程师们在

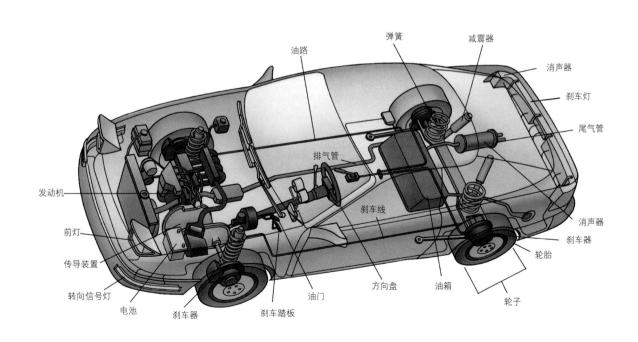

汽车是一台复杂的机器,由许多不同的系统紧密构成。此图显示了汽车的一些重要部件。

计算机上设计新车，然后制造出模型车，也叫原型车。原型车必须经过许多安全测试。主要的汽车制造国包括日本、美国、德国、法国、西班牙和韩国。汽车不仅仅为汽车工人提供就业机会，加油站、快餐店和汽车旅馆都是依赖汽车的行业。

但是汽车也造成许多问题。数以百万计的人死于汽车造成的交通事故，更多的人在事故中受伤。如今，汽车配备有安全带、安全气囊和其他安全设备，这使汽车变得更为安全。

汽车也污染了我们呼吸的空气。现在很多汽车的设计旨在减少污染，但是城市仍然存在着汽车造成的空气污染问题。

法国工程师库格诺 (Nicolas-Joseph Cugnot) 在 18 世纪晚期造出了第一辆靠蒸汽而不是汽油驱动的汽车。到了 19 世纪晚期，几家美国公司开始生产蒸汽动力汽车，但这些汽车的制造和运行成本都很高。

到了 19 世纪 90 年代末，使用电池的电动汽车变得流行起来。它们安静、干净、易于操作，但不能开得很快或很远。1885 年，两个德国发明家制造出了用于汽车的汽油发动机。很快，其他发明家开始在汽车上使用汽油发动机。

早期的汽车是奢侈品。到 1910 年，美国的汽车产量超过了欧洲。美国汽车制造商想出了如何快速、大量生产汽车并降低成本的方法，汽车很快就变得足够便宜，普通大众都可以拥有。

到了 20 世纪 30 年代，美国三大公司占据了大部分的汽车业务，它们分别是福特汽车公司、克莱斯勒集团和通用汽车公司。今天人们仍然从这些公司购买汽车。

第二次世界大战之后，汽车的使用越来越广泛。人们修建了更多的道路和高速公路。许多人搬到了大城市周围的郊区居住，需要汽车穿梭往返。20 世纪 50—60 年代的美国汽车往往都外形巨大、动力强劲。

20 世纪 70 年代，世界范围内出现了石油短缺现象，导致汽油短缺并且价格上涨。许多家庭转而使用小而轻巧的汽车，这类汽车的燃油效率更高。这导致了美国从其他国家进口更多的汽车。

轻型卡车和结实的运动型多功能车 (SUV) 在 20 世纪 90 年代末和 21 世纪初开始流行。但随着 21 世纪的来临，汽油价格持续上涨，更多的消费者追逐节能型汽车，包括混合动力汽车和电动汽车。

延伸阅读： 本茨；制动器；戴姆勒；福特；汽油发动机；轮胎；卡车。

汽船

Steamboat

汽船是一种蒸汽驱动的船只，它可以在河流、湖泊或海岸附近航行。汽船比轮船小，轮船可以横穿大海。

在 1787 年，菲奇 (John Fitch) 在美国展示了第一艘可航行的汽船，而第一艘成功航行的汽船是富尔顿的克雷蒙特号。在 1807 年，它从纽约的哈德逊河航行到奥尔巴尼，全程长达 241 千米。这次航行花了大约 30 小时。汽船曾经是重要的交通工具。在飞机、汽车和铁路发展之前，它们载着人沿河航行。一些蒸汽轮船仍在世界各地使用。

延伸阅读：富尔顿；船舶；蒸汽机。

汽船曾经是重要的交通工具。

汽笛

Whistle

汽笛是一种通过空气流动或蒸汽发出声音的装置。最常见的哨子是一根管子。它的侧面有个孔。这个孔是一个嘴唇状或一个开口缝隙。人们在管子的一端吹入空气。当空气撞击到开口缝隙时，空气开始回旋。旋涡在空气中产生振动，我们听到就是振动的声音。

蒸汽汽笛曾经在机车上使用过。但现在很少使用。警察和体育裁判使用小的空气哨子。

延伸阅读：机车。

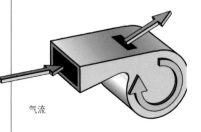

气流

哨子迫使空气流过哨子嘴或开口缝隙。空气在哨子里回旋时产生振动，从而发出声音。

汽油发动机

Gasoline engine

汽油发动机通过燃烧汽油来产生运动。汽油发动机比其他发动机更轻、功率更强大，几乎所有的汽车都采用汽油发动机。汽油发动机也用于割草机、摩托车、雪地摩托和小型拖拉机，它也为卡车、公共汽车、飞机和小船提供动力，还可用来发电或抽水。

在发动机内部，汽油燃烧产生热气体，并使热气体膨胀扩散，从而推动引擎的移动部件作运动，这些移动部件连接到其他设备，使汽车的车轮旋转。当然它们也可以带动飞机的螺旋桨旋转。

燃烧汽油会排放出某些有害气体，造成环境污染。许多汽车会过滤掉其中的一些有害物质。现在，有些汽车开始使用电池驱动的发动机，而不再使用汽油发动机。

延伸阅读： 汽车；电力；发动机；卡车。

一位女士在为她的汽车加油。几乎所有的汽车都使用汽油发动机。

钱德拉 X 射线天文台

Chandra X-ray Observatory

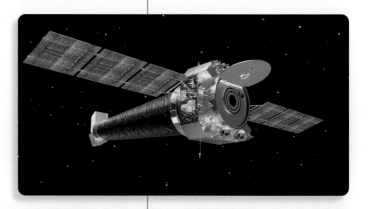

钱德拉 X 射线天文台是一颗人造卫星，它绕地球作轨道运行。钱德拉携带一个 X 射线望远镜和两个照相机，以便观察宇宙中那些非常热的发出 X 射线的物体。1999 年 7 月 23 日，美国国家航空和航天局从哥伦比亚号航天飞机上发射了钱德拉。钱德拉能帮助我们更好地了解行星和星系是如何形成的。

气体在被加热到数百万度的时候会发出 X 射线。X 射线可能来自超新星（爆炸恒星）、碰撞星系，以及某些围绕黑洞旋转的物质。所谓黑洞是指引力强大的物体，任何东西都无法逃脱它的引力。1999 年 12 月，钱德拉提出的证据表明，数以千万计的星系的中心都有巨大的黑洞。

钱德拉 X 射线天文台是由哥伦比亚号航天飞机于 1999 年发射的。钱德拉被设计用于探测来自宇宙高能区域的 X 射线。

钱德拉X射线天文台是以出生于印度的美国天体物理学家钱德拉塞卡尔(Subrahmanyan Chandrasekhar)的名字命名的。天体物理学家研究太空中的行星和其他物体。

延伸阅读：人造卫星；太空探索；望远镜。

这张银河系核心的图像结合了来自钱德拉和其他天文台的观测数据，钱德拉探测到的X射线源用蓝色显示。

潜艇

Submarine

潜艇是一种能在水下航行的船舶。大多数潜艇是为用于战争而建造的。这些潜艇可以攻击敌舰，它们还可以向陆地上的目标发射导弹。最先进的潜艇由核反应堆驱动，而核反应堆通过原子的裂变产生动力。150多名船员可以在核潜艇上生活数月。

一些潜艇被科学家用来探索海洋。这些潜艇被用来研究水下物体和生物，收集科学信息。它们的个头比用于战争的潜艇小。它们仅能承载几个船员。

潜艇的管状外形使它能在水下快速潜航。潜艇的外表面是由坚固的金属制成的。这

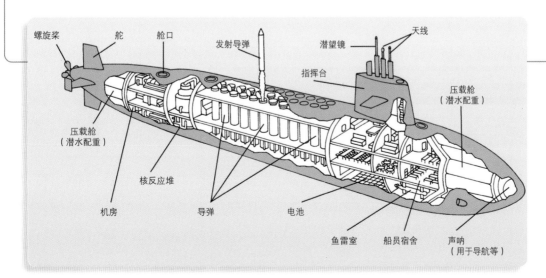

螺旋桨　舵　舱口　发射导弹　天线　潜望镜　指挥台　压载舱（潜水配重）　压载舱（潜水配重）　核反应堆　机房　导弹　电池　鱼雷室　船员宿舍　声呐（用于导航等）

核潜艇由核反应堆驱动，而不是靠燃烧燃料驱动发动机。这样的潜艇可以在水下停留数月。

种金属能使潜艇承受周围高水压而不发生挤压变形。

海龟号是一艘早期潜艇,是由耶鲁大学的一名大学生在独立战争期间(1775—1783)设计的。它在纽约港向一艘英国军舰发动了一次以失败告终的攻击。直到第一次世界大战(1914—1918 年)前,潜艇在战争中几乎没有什么作为。在"一战"中,德国被称为水下船或 U 型潜艇的潜艇击沉了许多艘船只。1954 年,美国海军研制出第一艘核动力潜艇——鹦鹉螺号潜艇。

延伸阅读: 霍尔;核反应堆;潜望镜;船舶。

潜望镜

Periscope

潜望镜是一种当肉眼视野被遮挡时用于窥探的工具。一种简单的潜望镜是一个两端都装有一面镜子的管子。镜子是倾斜的,光线从一个镜面反射到另一个镜面,并进入观测者的眼睛,让人可以从潜望镜的一端窥探到潜望镜另一端的场景。

潜望镜用于坦克和潜艇中。潜艇人员利用潜望镜观察水面。坦克舱内的人使用潜望镜观察坦克外面。科学家在实验室里使用潜望镜,他们可以以这种方式窥探到危险的实验反应,而不受到伤害。

延伸阅读: 镜子;潜艇;坦克。

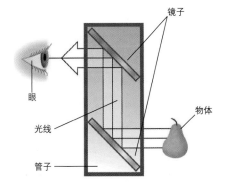

镜子
眼
光线
管子
物体

潜望镜管子里镜子将光从一端反射到另一端。

枪

Gun

枪是一种武器,它以极快的速度发射固体物。小型枪支包括左轮手枪、步枪和短枪,它们发射子弹。大型枪支射出的枪弹在击中目标时会爆炸。火药提供了发射枪弹的力量,当火药燃烧时,它会产生膨胀的气体,从而把枪弹以高速射出。有些枪,比如机关枪,每分钟能射出几千发子弹。大型的枪支用于军舰、坦克和飞机上。

没人知道枪是谁发明的。大约在 12 世纪，中国拥有了类似火炮的武器。在 14 世纪，北非的阿拉伯人开始使用早期的枪支。

延伸阅读： 飞机；加农炮；火药。

手持的枪，如这种步枪，称为小型武器。

乔布斯

Jobs, Steve

史蒂夫·乔布斯 (1955—2011) 是苹果公司 (Apple Inc., 原名苹果计算机公司) 的两位创始人之一。苹果公司生产个人电脑，也开发和出版电脑软件。在他的领导下，苹果公司推出了 iMac 和 iPod 音乐播放器。

乔布斯于 1955 年 2 月 24 日出生于加利福尼亚州洛斯阿尔托斯。同年，加利福尼亚州山景城的保罗和克拉拉·乔布斯 (Paul and Clara Jobs) 收养了史蒂夫。高中时，乔布斯在一家公司做暑期工作，在那里他遇到了工程师沃兹尼亚克 (Stephen Wozniak)。1975 年，乔布斯和沃兹尼亚克创办了苹果计算机公司 (Apple Computer)。1984 年，苹果公司推出了流行的麦金托什个人电脑。在 20 世纪 90 年代末和 21 世纪初，乔布斯领导开发了许多广受欢迎的苹果公司产品，包括 iMac、iPod 和 iPad 平板电脑。乔布斯于 2011 年 10 月 5 日去世。

延伸阅读： 苹果公司；手机；计算机；沃兹尼亚克。

乔布斯

桥梁

Bridge

桥梁使人们能够跨越河流、峡谷、铁路或公路。没有桥梁，人们往往要绕行几千米。一座坚固的桥，它首先必须支撑自身的重量，以及通过桥梁的人和车辆的重量。桥梁必须能经受住狂风、海浪甚至地震。在古代，人们用石头和石块建造桥梁。现在，建筑桥梁通常使用钢铁和混凝土。

大多数桥梁的两端都有支撑，称为桥基。一些桥梁在两个桥基之间还有一个或多个支撑，这些额外的支撑称为桥墩。任何两个支撑之间的桥梁长度称为跨度。桥越长，需要的桥墩就越多。桥面是人和车辆通行的部分。

桥梁有多种建造方式。最古老的桥梁之一是拱桥，拱承载着桥梁的重量。通行的道路可以在拱顶上，也可以在拱顶下面。

悬臂桥有两个悬臂，分别从河的两岸伸出，它们靠桥墩支撑，两个悬臂在桥的中央通过一个连接部分相连。

悬索桥可以跨越很长的距离，它们可以跨越深谷、海湾和宽阔的河流。悬索桥的桥面道路被悬挂在粗实的钢缆

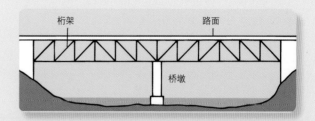

支撑桁架桥的框架叫桁架。桁架由三角形组成。

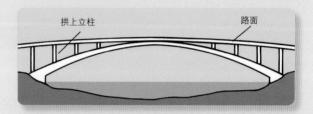

有些拱桥的路面道路建在拱肩的顶上。

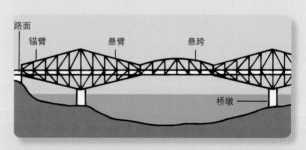

悬臂桥采用的桥梁被称为"悬臂梁"。每个悬臂梁由两个部分组成：一个锚臂和一个悬臂。

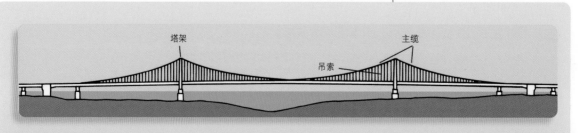

悬索桥的桥面道路挂在悬索上。吊索悬挂在主缆索上。主缆索是由塔架支撑的。塔架立在桥墩上。悬索桥可以跨越很长的跨度。

上。主钢缆从桥的一端延伸到另一端，两座塔架把它们高高地悬挂在空中，塔架矗立在桥墩上，桥面道路被悬挂在连接到主缆索上的垂直钢索上。美国加利福尼亚的金门大桥是著名的悬索桥。

斜拉桥看上去像一座悬索桥，但是悬挂桥面道路的缆绳被直接连接到塔架上。

有种类型的桥梁是可以移动的。部分桥梁的翼部可以打开或上升，从而让大型船舶通过。

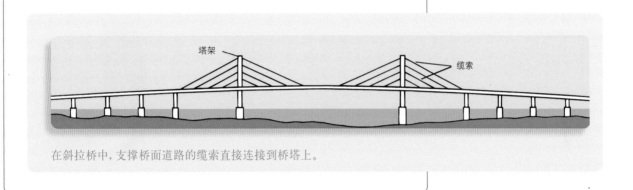

在斜拉桥中，支撑桥面道路的缆索直接连接到桥塔上。

青铜

Bronze

青铜是一种合金，即金属的混合物。它的主要成分是铜和锡，有时也添加其他金属。

青铜很容易被铸造成大型物品，如雕像和钟。它们是熔化的金属被倒进模具后制成的。青铜钟有丰富的音色。

青铜制品的寿命可以长达数百年。随着时间的推移，青铜的表面会变成棕色或绿色。

大约在公元前 3500 年，人们学会了制造青铜器。古人制造青铜杯和青铜花瓶。人们使用青铜盾牌、头盔、斧头和剑来战斗。青铜开始流行的时代被称为青铜时代。

延伸阅读： 合金；金属。

大约从公元前 3500 年起，人们就开始使用青铜制作青铜器。

轻装潜水

Skin diving

轻装潜水是潜水的一种形式，通常指在屏住呼吸后直接跳入水中。它也可以指水肺潜水，即携带氧气瓶潜水。充足的氧气供应使潜水员得以在水下停留很长时间。

有些潜水员穿着紧身衣服，橡胶套装紧紧地覆盖着身体，它使潜水员在冷水中保持体温。

科学家和潜水爱好者使用水肺潜水装备。他们可以捕鱼或收集贝壳、岩石或其他物体，还可以拍摄水下照片并记录水下生物发出的声音。军队也使用水肺潜水设备。

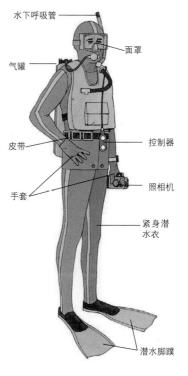

水下呼吸管　面罩　气罐　皮带　控制器　手套　照相机　紧身潜水衣　潜水脚蹼

水肺潜水员利用空气罐在水中停留很长时间。

穹顶

Dome

穹顶是某些建筑物的一部分，它看起来就像建筑物顶上的一个巨大的、倒置的杯子。最早的穹顶只能用在小房子上，是用砖或石头建造的。古罗马人把穹顶应用到庙宇上。在罗马，最著名的是万神殿的穹顶。

早期的穹顶只能覆盖圆形建筑。到公元6世纪初，人们开始在方形建筑上建造圆的穹顶。建于537年的君士坦丁堡（现为伊斯坦布尔）的圣索菲亚教堂就是一座著名的有一个圆顶的方形建筑。

文艺复兴是一场始于14世纪的文化运动，当时，欧洲人建造了更高的穹顶。罗马的圣彼得大教堂有一个著名的文艺复兴风格的圆顶。美国国会大厦有一个以大教堂为范本的圆顶。

穆斯林建造了许多穹顶建筑，大多数清真寺都有穹顶，许多穆斯林墓穴也是如此。泰姬陵是一座美丽的穹顶墓穴，它于1630年至1650年之间建于印度的阿格拉。

一些巨大的体育场馆建有大型穹顶。如位于美国得克萨斯州阿灵顿的AT&T体育馆和位于路易斯安那州新奥尔良

意大利佛罗伦萨大教堂的穹顶建于1436年。

的奔驰超级穹顶。

延伸阅读：建筑施工。

全球定位系统

Global Positioning System

全球定位系统 (GPS) 由一组绕地球运行的卫星组成。卫星向地球表面发送无线电信号，许多电子设备接收到这些信号，并利用这些信号来计算出它们在地球上的位置。大多数的汽车、船舶、飞机和手机都使用全球定位系统。

全球定位系统共有 24 颗卫星，称为导航星。它们绕着地球的六条轨道运行，轨道高度约为 20200千米。这些卫星是由美国空军运行的，但是卫星信号军民都可使用。GPS 设备确定的位置精度通常在 10 米范围内。美国军方在 20 世纪 70 年代初开始研制 GPS。到了 1995 年，美国民众也能够充分利用该系统。

延伸阅读：导航；无线电；人造卫星。

GPS卫星将无线电信号传送到地面。许多车辆和设备可以利用这些信号来确定自己的位置。

全息技术

Holography

全息技术是一种制作平面图像的方法，这种平面图像看起来是有纵深感的，似乎悬浮在空间中，我们称这种图像为全息图。一些信用卡上印着全息图，这样的信用卡很难被伪造。全息图还有其他重要用途，例如，它被用来检测轮胎、镜片、飞机机翼或其他产品的缺陷。

为了制作全息图，一束激光被射向某个物体后又被反射回来，反射回来的激光在由特殊的材料制成的感光板上形成一幅图像。与此同时，另一束激光束被定向直接射在感光板上。这两束激光在它们相交的地方形成一个图案，这个图案能显示出该物体的深度。

全息图是通过改变照射在感光板上的激光束的方向来实现的，使激光束看起来像是来自原来的物体的反光。采用某些种类的光，全息图会显示彩虹状的颜色带。

出生于匈牙利的科学家加博 (Dennis Gabor) 于 1947 年发明了全息图。他因此获得了 1971 年诺贝尔物理学奖，这是一个重要的奖项。

延伸阅读： 激光。

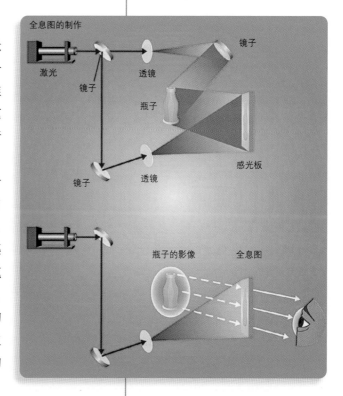

为了制作一个瓶子的全息图，激光束同时射向瓶子和一种由特殊材料制作的感光板。光束在它们相交的地方形成一个图案，该图案显示出物体的深度。全息图显示瓶子似乎悬浮在空间里。

燃料电池

Fuel cell

燃料电池通过化学反应产生电能，这类似于电池。但燃料电池并不需要燃烧燃料，它的电能来自不同的化学反应。

与一般电池不同，燃料电池无法自行产生能量，它们需要另外两种物质才能工作。一种是燃料，另一种是氧化剂，每一种物质在燃料电池的一端引起化学反应。燃料反应将带电粒子即电子从电池中推出来，电子绕着电路流动，最终回到电池中。当电子回到电池中的时候与氧化剂发生反应。沿电路流动的电子被称为电流，它可以给连接到电路上的装置供电，如电动机或者电灯。

这个发电站使用燃料电池为家庭提供电力。

有种只使用两种气体的燃料电池，其中氢气是燃料，氧气是氧化剂。与内燃机不同，它不产生空气污染，它只产生水和少量的热量。

燃料电池已被用于为太空飞船提供动力。廉价的燃料电池可以取代汽车上的内燃发动机，以减少污染。

延伸阅读： 电池；电流；电力。

染料

Dye

染料是用来给物体上色的化学物质。染料可以用来染布，还可以制作墨水、染皮革、纸和塑料。人们也用染料来染发。许多染料有毒。

染料分两种。合成染料是用人造化学品制成的。大多数合成染料在某些纤维上效果最好，如棉花或尼龙。有些染料褪色较少，用于需经常洗涤的衣服。

一些天然染料来自植物，如亮丽的黄色染料来自番红花植物。另一些天然染料来自动物，如鲜红色染料来自墨西哥和中美洲的昆虫。

给布上色，必须先把染料溶解，混入液体中，然后将布放在液体中。布要经化学物质处理，以防止颜色流动或褪色。

染色可以在制布的不同阶段进行。有时纤维在纺成纱线之前被染色，有时纱线在织成衣服之前被染色，但通常染色是在纱线编织成布后才进行。有时机器在布的不同部位印上不同的颜色。

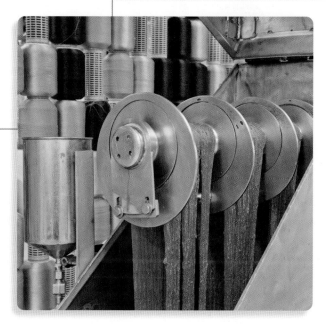

从染料大桶里拉出的纱线呈现出鲜红的颜色。

人工智能

Artificial intelligence

人工智能指某些计算机具有像人一样思考的能力，其英语缩写为 AI。人工智能研究能帮助计算机解决问题和进行信息分类。很多普通的计算机程序就是利用人工智能实现的，包括网络搜索工具和电子游戏。

人工智能可以通过许多方法实现，其中一种是通过专家系统。专家系统是用严密的逻辑运算工作的，然而人类常常不这样推理。另外还有种人工智能系统也被称为神经网络，能像人脑那样思考。某些人工智能可以深度学习。

在许多竞技领域人工智能能够战胜人类专家。人工智能还能帮助计算机识别人类语言。此外，人工智能对机器人也是至关重要的。先进的机器人可以使用人工智能看见周边环境并且控制行动。

延伸阅读： 计算机；机器人。

人工智能程序在某个领域能够胜过人类，比如在围棋比赛中，2016 年被称为"阿法狗"的机器人战胜了世界冠军李世石。

人造丝

Rayon

人造丝是由木浆或棉花制成的一种纤维。人们用人造丝制造工业材料。人造丝也用于制作服装和织物，还有一些人造丝织物用于航天器的零部件。

人造丝是由称为纤维素的植物材料制成的。纤维素经化学处理后变成液体，它被送入被称为吐丝器的机器里。液体经过吐丝器，接着从吐丝器小孔里吐出细丝。吐丝器吐出的丝流入化学池，池中的化学药品使丝变硬，然后将这些纱线绺搓在一起，就制成了人造丝。

有些人造丝被浸湿时强度会大幅减弱，干燥的时候又恢复强度。人造丝容易染色。它可以制成看起来像棉花、羊毛或丝绸的织物。

延伸阅读：材料；纺织品。

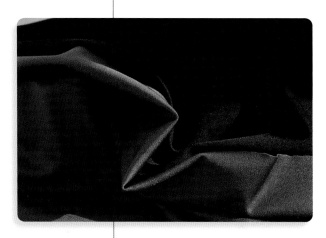

人造丝织物

人造卫星

Satellite, Artificial

人造卫星是人类建造的能在太空中绕着某个天体运动的装置。大多数人造卫星环绕地球运行。人造卫星不同于绕某颗行星运动的天然卫星，如月亮就是地球的一颗天然卫星。

人造卫星在世界范围内传输网络和电话信号。人们用人造卫星来研究宇宙并预测天气，帮助船舶和飞机导航，监控农作物，人造卫星还可以用于军事活动。它也能绕着月球、太阳、小行星以及金星、火星和土星运行，这些人造卫星收集它们所绕的天体的详细信息。

在地球轨道运行的载人航天器（包括太空舱和空

这颗人造卫星是全球定位系统的一个部分。它向地球发送信号帮助人们定位。

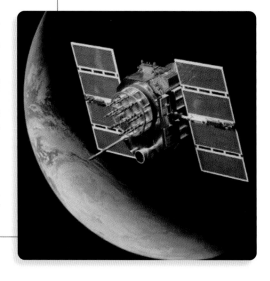

间站）也被视作是人造卫星，太空残骸和太空碎片也同样被视作人造卫星，太空残骸包括那些还没有坠落到地球的被烧毁的火箭助推器和空的燃料舱。

苏联于 1957 年发射了第一颗人造卫星，名字叫卫星 1 号。在那之后数十个国家已经掌握了卫星的研发、发射和操控技术，现如今有数以千计的卫星在环绕地球运行。

延伸阅读： 地球观测卫星；全球定位系统；太空碎片；太空探索；卫星号；气象卫星。

人造卫星在不同的高度围绕着地球运行。高度越低，人造卫星的绕行速度就越大。地球同步卫星的绕行速度和地球的自转速度相同，所以地球的同步卫星能一直停留在同一个位置的上方。极地轨道则穿过北极和南极的正上方。

日晷

Sundial

日晷是已知的最古老的测量时间的工具。它利用的是太阳投射的阴影。这些投影随着太阳在天空中移动而变化，影子的长度或角度显示时间。人们认为早在 4000 年前古巴比伦人就使用过日晷。

日晷由刻度盘和指针组成。刻度盘被划分为若干单位。指针是设置在刻度盘中心的扁平片，在北半球指针指向北极，在南半球指针指向南极。

延伸阅读： 时钟。

日晷有时被用作园林中的装饰物。

日历

Calendar

日历被用来测量和记录时间的流逝。早期的人们注意到一年中的季节变化是有规律的，这个发现极大地改变了人们的生活。尔后，人们根据季节来安排他们的生活。他们知道在每个季节里他们需要什么，什么时候可以从植物那里获得食物。人们需要一个把握时间的方法，这会帮助他们为漫长、寒冷的冬天和其他严酷的季节做好准备。这就是人们发明日历的目的。

在时钟发明之前，人们通过观察太阳、月亮和星星来辨认时间。每次太阳升起算一个较短的时间单位，被称为天。季节的循环算是一个较长的时间单位，被称为年。人们还观察到月亮的移动和其形状的改变，两次满月之间的时间就是一个月。

现在，北美洲和南美洲的大多数人都使用格里高利日历，它是16世纪80年代在教皇格里高利十三世的指示下制定的。它有 12 个月，其中 11 个月有 30 或 31 天；另外一个月，即 2 月，通常有 28 天；差不多每隔四年会有一个闰年，它的 2 月有 29 天。

格里高利日历是以耶稣基督出生的那一年为基准的。人们把那一年之前的日期称为公元前，B.C. 即基督前；用 A.D. 来表示那一年之后的日期，A.D, 在拉丁语里是指主的年份。

其他历法包括希伯来历法、伊斯兰历法、中国历法和玛雅历法。希伯来历法从被认为是世界开始的那一刻开始，学者们把这一刻放在耶稣基督诞生前的 3760 年零 3 个月。因此，为了换算成希伯来日历，需要在格里高利日历中的某一天加上 3760 年。伊斯兰年是以月亮为基础的，它有 12 个月。其中 6 个月有 29 天，6 个月有 30 天。据记载中国历法至少起始于公元前 2600 多年。

玛雅人使用两种历法的组合，其中一个是 260 天的神圣事件记录，还有一

每星期的天	每年的月份
周日	一月
周一	二月
周二	三月
周三	四月
周四	五月
周五	六月
周六	七月
	八月
	九月
	十月
	十一月
	十二月

格里高利日历的日和月。

埃及人可能是第一个以太阳为基础制定日历的。

个是基于太阳年的 365 天日历。两者结合在一起，形成了一个 52 年的日历周期。最长的玛雅历法是以 5128 年为周期的。

延伸阅读：时钟。

中美洲的玛雅人有几种日历，这些日历被用于特殊目的，例如纪念宗教节日。

熔断器

Fuse

熔断器（也叫保险丝）是保护电路的小装置。电路是电流流经的通路，熔断器可以保护电路不受过多的电流的影响。

熔断器含有一根导线，它是由容易熔化的金属制成的。当过多的电流在电路中流动时，导线会变热并熔化，使电路断开，阻止电流流过电路。要恢复电路，必须更换熔断器。

旧式的房子一般使用熔断器来避免电流过载。如今大多数较新的住宅使用断路器而不是熔断器。像熔断器一样，断路器会阻断太强的电流，但是断路器不会熔化，只是断开电路。因此断路器可以随时复位以恢复电路。

延伸阅读：电路；电流；金属丝。

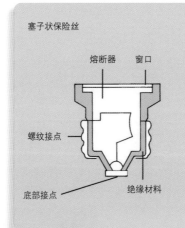
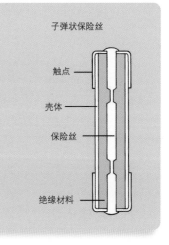

塞子状保险丝

熔断器　窗口

螺纹接点

底部接点　绝缘材料

子弹状保险丝

触点

壳体

保险丝

绝缘材料

保护电路的两种熔断器，塞子状（左）和子弹状（右）。

沙普

Chappe，Claude

克劳德·沙普(Claude Chappe)(1763—1805)是一位法国工程师，他在18世纪90年代发明了一种旗语信号电报系统。沙普发明了电报这个词，意思是遥远的作家。

旗语电报通过安装在高塔上的木梁来传递信号。木梁的端头安有翼翅，木梁和翼翅可以排列出不同的角度位置，每种位置代表一个字母、数字或编码字。人们可以用望远镜在数千米以外识别出它的信号。

到1794年，沙普已经建造了15座塔站，信息可以在距离超过210千米的塔站之间传送。但是在恶劣的天气里人们无法看到信息。后来，1840年发明的电子电报取代了沙普的发明。

延伸阅读： 交流；旗语；电报。

沙普的旗语电报使用安装在高塔上的木梁来传递信号。人们通过改变这些木梁的角度位置来进行编码。

摄影

Photography

摄影是一种光学成像的方法。这些影像被称为照片或相片。照片是用照相机拍摄的。镜头是照相机前面的一块曲面玻璃。从一个场景反射的光线通过镜头进入照相机，然后镜头通过折射光线来在相机背面形成场景的清晰画面，图像就这样被记录下来。专业拍照的人被称为摄影师。

摄影非常重要。远方人物照片帮助我们了解当地人文、风俗和他们的家园。摄影让我们看到全世界重要的新闻事件，也记录了以往的重要事

照相馆的摄影师仔细调节照明光线。

照相机镜头从被摄物体或场景中吸收光线。光在照相机内胶片上形成颠倒的图像。

件。

照相机可以放在人们不能到达的地方，让我们看到来自火星表面和人体内部的图像。照相机还可以记录清晰的图像，而这些图像正常情况下很难看到。例如，特殊的照相机可以拍摄到昆虫快速拍动的翅膀，该拍动速度比眼睛能追踪的速度快。许多摄影师创作的照片是上佳的艺术作品，这些照片经常被陈列在美术馆和博物馆里。

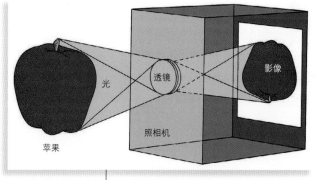

摄影操作简单。许多人喜欢将摄影作为一种记录有趣的假期、特别庆典、亲朋好友之间美好回忆的方式。

不同种类的照相机的工作原理不同。数码相机使用电荷耦合器记录图像。来自于物体的光被反射到电荷耦合器上，电荷耦合器把光变成电子信号，这些信号被记录为计算机文件。人们可以把数码照片保存在电子计算机上，通过互联网共享。

胶片照相机的胶片是一种薄而柔韧的塑料薄膜。胶片含有特殊的化学物质，它与光线接触后会曝光。这些化学物质"记录"光，曝光后会产生一个被称为负

早期的相机把图像记录在胶片上。现代的相机把图像记录在数码文件上，文件被快速保存到电脑里。

片的图像。这幅图像的明暗是颠倒的；然后将负片冲印到相纸上。冲印过程中，图像被再次反转还原成原始场景。

摄影是在 19 世纪初被发明的。第一张照片是 1826 年在法国拍摄的。早期的摄影师需要大量的设备，还需要具备一些化学知识。早期的摄影中照片是用镀银的铜片制作的，这些图片被称为达盖尔型，是第一批广受欢迎的照片。相纸是在 1839 年被发明的。1888 年，美国制造商伊士曼（George Eastman）推出了柯达傻瓜相机，这是第一个非专业摄影师也能轻松使用的相机。

进入 20 世纪后，照相机变得更小，照片变得更清晰。彩色胶卷在 20 世纪 30 年代开始生产。数码摄影在 20 世纪五六十年代问世。起初，数码摄影主要由科学家使用。到 20 世纪 90 年代，数码摄影已经普及。到 21 世纪，许多公司停止生产胶卷和胶卷相机。2000 至 2010 年期间，许多手机已能像数码相机那样拍照了。

人们可以很容易地在互联网上分享和收藏照片。

延伸阅读：照相机；手机；柯达公司；全息技术；透镜。

达盖尔型是一种早期的照片形式。这张银版照片是林肯（美国第十六任总统）。

手机和其他小型设备通常都有内置摄像头。普通人可以用他们来记录历史事件。

甚大望远镜

Very Large Telescope

甚大望远镜是世界上最强大的望远镜之一。它实际上由八个单独的望远镜组成。天文学家可以将这些望远镜组合起来，仿佛是一台望远镜一样，也可以把它们分开使用。甚大望远镜安装在智利帕拉那山的帕拉那天文台。

在智利北部的安多发格斯塔沙漠的甚大望远镜实际上包含八个单独的望远镜。

甚大望远镜的四个大型望远镜叫作单元望远镜，这些望远镜的反射镜有 8.2 米的口径。四个辅助望远镜有 1.8 米口径的反射镜。

科学家在 1998 年 5 月通过其中一个望远镜进行了首次观测。甚大望远镜建成于 2006 年。

延伸阅读：镜子；太空探索；望远镜。

甚大望远镜的八个望远镜可以单独使用，也可以与其他望远镜组合使用。

生物可降解材料

Biodegradable material

生物可降解材料能被微生物分解。生物材料通常是可生物降解级的，但金属和大多数塑料不是生物材料。

生物可降解的产品可帮助减少废弃物。这样的产品在被适当丢弃后会分解，这减少了垃圾填埋场里倾倒的垃圾。

生物可降解材料需要一定的条件才能分解，堆肥通常能满足这些条件。堆肥是由枯死的植物和其他材料组成的混合物，生物可降解材料分解后成为堆肥。

延伸阅读：垃圾填埋场；塑料。

把生物可降解的材料填进堆肥桶。

声呐

Sonar

声呐利用声能来探测物体。声呐装置可以探测出物体的距离，可以分辨物体运动的速度和方向，甚至可以绘制物体的图像，例如未出生的婴儿的图像。声呐这个词意为"声音导航和测距"。

声呐用于水下很理想，因为声音在水中比无线电波或光传播得更好。人们使用声呐来发现潜艇和其他水下物体。声呐也可以用在空中。有些动物用一种叫作回声定位的声呐，这些动物包括海豚、某种蝙蝠和鲸。

声呐分主动声呐和被动声呐两种。主动声呐从一台发射机发出声波。水下发射器发出尖锐的敲击声，声波就在水中传播，直到这些声波遇到物体后反射回声呐装置。该装置通过测量声音返回所需的时间来计算距离。声音通过水每秒传播大约 1.6 千米。

被动声呐只接受由另一声源发出的声波，它没有发送器来发送出声音。

声呐装置发出的声波被水下物体反射。该装置可以通过测量反射波来寻找物体。

湿度计

Hygrometer

湿度计可用来测量空气中的水分，即水蒸气。科学家用湿度计测定相对湿度，而所谓相对湿度是指空气中所含水蒸气的量与空气所能够容纳水蒸气的量之比。

最常见的湿度计之一是干湿球温度计。它把两个温度计安装在同一个框架上，其中一个温度计的端部保持湿润，另一个温度计的端部保持干燥。湿度计在空气中转动几分钟后，干

一名森林管理人员使用湿度计来测试美国马里兰州黑水国家野生动物保护区的湿度。

温度计测量出空气的温度,湿温度计因为水蒸气的蒸发而温度稍低。水蒸气的蒸发量取决于空气中已经含有的水蒸气量。科学家可以通过比较这两个温度的差异来确定空气中的湿度。

延伸阅读：天气预报。

时钟

Clock

时钟是显示时间的仪器,也常被用来装饰房屋和其他建筑物。时钟有很多种类。有些时钟有指示时间的指针,指针指向刻度盘上的数字。另一种称为数字时钟,它们在时钟表面以数字来表示时间。有些时钟有报时声或闹铃声,还有一些时钟有机械的鸟或跳舞的人来报告钟点。

每个时钟都有两个主要部分——机芯和机壳。机芯是时钟的功能部分,有三项功能：显示时间,提供运行时的动力和计时。机壳覆盖和保护机芯。

在大多数时钟中,计时是通过对一些重复动作的计数来完成的。一个例子是钟摆的摆动。石英钟以石英晶体的振动次数进行计数。重复动作非常稳定的时钟比其他时钟更加精准。最精确的时钟是原子钟,它们通过测量某些原子和分子的振动次数来计时。

机械钟是靠卷绕起来的机械部件即发条来运行的。有些钟必须每天上发条,而有些钟则可以运行七八天不用上发条。电钟使用电池或交流电。

日晷是已知的最古老的计时器,最早出现在四千多年前。当太阳升上天空时,日晷的指针在圆盘上投下一个阴影,日晷通过测量阴影的长度或角度来辨认时间。其他的早期时钟是通过测量从容器里稳定流出的沙子或水来计时的。

欧洲最早的机械钟大约在13世纪初被制造出来,它们既没有指针,也没有刻度盘,而是用每个小时敲铃的方式报时。到了18世纪中期,发明家已经研究出了当今机械时钟用到的大部分原理。数字钟最初是在20世纪70年代开始流行的。

延伸阅读：钟摆；日晷。

日晷是已知的最古老的计时器,它通过测量太阳投下的阴影的长度来显示时间。

钟通过钟摆的稳定摆动来计时。

食品保藏

Food preservation

食品保藏意味着防止食物变质。变质会改变食品的气味和口味,并且引起疾病。有多种方法被用来防止食品变质,包括罐装、干燥、冷冻和使用被称为添加剂的化学物质。腌制是使用盐和其他添加剂来保存食品的方法。

所有的食品最终都会变质,这是由害虫或微生物引起的。微生物是微小的生物,如细菌、霉菌和酵母菌。害虫包括昆虫和啮齿动物。

有些食品的保藏方法是通过加热或辐射来杀死微生物。而另一方面,发酵却是一种利用微生物的方法。微生物会改变食品的化学结构,使其保存的时间更长。发酵食品包括酒、奶酪、腌菜等。

现代食品工业依赖于食品的保藏。许多食品都要经过长时间的运输,如果没有食品保藏的手段,这些食品在人们吃到之前就已经变质。

延伸阅读: 脱水食品。

罐头食品能避免变质,它们比新鲜食品的保质期长。

手机

Cellular telephone

手机通过无线电信号工作。信号在手机和基站之间传播。人们使用手机打电话,发送短信,并连接到互联网。

基站周围的区域称为"蜂窝"。一个蜂窝的宽度从不到一千米到几十千米不等。当一个人从一个蜂窝移动到另一个蜂窝时,他的手机就会被切换连接到新的基站。

手机由充电电池供电。一些手机可以接收来自全球定位系统 (GPS) 卫星的信号,这样手机就可以精确定位用户的位置。智能手机是一种类似于微型计算机的手机,它往往有内置摄像头,也可以播放音乐、视频,还可以玩游戏。

1983 年第一台手机在美国诞生了。到 21 世纪初,手机

智能手机类似于微型计算机。人们通过触摸屏幕控制手机。

比有线电话更加流行。

延伸阅读：苹果公司；交流；无线电；电话。

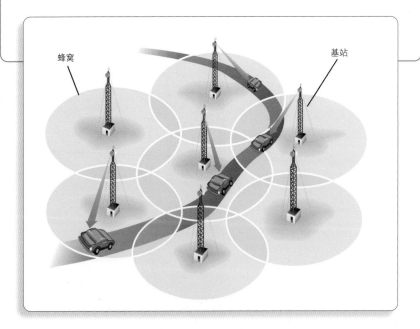

无线电波在手机和基站之间传播。每个基站周围的区域称为"蜂窝"。当一个人从一个蜂窝移动到另一个蜂窝时，他的手机就会被切换连接到新的基站。

手枪

Handgun

手枪用一只手就可使用，其他类型的枪，如步枪和机枪，则需要用双手来握持。

警察和武装人员携带手枪。一些市民使用手枪进行射靶、打猎或防卫。还有些人收集古董或古典手枪。每年在美国、加拿大和许多国家会发生数千起与手枪有关的死亡事件，包括自杀、谋杀、自卫杀人和事故。

手枪的形状和大小各有不同。不同的手枪使用不同的子弹，但它们的基本部件都是相同的，包括枪身、枪柄、枪管、瞄准器和射击器。枪身是枪的主体，它连接枪的其他部分，枪柄是握枪的把手，枪管是发射子弹的金属管，瞄准器帮助枪手把手枪对准目标。

射击器是手枪的主要部件，包括扳机和子弹点火的部件。手枪的射击器上有一个安全锁扣，以防止意外走火。

柯尔特 .45 自动手枪

大约早在 12 世纪，中国人就使用了一种类似火炮的手持枪。第一支用单手操作的枪名为"火绳枪"，出现在 15 世纪，它的火药是用缓慢燃烧的火柴点燃的。在 16 世纪初，左轮手枪出现了，它用旋转金属轮点燃火花。有了左轮手枪，士兵们不再需要携带火种来点燃火药。

第一批实用的左轮手枪之一是帕特森手枪，它能迅速连续射击几颗子弹。帕特森手枪于 1835 年由美国发明家柯尔特 (Samuel Colt) 在英国申请专利。1897 年，美国发明家勃朗宁 (John M. Browning) 申请了自动手枪的专利，它的发射速度更快。这把枪后来成为自动枪的基础，包括柯尔特 .45。

数据库

Database

数据库是信息的集合，它通常被存储在计算机中，这些信息称为"数据"。

数据库中的数据可以有多种使用方法。例如，图书馆使用数据库来管理他们的书籍。图书馆的读者可以在数据库里按书名、作者或主题等来查找书籍。他们还可以追溯书籍的出版公司或出版日期。

很多组织使用数据库。商店使用数据库来记录客户的购买情况，学校使用数据库来记载学生的成绩和其他信息，许多公司使用数据库来跟踪他们的资金和供应情况。互联网上的许多信息都被制成数据库。

延伸阅读： 计算机；互联网；搜索引擎。

数字录像机

Digital video recorder

数字录像机 (DVR) 可以存储电视节目，让人们稍后观看这些节目。DVR 是以计算机使用的数字文件来记录节目的。

常见的一种 DVR 可以连接到有线电视系统进行录制，它通常可以存储 100 小时以上的节目。

用户可以在 DVR 上随时观看存储下来的节目的任何一部分，也可以在 DVR 录制的同时观看节目。第一台家用 DVR 是在 1999 年推出的。进入 21 世纪后，一些 DVR 还可以从互联网下载节目。

延伸阅读：光盘；电视；录像机。

双筒望远镜

Binoculars

双筒望远镜可以使遥远的物体看起来变大、变近。双筒望远镜由两个并排的圆筒组成，每个圆筒都是一个小望远镜。每个望远镜的一端都有一个大透镜，它聚集来自被观察物的反射光，并放大图像，使物体看起来更大。但放大了的图像是上下颠倒、反转的。在一些双筒望远镜中，棱镜片将图像翻转回来，并上下顺位。在其他类型的双筒望远镜里，另外一对透镜也可以做到这一点，图像的反射光通过两片透镜后传输到目镜上。这些镜片放大图像的效果甚至更好。在大多数双筒望远镜上，有两个小轮子可以转动，以便让人们看清不同距离的物体。两个圆筒之间的那个轮子可以同时调整两个圆筒中的镜片。另一个轮子在目镜处，只可以调整一个圆筒里的镜片。

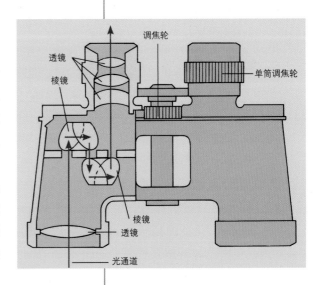

双筒望远镜的部件

延伸阅读：透镜；棱镜；望远镜。

水力

Water power

水力是一种重要的能源。流动的水可以用来发电，这种过程称为水力发电。水可以被反复利用。其他发电方式包括燃烧煤、石油和天然气，但是这些燃料不能重复使用。

许多水力发电厂都建在拦蓄的河流上。水被储存在大坝后面一个称为水库的蓄水池

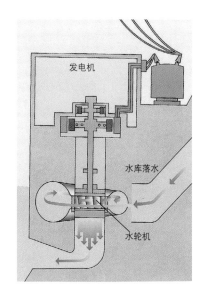

许多水力发电厂都建在水坝里。通过水坝的落水具有可用于发电的能量。

中。一些水被允许流过发电厂。水推动和旋转涡轮机，涡轮机与发电机相连，发电机将涡轮机的旋转运动转化为电能。涡轮机旋转后，水流入河道。

　　水力发电比其他发电成本低，也不会污染空气。但是不可能在任意地方都进行水力发电。

　　人们早就用流动的水来驱动机器了，古罗马人就用水轮碾磨谷物。第一个水力发电厂于 1882 年在美国威斯康星州阿普尔顿建成。

　　延伸阅读： 坝；发电机；电力；涡轮机。

水力发电厂利用水库中的落水冲力来转动涡轮机。涡轮机的运动为发电机提供动力。

水泥和混凝土

Cement and concrete

　　水泥和混凝土是最重要的建筑材料。水泥是一种细小的灰白色的粉末，它与水混合形成浆料。这种浆料把沙子、碎石或其他材料黏合在一起，产生的混合物叫作"混凝土"。湿的混凝土是软的，像泥浆，但它会硬化成岩石状的块体。

　　一座高耸的摩天大楼被成吨的混凝土牢牢地固定在地面上。许多建筑物的墙壁、地板和屋顶都是由混凝土构成的。许多道路、高速公路、隧道和

一辆混凝土搅拌车将潮湿的混凝土注入特殊形状的模具。混凝土硬化后被固定成模具的形状。

桥梁也是由混凝土组成的。混凝土潮湿的时候还可以加入钢筋或钢索，这个工艺可用于为高层建筑、桥梁和其他大型建筑物使用的特强型混凝土。

　　古罗马人在2000多年前就制造了水泥和混凝土，他们把石灰和水与火山的灰烬混合起来制成水泥。他们的一些混凝土建筑、道路和桥梁至今仍然屹立不倒。罗马帝国在公元5世纪初衰落了，随后的数百年里，水泥的知识也失传了。1756年，英国工程师斯米顿（John Smeaton）再次发现了如何制造水泥。现代水泥被称为"波特兰水泥"，它的颜色与在英格兰南部的波特兰发现的一种石头相同。波特兰水泥是由一个名叫阿斯丁（Joseph Aspdin）的英国砖匠于1824年发明的。

　　延伸阅读：桥梁；建筑施工；摩天大楼。

水污染

Water pollution

　　水污染指水被垃圾、污水、金属或其他化学物质所污染。这些物质会渗漏到地下水源和河流、湖泊或海洋中。水污染会伤害或杀死鱼类、青蛙、鸟类和其他动物。它也能在人之间传播疾病。它可以使饮用水变得不安全。

　　水污染可以来自以下几个方面：工厂和农场排放的有害化学物质进入水源；汽车和发电厂的燃烧燃料会导致酸雨，下雨时，它会污染水源；有些城市将污水直接排放到河流、湖

原油污染泰国沿岸

漂洗造成巴拿马运河岸边水污染。

泊中和海岸上。

法律和法规有助于保护公共供水免受污染。在许多国家，污水必须在排放前进行处理。大部分有害的化学物质必须清除掉。法律还保护特定的水源，防止工业污染饮用水或某些水体。

延伸阅读：垃圾填埋场；污水。

水翼船

Hydrofoil

水翼船是一种能在水面之上运行的船。它的船翼叫水翼，水翼在水下运动，作用类似于飞机的机翼，能产生升力。

水翼通过长而薄的支撑物连接在船体上。在低速航行时，水翼船航行在水里，就像普通的船一样。当航速更高时，水以更快的速度冲过水翼，水翼的形状使水产生一种特殊的流动方式，这种特殊的水流产生了升力，于是水翼船的船身"飞"行在水面上方，水翼则在水面下。水翼船可以在波浪汹涌的水面上高速平稳运行。

水翼船比其他类型的船运行得更快，同时使用更少的动力，这是因为它们的船体不需要推开水的阻力。它通常以每小时 56 ~ 96 千米的速度航行，这大约相当于汽车的速度。

水翼船的长度约为 4.5 ~ 60 米。大型商用水翼船用来载人和货物。水翼船在英吉利海峡、希腊群岛和世界许多其他地方航行。高速军用水翼船用来巡逻、跟踪敌人和发射导弹。俄罗斯拥有世界上最大的军事和商业水翼船舰队。

延伸阅读：船舶。

水翼船有翅膀，叫作水翼，能在水下运动。在高速运行时，水翼把船体升出水面。

斯旺

Swan，Joseph Wilson

约瑟夫·威尔逊·斯旺 (1828—1914) 是英国化学家、电气工程师和发明家。在 1860 年，他发明了一种电灯。斯旺的灯泡寿命不长，大约 20 年后发明家爱迪生发明了一种改进的电灯。

在 1883 年，斯旺用新型的灯丝做试验。灯丝是灯泡中的细电线，它是发光的一部分。斯旺还发明了制作照相底片的方法。在 1879 年，他获得了制作一种照相纸的专利。他还有包括人造丝在内的许多其他发明项目。

延伸阅读： 电灯；发明；摄影。

斯旺

搜索引擎

Search engine

搜索引擎是一种用来查找信息的计算机程序。许多搜索引擎在互联网上工作，互联网上包含了几乎所有学科的信息。大部分信息可以在各个网站上找到，但不像参考书中的信息那样，一些信息无法真正地跨互联网组合起来。搜索引擎帮助互联网用户方便地找到特定的网站或信息。

使用互联网搜索引擎时，先输入关键词或搜索条目，然后搜索引擎会显示一栏链接列表，这些链接能引导用户到与关键词相关的众多网站。链接列表被称为搜索结果。列出的第一个搜索结果通常是搜索引擎认为最有用的。现代搜索引擎让用户缩小搜索范围。用户还可以搜索图片、地图、视频、新闻文本和其他类型的信息。

延伸阅读： 计算机；谷歌公司；互联网；网站。

速度计

Speedometer

速度计是一种能显示汽车或其他车辆行驶速度的装置。速度计可以显示每小时英里数,每小时公里数,或两者皆有之。车辆的仪表板上有速度计,它位于方向盘后面的区域。

有些速度计是电子的。计数器从汽车的一部分——变速器接收信号。信号传送到仪表板的显示屏上显示汽车的速度。

机械速度计用表盘显示。表盘连接到磁铁,磁铁靠近汽车齿轮。齿轮转动得越快,磁铁拉力越强。这样表盘就显示了实际速度。

一种称为里程表的仪器能测出车辆行驶的总距离。它也是装在仪表板上的数字直读显示。

延伸阅读:汽车。

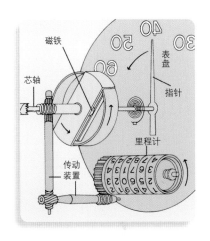

一个机械速度计用连接到表盘的磁铁测量速度。齿轮旋转得越快,磁铁拉力越强,里程表则显示行驶的总距离。

塑料

Plastics

塑料是一种可以形成各种形状的材料,它们是有史以来最有用的材料之一。塑料可以像钢一样坚硬,也可以像棉花一样柔软,它们可以是任何颜色或者像水晶一样透明。塑料种类有几百种,它们被用来做成种类繁多的产品。

塑料是由一种称为聚合物的特殊的分子(原子团)制成的。聚合物呈长链形式。在一些塑料制品中,聚合物像有序的堆垛一样,排成一排。在其他的情况下,聚合物链就像熟透的意大利面条一样缠绕在一起。塑料的性能取决于聚合物的结构。

塑料用途广泛。它们经常用于汽车和飞机。建筑工人可以用塑料代替木材、石头、玻璃和金属。医生可以用塑料修

塑料可以制成许多有用的产品,如瓶装净水的瓶子和它们的盖子。

补骨头。塑料的纤维或线可以用来代替棉花、丝或羊毛制作织物。硬性塑料纤维用于安全带、地毯和家具。塑料有时也被用来代替包装纸和包装材料，或代替玻璃瓶子和罐子。

制作塑料的主要化学物质来自众多的石油产品，如石油或天然气。添加其他材料可以给塑料增色、增加强度或柔软性。

有许多种生产塑料制品的方法。在某些情况下，塑料粉末被倒入一个模具的空腔内，塑料被加热并压制成型。另一些塑料制品是通过融化塑料粒子制成的。融化掉的液体被喷射进模具里，塑料在几秒钟内变硬成型。

塑料瓶子是通过把一个中空的塑料管放入模具内制成的。当热空气或蒸汽被吹入管子时，它会像气球那样被吹胀并充满模具。泡沫塑料的制作是让气体进入被加热的塑料并让它产生气泡。泡沫杯、包装材料和垫子都是用这种方法制作的。

千百年间，人们也用树脂制造物体。树脂是具有黏性或油性的天然物质，如树液。它们与塑料类似，但没塑料那么有用和便宜。

在 19 世纪 60 年代，有两兄弟研制出一种名为赛璐珞的塑料，它的主要成分是硝酸纤维素等化学物质。20 世纪初，一位名叫贝克兰 (Leo Baekeland) 的化学家制造出第一个

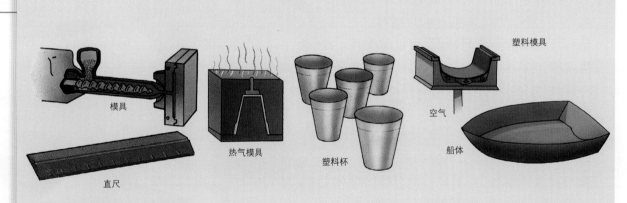

在注塑成型模里，塑料材料经高压被喷射到模具里。该材料填充模具，其形状就是最终产品，尺就是用这种方法制成。

在发泡过程中，气体被添加到加热的塑料材料中。当气体在材料中膨胀时，就产生了气泡。所得到的产品很轻，如泡沫杯。

在热成型过程中，一张塑料被夹在模具上并加热直到变软。然后，通过模具中的孔吸出空气，将塑料片材拉入模具内。可以用这种方法使船体成形。

塑料。融化凝固后,塑料变得坚固又耐用,他称它为酚醛塑料。此后发明家拓展出许多种类的塑料。

纸张和其他天然材料易分解,但是大多数塑料废物却不易分解。塑料会污染空气、水和土壤。有些塑料可以回收利用,它们被收集、清洗、融化,制成新的产品。有些塑料是可以生物降解的,阳光或者细菌微生物能把它们分解成无害的化学物质。

延伸阅读: 生物可降解材料;垃圾填埋场;材料;尼龙;合成材料。

许多儿童玩具,如这辆卡车,是由塑料压铸成形的零件组装而成。

算盘

Abacus

算盘是一种用来解决计算问题的计数板,它曾经被古代的中国人、希腊人和罗马人使用。

算盘有若干根串着珠子的圆棒。右边第一根圆棒代表个位,第二根代表十位,第三根代表百位,以此类推。

圆棒被横梁分隔。横梁下面有五颗珠子,每一颗珠子代表一。横梁上面有两颗珠子,每一颗珠子代表五。在第一根圆棒横梁下面的每颗珠子代表一,横梁上面的每颗珠子代表五。第二根圆棒,横梁下面的每颗珠子代表十,横梁上面的每颗珠子代表五十,即五个十。人们通过上下拨动珠子来解决计数问题。

延伸阅读: 计算器。

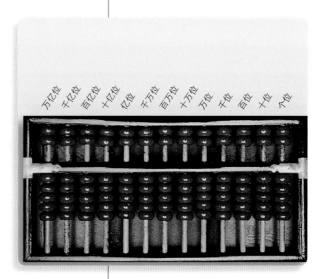

算盘上的珠子是用来计数的。右边第一根串着珠子的圆棒代表个位,第二个串着珠子的圆棒代表十位,以此类推。

隧道

Tunnel

隧道是一条地下通道。许多隧道是在丘陵和山脉下挖掘的,也有些位于城市地下和航道之下。隧道提供了一种越过山脉和航道的简单的方式。四种主要类型的隧道是:(1)铁路隧道,(2)公路隧道,(3)水隧道,(4)矿井隧道。

铁路隧道常常穿过山脉的岩石,它缩短了行车时间。列车通过隧道时消耗的能量比爬坡时少。世界上最长的铁路隧道是瑞士的哥达特隧道。它长57千米。

汽车和卡车使用公路隧道。这些隧道装有大型风扇,大型风扇把汽车排出的废气排出。许多隧道也设有信号灯和特殊设备来防止交通堵塞。挪威的拉尔达尔隧道是世界上最长的公路隧道。它长24.5千米。

水隧道将水输送到城市和发电厂。它们也被用于农场农作物的灌溉。隧道还通过下水道系统运送废物。

矿井隧道被用来获取有价值的矿产。这些矿物常常埋在地下深处。

延伸阅读:汽车;采矿;公路;火车。

在公路上行驶的汽车和卡车使用的公路隧道,它是最常见的隧道类型之一。

为了挖隧道,掘进机钻过岩石。它使用称为圆盘切割器的装置。破碎的岩石,被称为废渣料,被传送带和矿车运出,然后被升降机提升到地面。新隧道需衬砌的混凝土块通过竖井送到井下。

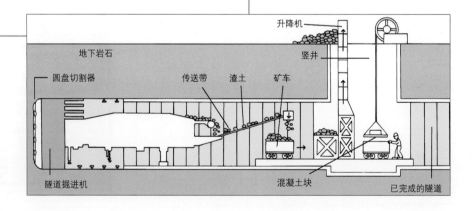

锁

Lock

锁是防止某物被打开的装置，最常见的锁是门锁。我们也可以给某台设备上锁而不让别人来使用。最简单的锁是机械的，它的运动部件不需要电力驱动。

大多数机械锁都有一个叫作锁芯的金属部件。当我们将一把合适的钥匙插进锁孔时，钥匙带动锁芯转动，然后钥匙可以带动锁的另一个部件。当该部件转动时，它会伸出锁闩——锁闩就是使门或其他物体关闭的物件。锁闩复位，门就开了。

有些锁是电子的，其中有一种电子锁要用特殊的塑料卡片来打开。锁会读取卡片上的代码，并将它发送到计算机，如果卡上的代码与计算机中的代码是匹配的，锁就会打开。

另一种电子锁要输入一组字母或数字组合才能打开。输入的数字或字母组合如果与计算机中的数码相匹配，锁就会打开。

有些电子锁能识别人的指纹、眼睛、声音或其他特征。扫描仪将获得的特征与计算机中的信息进行比对，如果匹配，锁就会打开。

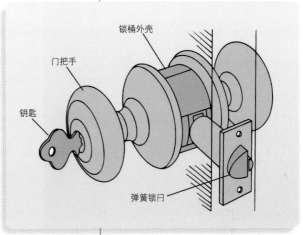

锁桶外壳
门把手
钥匙
弹簧锁闩

许多门都有一个锁定机构，这是门把手的一部分。

太空碎片

Space debris

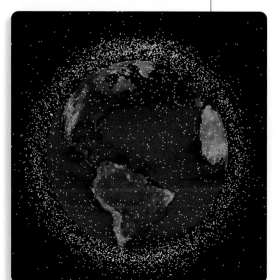

太空碎片是人们在地球轨道上留下的物体，但没有任何用途，它也被称为太空垃圾。太空碎片的范围很广，从使用过的火箭级到宇宙飞船的微小碎片都属于太空碎片。太空碎片不包括工作着的卫星，也不包括被称为流星体的天然物质体。

科学家已经识别出数千块太空碎片。与太空碎片碰撞会损坏航天器或伤害到宇航员。

许多航天任务结束后，在轨道上会留下诸如科学仪器的螺栓、工具和保护罩这样的碎片。有时卫星会在轨道上碎裂。一个旧火箭爆炸会产生数百块碎片。

延伸阅读：人造卫星；太空探索。

科学家已经确定了地球周围存在数千块太空碎片。

太空探索

Space exploration

太空探索是进入太空飞行，收集关于地球以外宇宙的信息的活动。太空探索可以帮助人们了解太阳、行星和恒星是如何形成的。人们也可以通过太空探索了解到其他行星上是否存在着生命体。有些太空探索是由载人的航天器完成的，另一些探索则是由无人航天器完成的。每完成一个任务，科学家都积累了知识，这有助于规划未来的目标。

地球被空气包围，空气构成了大气层。在大气层之外是太空。大气层和太空之间并没有明确的界线。然而，大多数科学家认为太空始于地球上空约 100 千米以外的地方。卫星在地球上空绕轨道运行。卫星执行许多任务，它们在地球范围内播放电视节目和电话，跟踪天气模式或导航。

要到达太空，飞行器必须克服地心引力。地心引力给地

1965 年 6 月 3 日，怀特二世（Edward H. White Ⅱ）成为了第一位在太空行走的美国宇航员。

球上的所有东西带来了重量。它阻止我们漂浮到空中。物体越重，就越难使其离开地面。

垃圾存放在太空舱的闲置地方，最后被带回地球。

宇航员用湿毛巾擦洗自己。一些太空站有喷淋器。空间站是宇航员长期生活和工作的航天器。宇航员有特殊的睡袋可把自己捆在垫子和枕头上，然而，大多数宇航员喜欢飘浮在空中睡，他们只需系上几条带子就可以防止自己在太空舱里飘来飘去。一些宇航员戴上眼罩这样的遮蔽物，遮挡住来自窗户的阳光。

宇航员必须在太空中吃优质的食物以保持健康。在空间站执行长期任务时，他们骑自行车，使用跑步机，并通过其他类型的锻炼器械来锻炼。这种锻炼活动使他们的肌肉、骨骼和心脏免于变弱。一些宇航员服用药物来缓解因失重环境带来的不适。

宇航员可以透过航天器上的窗户欣赏到壮丽的太空景色。空间站也有书籍、磁带和计算机游戏供宇航员使用。宇航员有时会利用娱乐来帮助他们减缓思乡苦恼、孤独感和其他情感问题。

一旦进入太空，机组人员就执行任务目标。他们收集有关地球、恒星和太阳的信息。他们试验失重对各种材料、植物、动物和他们自身的影响。他们还修理、更换或建造设备。有些航天器向空间站运送补给。

宇航员使用无线电、电视、计算机和其他设备与地面控制中心通信联系。计算机会告诉宇航员来自地面控制中心发出的信息，如飞船在哪里？将要去哪里？

宇航员要穿特殊的宇航服在宇宙飞船外工作。太空服可以让宇航员活动 6 ~ 8 个小时。这套衣服有许多层材料。它可以防止宇航员过热或过冷，并防止碰撞。背包里的设备为宇航员提供了呼吸的空气；头盔能阻挡来自太阳的有害射线；薄而柔软的手套能让宇航员的手保持对小物体和使用手动工具的触觉。宇航员通过无线电与机组人员和任务控制人员通信联系。

太空探索始于 1957 年 10 月 4 日。在那一天，苏联发射了人造卫星东方 1 号，这是第一颗环绕地球运行的人造卫星。苏联宇航员加加林是第一个在太空飞行的人。他于 1961 年

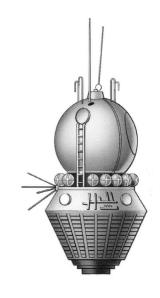

1961 年，苏联东方 1 号宇宙飞船携带宇航员加加林进入太空，实现了第一次人类太空飞行。

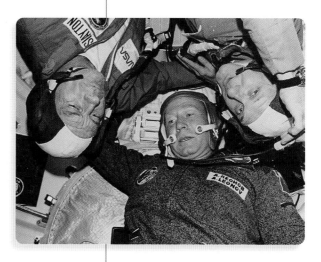

在 1975 年，阿波罗－联盟号测试项目是美国宇航员与苏联宇航员在太空中的第一次合作。

阿波罗 11 号于 1969 年 7 月 16 日发射升空，它载着宇航员登上月球。只有强大的火箭才能使宇宙飞船摆脱地球引力。

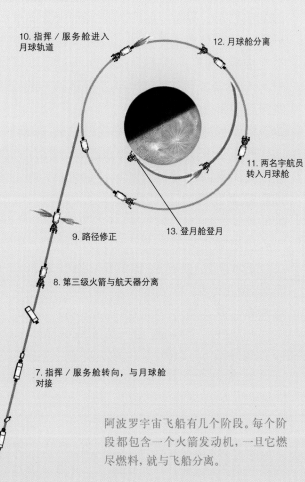

10. 指挥／服务舱进入月球轨道

12. 月球舱分离

11. 两名宇航员转入月球舱

13. 登月舱登月

9. 路径修正

8. 第三级火箭与航天器分离

7. 指挥／服务舱转向，与月球舱对接

阿波罗宇宙飞船有几个阶段。每个阶段都包含一个火箭发动机，一旦它燃尽燃料，就与飞船分离。

6. 航天器分离

5. 第三级火箭再次点火将航天器送上月球

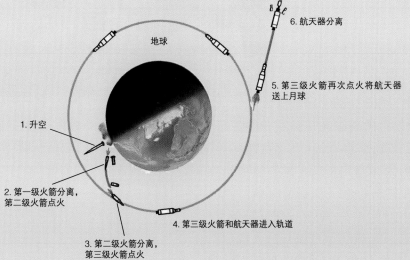

地球

1. 升空

2. 第一级火箭分离，第二级火箭点火

3. 第二级火箭分离，第三级火箭点火

4. 第三级火箭和航天器进入轨道

4月12日进行了太空飞行。

随之而来的是许多航天发射和太空探索的发展。人类第一次绕月飞行是在1968年12月，当时美国发射了阿波罗8号宇宙飞船。它绕着月球转了10圈，然后安全返回地球。1969年7月，美国宇航员阿姆斯特朗成为第一个在月球上漫步的人。在20世纪，美国宇航员和苏联宇航员共同建造了太空生活站。

1981年4月，美国发射哥伦比亚号航天飞机进入太空。航天飞机是第一种可重复使用的航天器，它也是第一种能在普通机场着陆的航天器。美国航天飞机计划于2011年结束。

许多太空探测器也被发射到太空。太空探测器不载人，它们被用来研究某一颗行星。旅行者1号探测器是第一艘进入星际空间的宇宙飞船（星际空间指的是太空和恒星之间的空间）。这艘宇宙飞船是在1977年被发射的。它在2012年到达星际空间。

延伸阅读： 宇航员；挑战者号事故；哥伦比亚号事故；欧洲空间局；哈勃太空望远镜；国际空间站；美国国家航空和航天局；天文台；火箭；人造卫星；太空碎片；卫星号。

2012年刘洋成为中国第一位进入太空的女性。

宇航员在研究太空失重的影响。这把椅子能测试宇航员的方向感。

太阳能

Solar energy

　　太阳能是来自太阳光的能量。太阳光可以用来加热和发电。地球从太阳那里得到巨大的能量，但是这种能量散布在广大面积上。太阳能装置比如太阳能电池被用来收集太阳的能量并将这种能量转变为电能。其他装置集中太阳的能量来产生热量。

　　太阳能电池利用阳光产生电流，它可以为电子设备提供能源。像计算机芯片一样，太阳能电池通常由半导体材料制成。有些手表和计算器用太阳能电池作能源，航天器和卫星也从太阳能电池里获得能源，大型太阳能电池可以为家庭和其他建筑物提供电能。

　　太阳能热转换系统不直接产生电流，它聚集热量。该系统使用大型反光镜聚集太阳光，太阳光产生的巨大热量可以使水沸腾，产生蒸汽。继而，蒸汽驱动机器运转发电。

延伸阅读： 电力；半导体；螺线管。

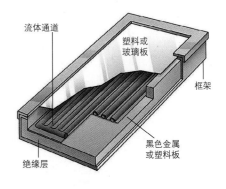

流体通道　塑料或玻璃板　框架　黑色金属或塑料板　绝缘层

这种太阳能集热器有一个黑色的板，它吸收阳光，加热液体。隔热体使液体在流经通道时保持热量。被加热的液体可以用来为家庭供热。

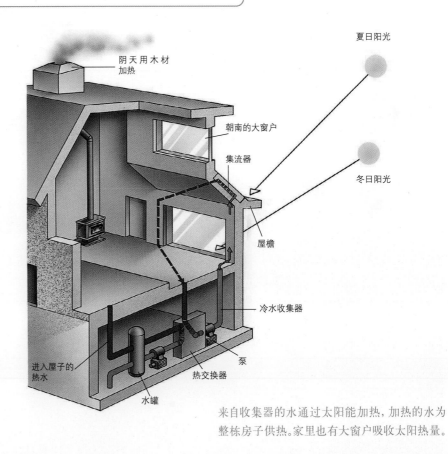

阴天用木材加热　夏日阳光　朝南的大窗户　集流器　冬日阳光　屋檐　冷水收集器　进入屋子的热水　泵　热交换器　水罐

来自收集器的水通过太阳能加热，加热的水为整栋房子供热。家里也有大窗户吸收太阳热量。

实验

制作太阳能收集器

在阳光灿烂的日子里，一旦太阳的能量把地面照暖，就可以收集地面的热量。太阳为每一平方米的地球表面提供足够的能量，这些能量可为几个电灯泡供电。如果我们能收集和使用一小部分的太阳能量，就不需要再燃烧如煤和石油那样会产生污染的燃料。制作这种简易的太阳能热水器能让你了解更多太阳能的工作原理。

你需要准备：

- 2 个大铝箔馅饼盘
- 剪刀
- 乒乓球
- 画笔
- 1 个锥子
- 纸板
- 胶带
- 黏土花盆
- 木制销钉
- 2 根温度计
- 1 支笔
- 纸或记录簿

1. 在馅饼盘的中心打个孔。从盘子的边缘切到孔里。折叠切割部分，使盘子的底部弯折成像卫星碟一样的曲面为止。

2. 把乒乓球涂成黑色。让老师或其他大人用锥子在乒乓球上戳两个孔，两个孔之间互成 90°。

3. 用纸板和胶带将盘子固定在花盆顶部，与花盆顶部有个夹角。

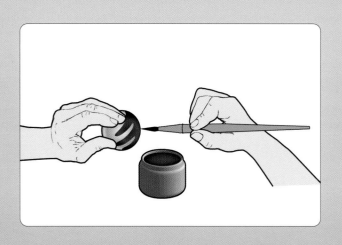

实　验

制作太阳能收集器

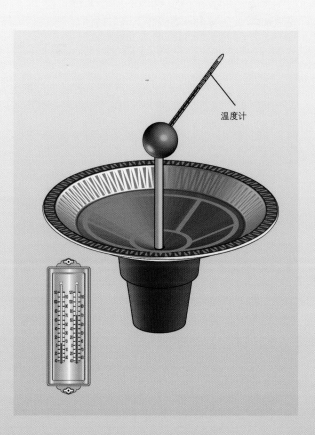

温度计

试用太阳能热水器

在几分钟后记下黑球内的温度。每隔几小时记录一次温度。用一个白色乒乓球制作一个太阳能加热器并重复实验。比较结果你有何想法？什么时候温度最高？什么时候最低？记录在一个月内每一天同一时间段的温度。记录你看到的天气情况。天气如何影响乒乓球吸收太阳能量？如果你能记录几个季节，你认为夏天的温度会如何变化？冬天呢？如果你用不同颜色的乒乓球，你的结果会是一样的吗？如果你用彩色布代替乒乓球呢？如果你没有改变盘子的角度会发生什么？

发生了什么事：

这个太阳能加热器使用曲面反射器来聚集太阳光并加热球内的空气。美国和其他地方的太阳能发电站也采用同样的方法。大型反射器将太阳光聚焦在水管或锅炉上。锅炉蒸汽驱动汽轮机发电。

泰勒

Teller, Edward

爱德华·泰勒（1908—2003）是一位美国科学家。他被誉为氢弹之父，而氢弹是一种核武器。泰勒从事核物理方面的工作，他引领了 1952 年氢弹的发展。在核物理领域中，科学家研究被称为原子的微小粒子的核反应。

泰勒于 1908 年出生于匈牙利。他在德国获得莱比锡大学的博士学位。泰勒于 1935 年移居美国。在第二次世界大战期间，他参与研制核武器工作。他在新墨西哥州洛斯阿拉莫斯的一个实验室工作并在那里制造出第一颗原子弹。1952 年，他在加利福尼亚建立了一个设计核武器的实验室。

延伸阅读： 炸弹；核武器。

泰勒

坦克

Tank

坦克是为战争而建造的装甲车。它被厚厚的一层钢或其他坚固的材料包裹着。它的轮子在金属履带里滚动。坦克可以在崎岖不平的地面上行驶，包括一些小山丘。通常三到四名士兵操作一辆坦克。

坦克携带着大炮、机关枪和导弹发射器等武器。在大多数坦克车里，武器从一个可以全方位转动的炮塔内伸出，能点到点地瞄准。坦克在第一次世界大战期间(1914—1918)由英国首次投入使用。第二次世界大战期间，所有交战的国家都使用了坦克。1973 年在阿拉伯和以色列的战争中双方使用了超过 6000 辆坦克，其中将近一半被摧毁。在 1991 年海湾战争和伊拉克战争（2003—2011）期间，坦克也发挥了重要作用。

延伸阅读： 加农炮；枪。

坦克是一种全副武装的装甲战车，可以在崎岖不平的地面上行驶。

陶瓷

Pottery

陶瓷是用焙烧黏土制成的固体材料。陶瓷可用来制作盘子、花瓶和其他家居用品。有些艺术品是由陶瓷制成的。

陶器是陶瓷中的一种。广义上陶瓷产品还包括砖、水泥、管子和其他用于制作物品的材料。陶瓷有三种主要类型：陶器、硬陶器和瓷器。

陶器在相对较低的温度下焙烧。它可以有彩色的釉。釉是一种透明状的涂层，釉面陶器比其他陶器色彩更靓丽。但陶器容易破碎和缺口。

硬陶器是一种既硬又重的陶器。它在相对高的温度下烘烧。硬陶器通常不上釉，高温使其表面光滑。硬陶器比陶器更重。

瓷器是陶瓷中最精致的一种。工人用上好的白色黏土制作瓷器。在焙烧时，工人把另一种材料加到瓷器里使其呈透明状。

制作陶瓷有四个基本步骤：准备黏土、塑造黏土成形、装饰和上釉、烧制。

工人制备黏土是指工人用手或机器打压和挤压黏土，使黏土变得柔韧光滑。

塑造成形黏土的方法有几种。有些工人用手筑造黏土成形，他们可以把黏土碾成条状，然后把它们卷绕成盘状。工人也使用特殊设备。陶轮有一个旋转的圆平台，工人把在旋转着的陶轮上的一堆黏土加工成坯体。

工人可以通过将手指压入软黏土或划线来装饰陶器。另

陶器（上图）是用焙烧的黏土制得的。陶工在轮子上旋转黏土，用手（下左图）塑造成形。然后坯体在一个称为窑（下右图）的热炉中焙烧。

一些制陶艺人会将彩色颜料绘制在陶器坯上。上釉可增加色彩,并使陶器光滑防水。

陶器坯上釉之后,才进入烧制阶段。工人把它放入一个叫作窑的炉子里。烧制陶器为的是使其坚固,烧制也能硬化釉面,使釉面牢牢粘在黏土上。

　延伸阅读: 材料;瓷器。

特斯拉

Tesla, Nikola

尼古拉·特斯拉 (1856—1943) 是一位电气技术方面的发明家。他最为著名的发明就是交流电系统。电流就是电荷的运动。一些电流只朝一个方向运动,这种电流称为直流电,而交流电则会每秒钟多次变换电流方向。交流电可以比直流电更好地进行长距离电力输送。如今,交流电系统在全世界被广泛应用。大多数家庭用的都是交流电。

特斯拉于 1856 年出生于现称克罗地亚的地区。他在学校里学习工程学。特斯拉曾看到一台使用直流电驱动的电动机。他随即便有了一个建造交流电动机的想法。在 1883 年,他造了第一台交流电动机。1884 年,特斯拉开始为美国发明家爱迪生工作,而在第二年他就辞职了。1887 年,特斯拉在纽约市创建了特斯拉电力公司。

　延伸阅读: 交流电;直流电;爱迪生;电流;电动机;电力;威斯汀豪斯。

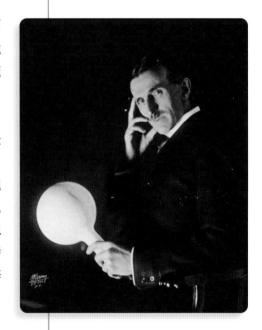

特斯拉

天平

Balance

天平是称质量的器具。最简单的天平就是一根水平棒杆,两端各悬挂一个平底托盘,水平棒杆在它的中心点被支起。我们把要称量的物体放在一个平底盘里,然后将已知质量的一个物体放在另一个平底托盘里，水平横梁会向放置质量较大物体的平底托盘一边倾斜。当两个平底托盘处于平衡状态时，表示两个物体质量相等。

现在大多数天平只有一个平底托盘，把需要称量的物体放在该盘里，内置重物的质量可以测量出被称物体的质量，被称物体的质量会显示在天平的小电子显示屏上。

延伸阅读：秤。

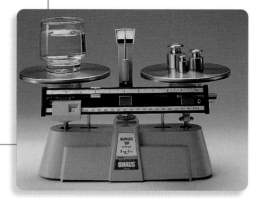

一般天平都有两个托盘。一个用来放要称量的物体（图左边），另一个放置标准质量物件。

天气预报

Weather forecasting

天气预报指预测不久的将来的天气状况。研究天气和预测天气的科学家被称为气象学家。他们从地表、空气甚至外层空间收集有关地球大气层的信息。

气象学家试图预测未来天气系统的趋势和动向，比如风暴。他们使用气象图和大气层的计算机模型来预测。他们也使用各种各样的仪器，这些仪器包括气压计、温度计和湿度计。气压计测量空气压力，湿度计测量湿度(空气中的湿度)。

气象学家还利用雷达系统和气象卫星追踪风暴。雷达系统发出一种称为微波的能量波，这种波碰到云中的水滴或冰就被反射，计算机分析返回的微波。气象卫星在地球上空按其轨道运行，卫星可以从上面监视风暴和天气。雷达和卫星都可以帮助确定风暴的路径和强度。

延伸阅读：气压计；湿度计；雷达；无线电探空仪；温度计；气象气球；气象卫星；风向标。

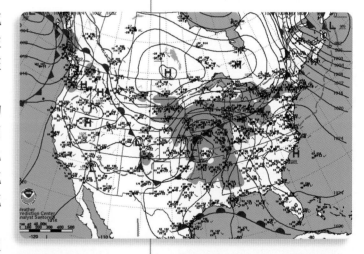

气象学家研究显示不同温度的表面气象图。

天文台

Observatory

天文台是科学家研究行星、恒星、银河和其他天体的地方。一个天文台拥有至少一台望远镜或类似装置。大多数的天文台都建在地面上，但有的天文台设备建在地下、大气层里或太空中。

地球大气层的存在决定了望远镜架设的位置。大气层能使穿过它的光线发生折射，所以，地球上的天文台通常都安置在高耸入云的高山上，那里的大气层相对薄一些。许多望远镜是通过可见光来工作的。一些来自太空的其他种类的光是人眼无法看见的，但现在已经制造出用来观测那些不可见光的望远镜，用这些望远镜能观测到红外光、无线电波和紫外光。用望远镜观测到的不可见光通常被转换成人们可见的影像。

天文台的工作人员通常包含了工程师、天文学家、望远镜操作者等。另有非天文台工作人员的天文学家完成了大部分研究工作。毕竟科学家有许多，而天文台只配备了有限的几台大型望远镜，因此科学家们常常需要为使用这些望远镜提前预约。

延伸阅读：钱德拉 X 射线天文台；凯克天文台；望远镜。

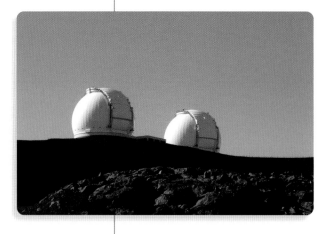

大多数天文台都建在地面上。夏威夷的凯克天文台有两台世界上最大的光学望远镜。

一些天文台在太空中绕地球运行。哈勃太空望远镜拍摄的天体图像比同样大小的地面望远镜拍摄的天体图像更清晰。

新墨西哥州索科罗附近的甚大阵列射电天文台由 27 个巨大的可移动碟形天线组成。

条形码

Bar coding

条形码是一种标识物品的方式。商店销售的产品上通常会打上条形码，它由线形和条码组成图案，包含价格等商品的信息。

扫描枪扫描条形码图案后，将条形码图案发送到商店的现金收银机上，收银机里显示出物品的价格、品牌等信息。仓库、医院和工厂也使用条形码来跟踪物品。驾驶执照上通常有条形码，这可以记录司机的信息。一些手机也可以用来扫描条形码。

延伸阅读： 计算机。

扫描枪扫描条形码的图案，并将条形码图案发送给计算机。

调制解调器

Modem

调制解调器是一个将数据从一台计算机发送到另一台计算机的小型设备，人们使用调制解调器连接互联网。

有些调制解调器通过电话线工作，它们把数据转换成声音。另外一些调制解调器通过电视电缆来传送数据。还有些调制解调器是无线的，它们可以通过无线电波发送数据。人们可以从互联网服务提供商(ISP)那里购买或租用调制解调器。

延伸阅读： 计算机；互联网；电话；无线通信。

电缆调制解调器通过有线电视电缆将计算机连接到因特网上。

挑战者号事故

Challenger disaster

挑战者号事故是一次致命的航天飞机事故，这是人类太空飞行史上最严重的事故之一。

1986 年 1 月 28 日，挑战者号航天飞机从佛罗里达州肯尼迪航天中心发射升空。升空后 1 分钟出现了问题，其中一个火箭发动机出现故障，航天飞机在半空中解体，碎片落在了大西洋上。

在事故中丧生的挑战者号航天飞机的七名机组成员。

七名机组成员没有人幸免于难，其中包括第一位乘坐航天飞机飞行的学校教师克里斯塔·麦考利夫，第一位亚裔美国宇航员鬼冢承次 (Ellison S.Onizuka)。其他机组成员是斯科比 (Francis R.Scobee)、史密斯 (Michael J.Smith)、雷斯尼克 (Judith A.Resnik)、麦克奈尔 (Ronald E.McNair) 和贾维斯 (Gregory B.Jarvis)。

这起事故引发了对航天飞机可能存在的缺陷的长期调查。直到 1988 年 9 月 29 日，航天飞机才重新开始飞行。

延伸阅读： 哥伦比亚号事故；麦考利夫，克里斯塔；太空探索。

铁器时代

Iron Age

这些铁刀是在铁器时代制造的。

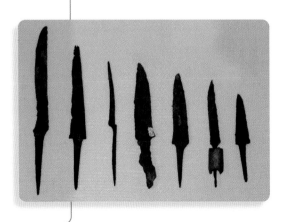

铁器时代是历史上的一个时期，起始于人们开始广泛使用铁制的工具和武器。在大多数地区，铁器时代是青铜时代的后续。

中东的一些人早在公元前 3500 年就开始使用铁制工具了，但真正的铁加工始于公元前 1500 年到公元前 1000 年之间的小亚细亚（现在是土耳其的一部分），这种技术传播到欧洲、亚洲和非洲。

铁之所以流行是因为铁矿石非常丰富。人们不但学会了如何从矿石中得到金属铁，还学会了如何将铁制造成刀具、犁、锤、锯、武器和其他工具，这样，人们很快就用更坚固、更耐用的铁器取代了石器和青铜器。

铁器时代还没有明确的终结迹象，直到今天，铁仍然是有用的。

透镜

Lens

透镜是一种透明物体，它能以某种特定的方式使光线产生弯曲，弯曲的光线可以聚成物体的图像或景物。有些透镜能使物体看起来更大，使远距离的物体在望远镜中看起来更近。另一些透镜用于眼镜和照相机。大多数的镜片是由玻璃或塑料制成的。

大多数人戴眼镜是为了看得更清楚。近视的人很难看清远处的物体，他们戴的眼镜的镜片边缘部分要比中心来得厚，这类镜片称为凹透镜。远视的人很难看清近距离的物体，他们戴的眼镜的镜片中心比边缘部分要厚，这类镜片称为凸透镜。

延伸阅读：望远镜；照相机；隐形眼镜；玻璃；显微镜；望远镜。

凸凹透镜

凸透镜的中心比边缘更厚。

凹透镜的边缘比中心更厚。

凸凹透镜眼镜的镜片用以矫正视力缺陷。望远镜的镜片使远处的物体显得更近。

在摄像机中，透镜收集并聚焦光线。

图灵

Turing, Alan Mathison

阿兰·麦席森·图灵(1912—1954)是英国数学家和计算机创始者。在 1936 年,他描述了如何构建一台可以进行任何计算的计算机,这个设备现在被称为图灵机。图灵机实际上并不存在,这只是一个思维实验,但是图灵机成了弄清计算机能够完成哪些任务的重要模型。

图灵于 1912 年 6 月 23 日出生于伦敦。他在剑桥大学和普林斯顿大学学习数学。第二次世界大战期间,他帮助破解了德国的通信密码。战后,他致力于建造英国第一台电子计算机的项目。在 1950 年,他提出了一个测试机器是否能像人类一样"思考"的检验方法。这个测试现在被称为图灵测试,这在人工智能领域经常被谈到。图灵于 1954 年 6 月 7 日去世。

延伸阅读: 人工智能;计算机。

图灵的雕像。

土砖

Adobe

土砖一词在西班牙语中指用太阳晒干的砖。几千年前人们用土砖造房屋,或在沙漠地区造其他建筑物。古埃及人和古巴比伦人都用过土砖。

为了制作土砖,工匠把沙粒、黏土、水,以及少量的稻草或草混合在一起。稻草兜住这些混合物。工匠把这种混合物放入木制的模型内,模型的形状就是砖的形状。然后工匠脱卸模型,把砖放在太阳下晒干。

土砖房屋在墨西哥和美国西南部是很普遍的。传统的土砖房屋外面会被涂上一层泥浆,现代土砖房屋外面则粉刷灰泥。土砖房屋里比传统的木屋或

土砖建筑物外墙常常会用泥浆粉刷。

石头屋要冷。土砖不适宜在寒冷或潮湿地区使用，因为要是遭遇雨水，土砖会溃塌，冻结过的土砖融化后也会被毁坏。

　　延伸阅读： 建筑施工。

拖拉机

Tractor

　　拖拉机是一种在地面上推或牵引工具或机器的车辆。拖拉机在农业上很重要，几乎每一个农场都使用犁、联合机和其他重型机器。拖拉机也用于其他作业。人们用拖拉机把原木从一个地方运到另一个地方，或用它帮助修建公路、清除道路上的积雪。

　　拖拉机主要有两种。它们是轮式拖拉机和履带式拖拉机。

　　大多数农用拖拉机都是轮式拖拉机。它们有两个或四个高大的后轮，这些大轮使拖拉机保持平稳。轮式拖拉机还有一个或两个较小的前轮，这些小轮使拖拉机易于驾驭。

　　履带式拖拉机常用于某个地区清除大量树木等繁重工作的场合。它们有围绕着轮子的履带。

　　拖拉机靠三个主要部件拉东西。牵引杆是拖拉机牵引设备的装置；液压系统控制连接到拖拉机上的工具的位置；动力输出装置为拖拉机牵引的机器提供动力源。

　　拖拉机最初被使用是在19世纪70年代，这些拖拉机是由蒸汽驱动的。后来，人们发明了用汽油发动机的拖拉机。现代拖拉机既有速度又有动力。许多拖拉机也有一个封闭的供司机坐的驾驶室。这个驾驶室可以供热或有空调器。

履带式拖拉机，有绕着车轮的履带。这种拖拉机用于建筑工地和其他繁重的工作场所。

轮式拖拉机牵引犁穿过农田。小的前轮容易转向。大的后轮使拖拉机保持平稳。

脱水食品

Dehydrated food

脱水食品指经干燥处理后保存的食物。有些脱水食品可以直接食用,有些则必须加水或烹饪后进食。脱水食品包括奶粉和奶制品、汤、咖啡、茶、香料、明胶和甜点混合物以及面食。其他常见的脱水食品有酵母、土豆和零食。

脱水食品质量轻,体积小,其90%以上的水分在干燥过程中被去除。适当包装的脱水食品在24 ℃以下可以保存几个月。

延伸阅读:食品保藏。

意大利面是一种常见的脱水食品。

陀螺

Gyroscope

陀螺是一种能保持恒定旋转方向的装置,也被称为陀螺仪,它可以指引船舶和飞机保持直线运动,也可用于火箭和其他航天器的导航。

陀螺仪一般都有一个旋转轮,也叫旋转器。旋转轮与一个平衡环相连接,当旋转轮旋转时,它保持着相同的旋转方向。即使改变陀螺仪的基座使其指向另一个方向,陀螺仪的旋转方向依然不变。基于这个原理,陀螺仪可以用来为飞机或其他飞行器导航。

延伸阅读:飞机;陀螺罗盘;船舶。

即使陀螺仪被移动,陀螺仪的旋转轮仍保持相同的旋转方向。

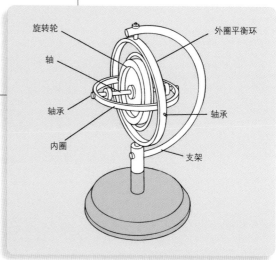

陀螺罗盘

陀螺罗盘

Gyrocompass

陀螺罗盘可以辨别方向，为各种类型的船舶、飞机和陆地车辆导航。陀螺罗盘是由德国工程师安舒茨－坎普夫 (Hermann Anschutz–Kampfe) 在 1908 年发明的。

陀螺罗盘比磁罗盘 (指南针) 更精确。磁罗盘利用环绕地球的磁场的影响来指引方向，它指向的是磁场的北端，磁场的北端与地球的北接近，但并不是正北。陀螺罗盘指向的是正北，而且它不受磁场或车辆运动的影响。

陀螺罗盘利用陀螺原理。陀螺由电动机驱动而旋转，不管旋转方向如何改变，陀螺罗盘总是指向同一个方向不变。

陀螺罗盘指向的是真正的北，它比传统的磁罗盘 (指南针) 更可靠。

瓦（特）

Watt

瓦(特)是一个电功率的单位,简称"瓦",符号是 W。电功率指在一定时间内消耗的电能总量。瓦 (特) 是以苏格兰工程师和发明家瓦特 (James Watt) 的名字命名的。

电灯泡上的数字显示其瓦数 (功率)。例如,在 100 伏电压下,额定电流 2 安的灯泡要消耗 200 瓦 (100 伏乘 2 安)。伏是电压的单位,安是电流强度的单位。

瓦 (特) 也被用来测量机械功率。如果一台机器在 1 秒内使用 1 焦的能量,就需要 1 瓦的功率。焦是机器或人所做的功的单位名称。

延伸阅读: 电力;伏 (特);瓦特。

类似亮度的灯泡可以有不同的瓦数,其功率需要用瓦数来计量。同样亮度的白炽灯泡（上左）具有比荧光灯和发光二极管（上中、上右）灯泡更高的瓦数。

瓦特

Watt, James

杰姆斯·瓦特 (1736—1819) 是苏格兰工程师和发明家。他以改进蒸汽机而闻名。瓦 (特) 也是功率的单位,是以他的姓氏命名的。

纽科门 (Thomas Newcomen) 是英国发明家,他在 1712 年建造了第一个工业用的蒸汽机。在 18 世纪 60 年代,瓦特注意到纽科门设计的蒸汽机有缺陷,一个叫汽缸的部件先被用蒸汽加热,然后用水冷却。瓦特意识到这个过程浪费了大量的蒸汽和燃料。

瓦特发明了一种新型蒸汽机。汽缸能保持热度,还有一个单独的部件叫作冷凝器,通过冷却将蒸汽变成水。这个装置节省了大量的蒸汽和燃料。

延伸阅读: 发明;蒸汽机;瓦 (特)。

瓦特的蒸汽机在 18 世纪发展起来,引领蒸汽动力在工业中的广泛使用。

网格球顶

Geodesic dome

　　网格球顶是一个多面的结构，它看起来像一个球或是球的一部分。球顶的框架是由许多三角形组成的，圆顶的内部没有支撑体，靠三角形把穹顶托在上面。三角形可以有多种排列的方法。

　　网格球顶结构坚固，它在风中产生的热量损失很小，可以用来覆盖广阔的空地。

　　20 世纪 40 年代，网格球顶因为一位名叫富勒的发明家的创造而流行开来，他当时认为这种球顶可以解决住房短缺问题。目前这种球顶广泛用于体育馆和其他大型建筑。

　　延伸阅读： 穹顶；富勒。

加拿大温哥华科学博物馆的网格球顶。

网站

Website

　　网站是在互联网上显示信息的网页集合。许多公司、学校和其他组织都有网站，有些个人也有自己的网站。网站可以包括文字、图片、声音和视频。人们也可以在网站上玩游戏或购买商品。

　　网站通常包含多个网页。每个网页都有自己的地址，称为统一资源定位符（URL）。计算机使用 URL 可以查找到因特网上的网页。

　　网页包括能连接到其他页面的超链接。超链接是特殊的

网站通常包括多个网页。例如这个世界图书学生网站有包括成千上万篇文章的网页。

词或图像。当点击超链接时,计算机就会显示链接页面。万维网指的是所有互联网的网页,它们通过超链接连接在一起。

延伸阅读: 互联网;维基。

望远镜

Telescope

望远镜是一种用来看清遥远物体的装置,它可以拉近距离来看清物体。此外,人们用望远镜可以看到许多以前用肉眼无法看到的物体。普通望远镜看起来像一根长管子,管子的两端大小不同。把小端放在眼睛前,通过管子观测,物体看起来比实际距离要近。

两个小望远镜可以并排连接成双筒望远镜,人可以用双眼透过双筒望远镜观看。人们有时会用双筒望远镜看体育赛事。

天文学家使用大型望远镜来研究行星、恒星和其他空间物体。没有望远镜,人们对这些事情就知之甚少。

最常见的望远镜是光学望远镜,这种望远镜用于观察可见光,就像人类的眼睛一样。其他种类的望远镜可以探测人眼看不见的其他种类的光波,比如无线电波和 X 射线。天文学家利用这些望远镜来研究太空中的物体,这些物体释放出不同类型的不可见射线。

望远镜有不同的大小和形状。有些望远镜小到可以用一只手握住。巨大的碗状射电望远镜直径可达 300 米,这个距离几乎是三个足球场的长度。

有些望远镜是装载在宇宙飞船上的。哈勃太空望远镜于 1990 年发射,它在环绕地球运行的同时观测天空。虽然地球的大气层看起来很透明,但并不利于观测星星和其他天空物体。例如,恒星似乎在闪烁,其实是因为它们的光通过大气层发生折射后才进入我们的眼睛。因此,哈勃太空望远镜能比许多地面上的望远镜获得更清晰的图像。地面上的

西班牙的赫歇尔望远镜以在 1781 年发现天王星的英国天文学家的名字命名。

在新墨西哥,甚大阵列天线可以很精确地检测到无线电波。

望远镜装有特殊的设备来克服大气的影响。

人们可以看到物体，是因为物体反射或发出光，然后进入眼睛。光学望远镜通过光线折射来工作。一种光学望远镜在其大端有一块被称为透镜的曲面玻璃片。这块透镜是物镜，来自物体的光线会在物镜上发生折射，形成望远镜内部物体的像。从这像中发出的光穿过装在望远镜小端的另一块透镜，称为目镜，再次发生折射，使物体看起来更大。光通过透镜的弯曲面时发生折射，带有这种透镜的望远镜称为折射望远镜。

另一种光学望远镜使用镜子代替物镜。镜子被做成碗形的，物体发出的光从镜子中反射出来，在望远镜内部形成一个像。然后来自像的光线穿过目镜，使物体看起来更大。因为镜子能反射光线，这样的望远镜就被称为反射望远镜。反射望远镜通常能产生比折射望远镜更好的像。所有最大的现代望远镜都是反射望远镜。

许多望远镜可以像巨型照相机一样工作，拍摄太空中物体的照片。然后天文学家可以研究照片。

三种主要的光学望远镜是折射望远镜、反射望远镜和折反射望远镜。

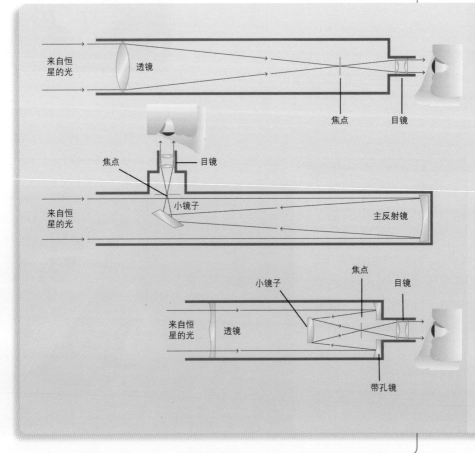

折射望远镜有一个大透镜，折射光线在焦点处会聚，形成了恒星的图像。通过目镜可以看到该图像。

反射望远镜有一个大的主镜，能把星光反射到一个较小的平面镜子上。然后光到达望远镜一侧的焦点，在那里可以通过目镜看到图像。

折反射望远镜有一个大透镜和一个中间有孔的大镜。来自恒星的光从这个带孔的大镜子反射到较小的镜子，并聚到焦点，物像在那里可以被看到。

即使是通过望远镜观察，太空中的物体看起来仍很暗，为了使它们看起来明亮些，天文学家使用带有非常大的透镜或平面镜子的望远镜。较大的透镜聚集更多的光进入望远镜，所以通过望远镜看到的物体看起来更加明亮。

射电望远镜从太空中的物体中吸收微弱的射电波。大多数射电望远镜都用一个大的碟形天线来捕捉这些波。碟形天线反射射电波与镜子反射光波的方式相同，但是射电波比光波长得多。基于这个原因，射电望远镜的碟形天线要比光学望远镜的反射镜大得多。

碟形天线把射电波传送到望远镜的另一部分并将射电波转换成电信号。射电接收机放大信号，它还跟踪信号中的空间点。这些信息输送到计算机后可以用来绘制射电波源的图像或提供相关的其他信息。

微波通常被认为是较短的射电波。探测微波的望远镜

不同种类的望远镜可以用来研究宇宙物体如蟹状星云、巨大的气体和尘埃云发出的不同形式的能量。

可在可见光下拍摄物体的哈勃太空望远镜。

钱德拉 X 射线天文台可以拍摄物体发出的 X 射线能量。

斯皮策太空望远镜可以在红外线下拍摄物体。

由哈勃太空望远镜拍摄的蟹状星云的照片，显示了星云在可见光下的外观。

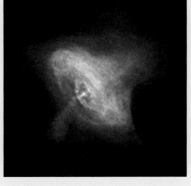

来自钱德拉 X 射线天文台的蟹状星云 X 射线图像显示了从中心物体流出的高能辐射。

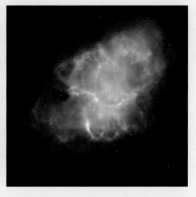

由斯皮策太空望远镜拍摄的红外图像揭示了蟹状星云的其他特征。

使用和其他射电望远镜一样的碟形天线。但是微波望远镜的碟形天线不需要那么大。

　　紫外光的波长比可见光短一点，红外光的波长比可见光长一点，这两种形式的光都是通过反射望远镜来收集的。反射望远镜类似于光学望远镜，但它有特殊的传感器，可以检测出不同类型的光。

　　最短的波是 X 射线和 γ 射线。它们可以穿透用来制造镜子的大部分材料。探测这些波的望远镜不使用镜面天线或碟形天线，它们使用特殊的传感器，可以"看到"波形并把它们变成图像。

业余天文学家用望远镜观察夜空。

　　荷兰科学家利珀斯海在 1608 年制作的第一台望远镜，是把两片玻璃透镜放在一个狭长的管子里。同年，意大利天文学家伽利略建造了一个像利珀斯海那样的望远镜。伽利略是第一个使用望远镜来研究行星的人，他用望远镜发现了一些令人惊奇的现象。例如，他发现木星周围有卫星。在 1668 年，英国天文学家牛顿建造了一台使用镜子的望远镜。

　　1930 年底，美国工程师雷伯 (Grote Reber) 建造了第一台射电望远镜并在他家的后院进行了操作。使用早期射电望远镜的科学家们发现了来自太阳的射电强波。后来，天文学家发现，射电波也来自一些爆炸恒星留下的东西。后来，科学家们发现一种快速旋转的被称为脉冲星的恒星也会发射出均匀的射电波。

　　延伸阅读： 钱德拉 X 射线天文台；哈勃太空望远镜；凯克天文台；透镜；利珀斯海；无线电；太空探索；甚大望远镜。

威斯汀豪斯

Westinghouse, George

　　乔治·威斯汀豪斯 (1846—1914) 是美国发明家和制造商。他为铁路车辆制造了空气制动器。这些制动器有助于更快更安全地刹住列车。他还改进了道岔装置并发明了一种能安全地将天然气输送到家庭的管道系统。他发明了煤气表。威斯汀豪斯公司还推出了一种称为交流电的供电方式。这种供电方式是奥地利裔匈牙利发明家特斯拉(Nikola Tesla)在为威斯汀豪斯公司工作期间提出的想法。

威斯汀豪斯于1846年10月6日出生于纽约州布里奇。在童年时期,他就在父亲的机械制造工场工作。15岁时,他制作了旋转式发动机。威斯汀豪斯在美国南北战争期间(1861—1865)在联邦陆军和海军服役。

威斯汀豪斯公司获得了数百项发明专利。他组建了50多家公司,他是包括西屋电气公司在内的30家公司的总裁。他于1914年3月12日去世。

延伸阅读:交流电;电力;旋转发动机;特斯拉;火车。

微波炉

Microwave oven

微波炉可用来快速加热食物。

微波炉产生一种叫作微波的能量,这种能量使食物中的微小物质迅速运动,这些微小物质的运动和摩擦产生了热量,从而煮熟了食物。

水很容易吸收微波。大多数食物,甚至是固体食物,都含有大量的水。与传统烤箱或炉子不同的是,微波炉不是从食物的外面煮到里面。然而,微波无法完全传播到很厚的食物里面。

微波可以通过玻璃、纸和大多数的盘子和塑料。但是金属物体不可以用在微波炉里,因为它们会引起火花。

微波炉用一种不可见的能量加热食物。

微软公司

Microsoft Corporation

微软公司是最大的计算机软件制造商之一,软件是供计算机执行的程序或指令。微软也是流行的 Xbox 游戏系统的生产商。微软的总部位于华盛顿州雷德蒙德。

微软是由比尔·盖茨和保罗·艾伦创立的。1975 年，他们开始为个人计算机 (PC) 设计程序，那时，PC 机刚刚诞生，比尔·盖茨和保罗·艾伦就在那年创立了微软。1980 年，国际商用机器公司 (IBM) 选择微软为其第一台个人计算机开发操作系统，即控制计算机功能的主程序。

1985 年，微软推出了一种名为 Windows 的操作系统。旧的操作系统依赖复杂的键盘输入指令，Windows 使人们能够通过使用计算机鼠标的指向和点击来控制计算机。Windows 还允许人们执行多个任务，每个任务位于计算机屏幕上的不同"窗口"中。微软还生产其他软件产品，Excel 是微软开发的一个应用程序，用于处理数字和财务信息。Word 是一个用于键入、编辑和打印文档的应用程序，PowerPoint 则能够帮助人们创建演示文稿。

延伸阅读： 计算机；电子游戏；比尔·盖茨；国际商用机器公司。

维基

Wiki

维基是人们可以轻松编辑的网站，人们还可以向网站添加内容。相距甚远的人可以在维基上合作。维基不同于其他网站，它的内容通常不会"完成"，而是随着人们编辑的内容而改变。维基这个词来自夏威夷语维基维基，意思是快点快点。

有些维基允许任何人来改变参与编辑内容，另一些则要求人们注册后才能进行编辑。还有些维基是私密的，用户必须被邀请才可以进行内容编辑。

第一个维基是在 1995 创建的。维基百科是一个在线百科全书，也是最受欢迎的维基之一。它始于 2001 年。

延伸阅读： 互联网；网站。

卫星号

Sputnik

卫星号是一系列人造卫星的名称。人造卫星是被用来环绕地球或其他天体的飞行器。第一颗人造卫星，后来被称为卫星1号，它是第一颗发射升空的人造卫星。卫星号都是苏联发射的。它们绕地球旋转，不载人。

卫星1号于1957年10月4日发射。它每96分钟绕地球一圈，速度为每小时29 000千米。它于1958年1月4日坠落到地球。

卫星2号于1957年11月3日发射。它携带了第一个太空旅行者——一条名叫莱卡的狗。

此后苏联陆续发射了另外几颗卫星号人造卫星，最后一颗在1961年3月发射。

注：sputnik是俄文的转写，意为卫星。

延伸阅读：人造卫星；太空探索。

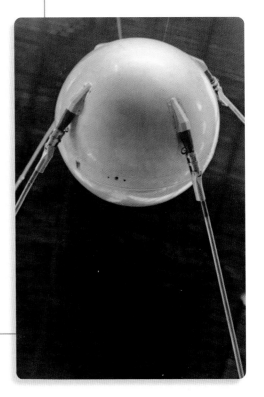

卫星1号，第一颗人造卫星，于1957由苏联发射。卫星发射了能在地球上接收到的无线电信号。

温度计

Thermometer

温度计是测量温度的工具。温度告诉人们东西或环境有多热或多冷。许多物质变暖时会膨胀（变大），变冷时又会收缩（变小）。温度计是通过测量这些变化来工作的。它通过显示一个数字来说明变化的大小。温度计可以测量气体、液体或固体的温度。

科学家大约在16世纪至17世纪首次使用温度计。最早的温度计被称为空气温度计。它是由一个开口的玻璃管和一盘水做成的。随着温度的变化，水会在管子中上升或下降。科学家可以根据管内水量的多少来判断温度。

现在人们使用的温度计有很多种类，其中一款流行的是

这个数字温度计可以测量人耳朵内部的温度。它可以识别内耳发出的红外线（热射线）。

玻璃液体温度计。它有一个薄而封闭的玻璃管,管子内部是液体。当液体的温度上升时,液体将占据更多的空间,液面就会在管子中上升。水银是一种液态金属,常用于这种温度计中。另一种常用的液体是酒精。

大多数数字温度计都使用细长的称为探头的金属装置来测量温度。这些温度计在小屏幕上显示温度的数值。

延伸阅读: 气压计;天气预报。

涡轮机

Turbine

涡轮机是因流体的运动而转动的装置。流体可以是水或气体(如风或蒸汽)。

风车是涡轮机的一种类型。它的轴上装有一个类似螺旋桨的叶轮。风吹动叶片,转动轴。轴的旋转运动产生能量。这种运动可以用来发电。

其他涡轮机通过蒸汽、其他气体或水的运动来带动叶轮转动。蒸汽涡轮机经常用于发电厂。水坝中的水轮机因水位落差而转动,它们也被用来发电。喷气发动机使用的是热气涡轮机。

延伸阅读: 发电机;电力;发动机;水力;风能;风车。

涡轮机的叶轮如同风车(左上图),当空气吹向叶片时叶轮就会转动。喷水器(上图)是另一种在水喷射时旋转的涡轮机。

沃兹尼亚克

Wozniak, Steve

美国工程师史蒂夫·沃兹尼亚克(1950—)是苹果公司的创始人之一,苹果公司开发计算机程序并制造电子计算机、手机和其他电子设备。

　　沃兹尼亚克于 1950 年 8 月 11 日出生于加利福尼亚州圣·若泽。1971 年，他开始在电子制造商惠普公司工作。此时，沃兹尼亚克遇见了乔布斯，另一个年轻的计算机爱好者。在 1975 年，沃兹尼亚克和乔布斯一起制作了一台简单、廉价的计算机。乔布斯鼓动沃兹尼亚克和他一起经商。1976 年，两人成立了苹果公司。他们开始设计销售早期计算机，称为苹果 I 型。

　　1981 年，沃兹尼亚克离开了苹果公司。沃兹尼亚克从苹果公司中的获益使他变得富有。后来他赞助音乐活动并教授计算机科学。

　　延伸阅读： 苹果公司；计算机；乔布斯。

沃兹尼亚克

污水

Sewage

　　污水是含有废物的水，也叫废水。废物来自人类活动。

　　污水来自家庭、餐馆、办公楼和工厂的水槽、厕所。污水中含有人类排泄物，还含有其他固体物质，如地面垃圾。此外，大多数污水含有有害的化学物质和细菌，有些细菌会引起疾病。

　　大部分污水最终流入湖泊、海洋、河流或溪流。在许多国家，专门的处理厂以某种方式处理所有的污水。这些厂能去除有害物质，其余的废水可以安全地返回到环境中。

　　未经处理的污水看起来和闻起来都很糟糕，它会引发疾病，也会污染水质，杀死鱼类和其他生物体。

　　延伸阅读： 有害废弃物；水污染。

污水处理厂把废水中的有害物质去除。

无线电

Radio

无线电是一种发送或接收远距离信号的装置。这些信号以无线电波的形式存在。无线电波是光的一种形式，但肉眼看不见。它们可以穿过空气，穿过太空，有点像海洋的波浪。无线电波也可以穿过固体物体，比如墙体。

船上的女性使用双向无线电向陆地上的人们发送信息，并从他们那里接收信息。

许多人听收音机是为了娱乐或收听信息，这类收音机所接收到的信号来自电台广播。在电台的人可以对着麦克风说话，麦克风将声音转换成电信号，这些信号传播到附近的发射机，发射机放大信号，然后把它们变成无线电波，电波就通过发射机上的天线来传送信号。主要的两种无线电信号分别被称为调幅（AM）和调频（FM）。调幅通过改变无线电波的振幅的"强度"来形成信号，调频的原理则是改变电波的频率（即波峰和谷之间的空间）。

收音机接收广播电台发射机发出的电波，将电波中的信号模式转变为电信号。它的主要部件是天线、调谐器和扬声器。天线接收无线电广播，扬声器将电信号转换成声音，调谐器允许听众选择想收听的频率（频道）。

人们每天使用收音机听音乐、新闻和其他节目。然而，无线电还有许多其他用途。船和飞机上的人用无线电与陆地上的人交谈，这种收音机叫作双向收音机。消防员和警察也使

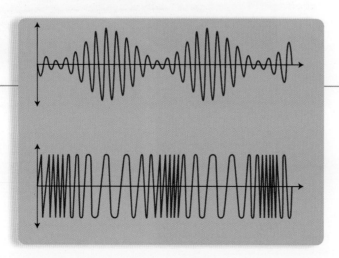

在调幅（AM）中，无线电波以振幅（强度）变化传送信号，在调频（FM）中则以频率（振动速率）变化传送信号。

用双向无线电来快速发送和接收信息。无线电还被用来向飞船上的计算机发送飞船所在的方位。移动电话也使用无线电波工作。此外,无线互联网,如 Wi-Fi,都是通过无线电波发送数据的。

许多人为无线电的发明做出过贡献。意大利发明家马尔科尼(Guglielmo Marconi)是第一个通过空气发送无线电信号的人,他在 1895 年做了这件事。大多数历史学家将加拿大科学家费森登(Reginald A. Fessenden)在 1906 年的第一次无线电广播视为"人类声音"。在 20 世纪 90 年代,卫星广播流行起来。卫星无线电系统利用在地球上空沿轨道运行的卫星来发送高质量的无线电信号。无线互联网连接在 21 世纪被广泛应用。

延伸阅读: 飞机;手机;马尔科尼;麦克风;雷达;遥控;人造卫星。

无线电探空仪

Radiosonde

无线电探空仪是一种由气球携带到高空的微型气象仪器。

无线电探空仪是一套测定天气的仪器。它质量轻、体积小。无线电探空仪被气球高高地升到天空中,气象学家习惯于使用这样的气象气球。

无线电探空仪装有测温、测压和测相对湿度的装置。相对湿度表明空气有多潮湿。无线电探空仪上的设备与无线电发射机一起工作。发射机将测量结果发送到地面接收站。地面站的无线电测向仪跟踪探空仪,能测出大气中不同高度的风速和风向。

延伸阅读: 气球;无线电;天气预报。

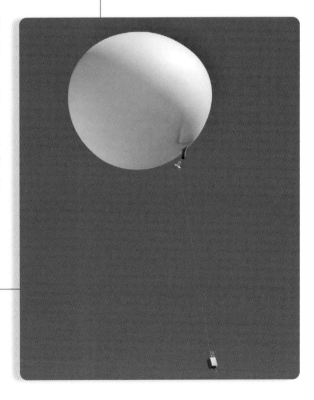

无线通信

Wireless communication

　　无线通信利用电磁波来发送信息。电磁波是一种能量空间模式,它有点像海洋波。但是电磁波可以穿越空气或空间。大多数无线通信都使用无线电波,而无线电波是看不见的。

　　电磁波的模式可以用代码表示,这个代码可以代表文本、声音或视频,也可以代表网站和计算机程序。许多设备可以接收和解析代码,它们包括收音机、手机和电脑。

　　人们用不同的方法来编码电磁波。调幅(AM)改变波的高度,变化的高度用于编码。调频(FM)改变波的频率(振动率)。

延伸阅读: 交流;电子器件;马尔科尼;无线电;电视。

伍兹

Woods, Granville T.

伍兹

　　格兰维尔·T·伍兹(1856—1910)是一位非洲裔美国发明家。他最著名的发明涉及铁路信号。他在1887年发明了铁路电报系统。早期的电报是一种通过电线发送信息的方式,伍兹的电报有助于列车人员沟通,避免撞车事故。

　　伍兹出生于俄亥俄州哥伦布市。他年轻的时候就学会了如何修理铁路设备。后来,他在俄亥俄州辛辛那提办起了自己的公司。这家公司生产和销售电器产品。

　　伍兹一生获得了50多项专利,专利是一种由政府颁发给发明人专利所有权的文件。伍兹于1884年获得第一项专利,这是一个改进的蒸汽炉。这种蒸汽炉为蒸汽船提供了动力。他还发明了一种用于火车的空气闸。

延伸阅读: 发明;电报;蒸汽机;火车。

洗涤剂和肥皂

Detergent and soap

　　洗涤剂和肥皂是用来清洗污物的，肥皂是洗涤剂的一种。洗涤剂和肥皂有很多种形态，包括条形、片状、颗粒状和液态。

　　洗涤剂和肥皂可用来清洗皮肤，香波可用来洗头。医生用洗涤剂清洗伤口。

　　人们在家里也使用洗涤剂和肥皂来洗碗和洗衣服，擦地板和擦窗户。

　　洗涤剂和肥皂在工业中有很重要的用途。例如，肥皂可以帮助新轮胎轻松地从模具上脱出。一些机油里含有洗涤剂，它能分解污垢和其他可能损害发动机的小杂质。肥皂还可用于抛光珠宝和软化皮革。

　　所有的洗涤剂和肥皂都需要水才能起作用。洗涤剂和肥皂含有表面活性剂，其分子的一端吸引少量污垢，另一端吸引水。这样，活性剂的表面就形成了一层薄薄的污垢，污垢的外面是水。污垢从清洗物中被析出，融入水中，这样污垢就很容易被清洗掉。

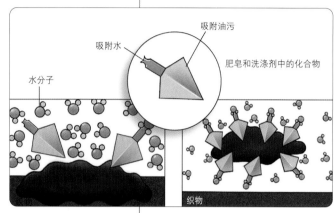

肥皂和洗涤剂中的特殊化学化合物具有清洁能力。这些化合物的分子有两端。一端附着在水上，另一端可以附着在油、油脂和其他污垢上。吸附油的一端还吸附污垢。吸附水的一端则将污垢拉进水中。

一个滚筒洗衣机通过前门装入衣物。在里面，滚筒旋转，衣服随滚筒翻滚。

洗衣机

Washing machine

　　洗衣机是一种清洁衣物、床单和其他物品的机器。现代洗衣机可以自动工作。人们把洗衣粉或洗涤剂放入机器并进行进行设定控制，然后机器被注满水。电动机搅动或翻滚被浸泡过的衣物，从而达到清除污垢的目的。最终，通过快速旋转的滚筒，衣物中多余的水分被排出。

　　在洗衣机发明之前，人们必须用手搓洗衣服。人们打湿衣服并用搓衣板和刷子洗刷衣服。有些人至今仍然这样洗

衣服。早期的洗衣机是顶部有两个滚筒的洗衣缸。滚筒是用手转动的,它把水从湿衣服中甩出去。

第一台由发动机驱动的洗衣机是在 20 世纪初制造出来的。它使用的是汽油发动机。1911 年,一种电动洗衣机样机出现了。后来的洗衣机又增加了水泵和排水管,以及滚筒装置、定时器和水温控制器等部件。

延伸阅读： 电动机；机械；纺织品。

夏努特

Chanute, Octave

夏努特 (1832—1910) 是一位出生于法国的美国工程师,他研制出一种双翼滑翔机。

空气动力学是研究飞机设计和飞机飞行的学科。夏努特在他 30 岁以后开始研究空气动力学,直到 60 岁以后才建造和驾驶滑翔机。他制造多翅膀的滑翔机,还制造了一种双翼滑翔机,这种滑翔机可以通过改变翼型来控制飞行。夏努特造出了他那个时代重量最轻、同时又最坚固的滑翔机框架。

世界上第一架飞机采用双翼设计,是由莱特兄弟在 1903 年建造的。夏努特出生于巴黎。

延伸阅读： 飞机；滑翔机；莱特兄弟。

夏努特

显微镜

Microscope

显微镜能使微小的物体看起来更大,它是最重要的科学研究工具之一,科学家们都使用显微镜。例如,医生用显微镜观察细胞,计算机芯片的结构只有在显微镜下才能看到。

光学显微镜使用一个或多个透镜,即曲面状的玻璃片。透镜使透过显微镜的光线折射,从而使被观察研究的物体看上去足够大。

其他类型的显微镜使用电子束。电子是微小的物质,电子显微镜能显示比光学显微镜所能看到的小得多的物体。

香农

Shannon, Claude Elwood

克劳德·艾尔伍德·香农(1916—2001)是美国数学家和计算机科学家。他的理念在现代计算机中被广泛使用。香农确定了计算机如何使用二进制代码工作,二进制代码只用两个符号,即1和0。

香农也从事人工智能领域的开发研究。人工智能是致力使计算机像人那样具有思维的技术。在20世纪五六十年代,他发明了与人类对弈下棋的机器。

香农于1916年4月30日出生在密歇根州皮托斯基。他在马萨诸塞理工学院(MIT)学习数学和电气工程。1941年,香农开始在新泽西贝尔实验室工作。1957年,他加入马萨诸塞理工学院,他在那里教书,一直到1978年退休。香农于2001年2月24日去世。

延伸阅读:人工智能;二进制数;计算机。

硝酸甘油

Nitroglycerin

硝酸甘油是一种强力的炸药。它被用在炸药中,也被用于心脏医学。

意大利化学家索布雷洛(Ascanio Sobrero)于1846年发现了硝酸甘油。但是硝酸甘油并不是一个安全的炸药。约20年后,瑞典化学家诺贝尔(Alfred Nobel)才找到了安全使用硝酸甘油的方法。诺贝尔称他的发明是轰动性的。直到1950年,硝酸甘油才成为使用最广泛的炸药。

索布罗(Sobrero)也发现了硝酸甘油,硝酸甘油引起他剧烈头痛。医生还知道另一种叫作亚硝酸戊

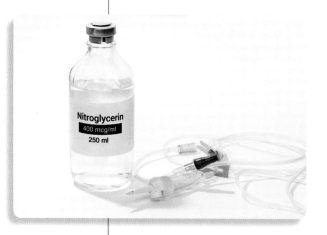

硝酸甘油既是一种炸药也是一种药物。

酯的物质,也会引发头痛,但它可以治疗心痛。这就让医生尝试将硝酸甘油作为一种药物。今天,医生用硝酸甘油治疗心绞痛。

斜面

Inclined plane

斜面是倾斜的表面,也叫斜坡。它是六种简单的机械之一。

斜面可以用来把沉重的负荷提到高处。把一个负载沿斜面推上去,比把它直接抬上去所需要的力要小得多。例如,一个普通的人无法把一个重 90 千克的箱子提升到约 90 厘米高的卡车上,但是这个人却可以把箱子沿着 3 米长的斜坡推到卡车上。这个箱子沿斜面运行的距离会比直接举起的高度更长些,但是推动它所需的力更小。斜面越长,推动负载所需的力就越小。

延伸阅读: 机械。

把一个桶沿倾斜的平面推上去,所需的力量比直接将它提上去所需的力量小。

谢泼德

Shepard, Alan Bartlett, Jr.

小艾伦·巴特雷特·谢泼德 (1923—1998) 是第一位在太空飞行的美国人。他也是第五位登上月球的宇航员。

谢泼德出生于新罕布什尔州东德里。他参加了第二次世界大战,是海军试飞员。1959 年他被选为首批宇航员之一。

1961 年 4 月,苏联的加加林成为第一个在太空飞行的人。1961 年 5 月 5 日,不到一个月后,谢泼德从佛罗里达州卡

谢泼德

纳维拉尔角借助火箭飞速上升188千米高度进入太空。15分钟后,他着陆在大西洋海域,飞行距离486千米。1971年,他指挥了阿波罗14号的登月计划,这是美国的第三次宇航员登月任务。

延伸阅读: 宇航员;加加林;太空探索。

虚拟现实

Virtual reality

虚拟现实,缩写VR,是一个计算机化的环境,是一种似乎类似于真实世界的体验。VR通常需要戴着一个特殊的设备来体验。这种头戴式设备有两个小屏幕,每只眼睛一个。屏幕显示一个虚拟的而不是真实的地方,类似于电子游戏里的世界。设备还有播放声音的扬声器。戴着设备让你感觉好像置身在虚拟世界之中,而不是在屏幕上观看。

这款智能手机游戏用虚拟物体覆盖真实世界的位置。这种虚拟与现实的结合被称为增强现实。

虚拟现实系统可以跟踪人的头部和身体的动作。当VR用户转过头或向前走时,屏幕会改变场景,跟随用户的移动而变换场面。一些VR系统有特殊的手套,手套能感觉到人的手部动作,它们将这些动作发送到VR计算机仿真系统,然后头戴式设备的屏幕上以同样的方式显示虚拟手的动作。其他设备让用户感觉虚拟场景里的物体好像有重量,还可以让用户感觉到似乎他们可以在电子世界里到处走动。

虚拟现实系统让用户感觉到了另一个世界。在这张照片中,一位女士使用VR耳机和手持式控制器来探索虚拟环境。

VR设备的研究始于20世纪60年代初,VR游戏的出现则在20世纪90年代初的商店和视频游戏室。一些人,如宇航员,使用VR系统进行训练。在21世纪的头十年里,一些先进的手机和其他电子产品可以支持一个称为增强现实的相关体验。在增强现实中,一个人可能会把一个手机的摄像头对准一个真实世界的地方,比如一个著名的建筑。手机屏幕就显示有关该地方有用的信息

或图像。通过这种方式，系统用虚拟现实覆盖了真实世界。

延伸阅读：手机；计算机；计算机图形。

旋转发动机

Rotary engine

旋转发动机是利用转子(旋转部件)来运转的一种发动机。其他类型的发动机使用活塞，而不是转子。活塞是往复运动的，不旋转。旋转发动机中的转子装在一个燃烧室内，燃料和空气的混合物在燃烧室内燃烧，燃烧产生的热气体膨胀，带动转子转动。在活塞发动机中，活塞带来的往复运动必须被转换为旋转运动，以便驱动车轮的转动。然而，一台旋转发动机能直接产生旋转运动。

旋转发动机使用燃烧燃料的能量来带动转子旋转，转子带动输出轴转动。相比之下，其他类型的发动机是通过燃烧燃料来推动活塞往复运动的。

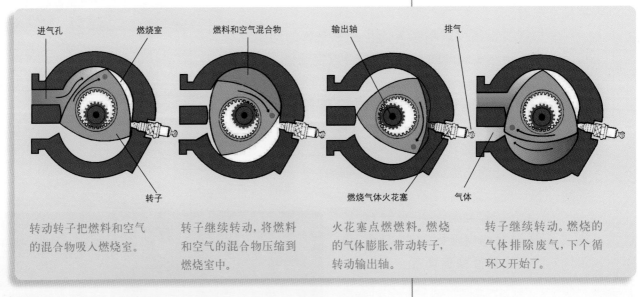

| 进气孔 | 燃烧室 | 燃料和空气混合物 | 输出轴 | 排气 |

转子

燃烧气体火花塞　气体

转动转子把燃料和空气的混合物吸入燃烧室。

转子继续转动，将燃料和空气的混合物压缩到燃烧室中。

火花塞点燃燃料。燃烧的气体膨胀，带动转子，转动输出轴。

转子继续转动。燃烧的气体排除废气，下个循环又开始了。

第一个实用的旋转发动机是在20世纪50年代初开发的。早期的旋转发动机比活塞发动机更小，更轻。在高速运转时，它们比活塞发动机更安静，但在低速运转时，旋转发动机会摇晃，要比活塞发动机发出更大的噪声。后来，人们开发出比旋转发动机更好的活塞发动机。如今，没有制造商把旋转发动机用于汽车。

延伸阅读：汽车；汽油发动机；活塞。

雪橇

Sled

　　雪橇是用来在雪或冰上滑动的交通工具。雪橇有滑行装置，如雪橇板，但不是轮子，它有助于人们在冰雪覆盖的地区四处行动。阿拉斯加和加拿大育空地区的人们乘坐雪橇旅行。雪橇被强壮的狗拉着，这种狗叫作"哈士奇"。

　　雪橇也用于消遣和娱乐。雪橇车是特殊的赛车雪橇。

　　雪橇在世界的不同地方有不同的名字，如滑板、雪橇车、平底雪橇或马拉雪橇。马或驯鹿有时也用来拉雪橇。

　　在早期，人们把圆木绑在一起做成雪橇，这种雪橇被用来在雪地和裸露的地面上运输东西。后来，人们发现在圆木下面设滑道雪橇滑起来更容易。

　　延伸阅读： 运输。

雪橇上的雪橇板在冰雪上滑出轨道。

烟花

Fireworks

烟花是一种用于娱乐的爆炸物,它是含火药的混合物。烟花爆炸时发出巨大的声响,并伴有五颜六色的火花和火焰。有些烟花称为爆竹,仅仅发出很响的噪声。烟花很危险,只有受过安全教育的人才能燃放。

家用的一般是一些小型烟花,而大型烟花表演往往是节日庆祝活动的一部分。烟花里的火药包装后被装在空心的纸管里,一部分火药把烟花射向空中,然后其余的火药产生爆炸。火药和特殊的化学药剂混合会产生各种颜色和造型设计。

烟花还可以被用作公路和铁路上发生险情时的信号。

延伸阅读: 炸药;火药。

烟花常常在庆祝活动中被使用。

颜料

Pigment

颜料是能给各种各样的物体着色的粉末。

颜料是一种彩色的粉末,油漆就是由颜料和液体混合制成的。人们有时把颜料和其他材料混合在一起。很早以前,人们把颜料覆盖在一种材料上,颜料给底料涂上了色彩。

一些颜料为塑料、油漆和油墨着色。不同的颜料有不同的颜色。比如氧化铁颜料呈黄色或红色,一种蓝色或绿色的颜料是酞菁。

几种颜料可以混合制成其他颜色。

红色和黄色颜料混合制成橙色，红色和蓝色混合制成紫色。

人的皮肤里有一种黑色素。黑色素较多的人皮肤比其他人黑，黑色素也会给雀斑添色。

延伸阅读：染料。

杨利伟

Yang Liwei

杨利伟（1965— ）是由中国送入太空的第一位太空人。2003 年 10 月，杨利伟在太空中度过了 21 个小时。他绕地球 14 圈，飞行了 600 000 千米。杨利伟在飞行后安全降落于内蒙古。在进入太空飞行之前，他是中国空军的飞行员。

中国人称杨利伟为航天员。航天员是宇航员的另一种说法。俄罗斯和美国是其他两个仅有的有能力将人送入太空的国家。

延伸阅读：宇航员；太空探索。

杨利伟

遥控

Remote control

遥控器是一种从远处控制机器或设备的装置。遥控器能用来操控电视机、DVD 播放器、车库的大门、导弹、模型飞机、机器人和宇宙飞船。有些遥控器能操控几米以外的机器，而另一些甚至能操控几百万千米以外的机器。

用无线电控制模型飞机就是遥控系统的一个实例。遥控器有一个发射机，它把信号发送给飞机上的接收机，接收机对信号进行解码，信号直接控制飞机的电机。

遥控使得操控物体变得更加容易，有助于人们去执行那些很困难并有危险的任务。

延伸阅读：机械；雷达；机器人。

遥控机器人帮助军事人员找到并拆除炸弹。

液晶

Liquid crystal

液晶是指一种会形成有序图案的流体。液晶用于电视和电脑的屏幕以及其他显示器,这样的屏幕被称为液晶显示器,简称 LCD。

液晶可以像液体一样流动,同时它也具有固态晶体的某些特性。固态晶体里的物质被排列成规则的、重复的模式,而液晶里的物质也会形成一定的模式,这种模式可以通过电荷、磁场或温度的变化而改变。一个清晰的液晶可以变得浑浊,一个彩色液晶也可以改变颜色。

液晶显示器是由细小像素的网格构成的,每个像素由液晶组成。液晶通常是透明的,但当电荷被施加在像素上时,它们会变暗,明亮和黑暗的像素由此构成了图像。特殊的过滤器可以使图像变成彩色。

延伸阅读: 计算机;电视。

伊姆霍特普

Imhotep

伊姆霍特普是传说中的古埃及建筑师,同时也是一名医生和高级政府官员。

伊姆霍特普设计并建造了最早的埃及金字塔——阶梯金字塔。阶梯金字塔是在公元前 2650 年左右为佐瑟国王建造的,由一系列巨大的台阶组成,现在仍然矗立在开罗附近,它被认为是古代世界最重要的建筑之一。

伊姆霍特普的医疗记录已经湮没无寻,但学者们从古希腊闻悉他的医生名声。希腊人把伊姆霍特普比作他们的治疗神阿斯克利皮厄斯,他们还以伊姆霍特普的名字命名建造了神殿和雕像。今天,在医学上他被誉为有名字记载的第一个医生。

延伸阅读: 金字塔。

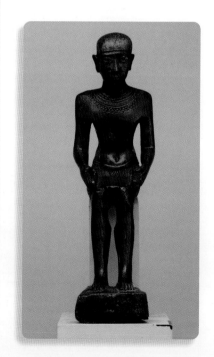

伊姆霍特普

隐形眼镜

Contact lens

　　隐形眼镜是戴在眼睛里的微小塑料圆片。隐形眼镜最常用来矫正视力问题,例如近视或远视。它由硬的或软的塑料制成,漂浮在位于眼球前面的角膜表面的一层薄薄的泪液上。

　　隐形眼镜是曲面状的,它将光线聚焦在视网膜上。视网膜是眼球中对光敏感的部分,它接收我们所观察的物体的反光。当聚焦良好时,人就能看到清晰的图像。

　　许多人戴隐形眼镜是因为他们不喜欢戴眼镜。有些人可能觉得不戴眼镜更美观。许多运动员和其他好动的人也喜欢隐形眼镜,因为隐形眼镜不会像普通的玻璃眼镜一样掉在地上摔碎。隐形眼镜比玻璃眼镜具有更好的侧视性。

　　大多数类型的隐形眼镜经过一天的佩戴后必须取出,有些隐形眼镜使用一天后就要扔掉,但有些隐形眼镜可以佩戴一周或更长的时间而不必取出。

　　延伸阅读: 透镜;塑料。

隐形眼镜被放在眼睛里,其镜片漂浮在眼睛的眼液上。

印刷

Printing

　　印刷是利用机器把文字和图像印在纸上或其他物品上的技术。印刷品是一种重要的交流形式。书籍、报纸和杂志要印刷;艺术品通常也需要通过印刷复制;学校试卷和商业合同也可以印刷;像罐头、瓶子、T恤和壁纸这类产品经常会被印上设计好的图案。

　　印刷工业在许多国家是很重要的。它在美国和加拿大是最大的工业之一。印刷不同于出版。出版涉及制作和销售印刷品。一些出版商自己拥有印刷设备,但更多出版商则是与单独的印刷公司合作。

　　印刷所用的机器称为印刷机。现代印刷机是巨大的电动设备,可以快速印刷数千页,也可以全彩印刷。最常见的印刷

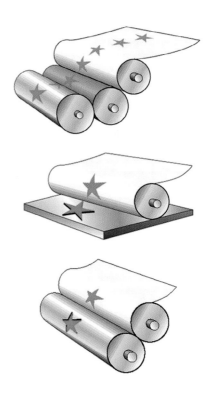

印刷机以三种主要方式将油墨印刷到纸上。在胶印中,印刷工先将油墨涂覆在橡胶圆筒上然后印刷到纸上。在凸版印刷中,印刷工把油墨从凸起的表面印刷到纸张上。

过程被称为平板印刷。在胶印技术中，工人对金属板进行处理，使油墨只能黏附在指定区域，然后用一层油墨覆盖在金属板上，将印版印制到一个圆柱体的胶辊上。大的纸张或纸卷被送入印刷机，压印滚筒将文字和图片印刷在纸上。

为了打印颜色，打印机使用四块印刷板，每块印版涂有不同颜色的油墨——黄、红、青、黑，这四种油墨颜色组合可以调出任何颜色。

要印制彩色图片，印刷机通常需制作四块印版，每一块印版涂上一种颜色的油墨——黄、红（纯红）、青（纯蓝）和黑，每个颜色分开印刷，这四种颜色可以调出任何颜色。

在印刷发明之前，人们不得不手工抄写文字。抄写书本很昂贵，得花很长时间。到了公元 700 年，中国人、日本人和韩国人都在使用雕版印刻。他们在木块上雕刻符号和图像，给凸起的图像上油墨，然后把油墨印刷到纸上。1045 年，一个叫毕昇的中国人发明了活字印刷。毕昇采用的是把一个个单独的胶泥活字按印刷页面的内容排列的模式。

在欧洲，人们制造了更好的活字印刷机。

汉语使用数以万计的字符，而欧洲语言仅仅使用字母表中的字母。欧洲打印机为每一个字母做了模块，通过重新排列字母，书写词和句子然后用油墨印刷完成打印。1440 年，德国发明家古登堡发明了欧洲第一台印刷机，它可以迅速地印刷出许多印刷品。古登堡的发明很快改变了欧洲，书籍流传广泛，更多的人学会了阅读和写作。

延伸阅读：照相机；交流；古登堡；纸。

荧光灯

Fluorescent lamp

荧光灯是电灯的一种。在荧光灯里，电流通过充满玻璃管的某种气体。这不同于白炽灯，在白炽灯里，电流通过灯丝。荧光灯比同功率的白炽灯泡耗电要少，并且产生的热量也较少。

荧光灯的灯管里充满混合气体，常用的是氩气，因为它具有导电性能。当开关闭合时，电流在灯管里面流过。

灯管中还含有汞蒸气，也就是汞的气体形式，电流会使汞蒸气发出紫外线光。我们的眼睛看不见紫外线光，但是紫外线会与涂在灯管内的荧光粉发生化学反应，从而使荧光粉发出可见光。

长管形荧光灯通常用于学校、办公室和工厂。荧光灯管也可以被扭曲成如同传统的家用灯泡那样的形状，这种灯泡被称为紧凑型荧光灯。

延伸阅读：电灯；灯泡。

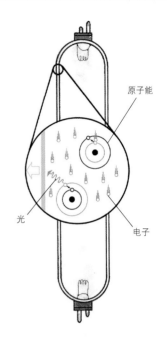

原子能

光

电子

在荧光灯中，电流通过充满气体的管子，使气体中的原子释放能量，这种能量使玻璃管的涂层发光。

有害废弃物

Hazardous wastes

有害废弃物是指无用的化学物质，它们对人和环境有害，它可以是固体、液体或气体，可以来自发电厂、工厂、矿山或医院等。

有害废弃物能够进入空气、水和地面，也会进入食物从而毒害人或动物。

人们制定专门的法律来限制产生有害废弃物的数量，同时也规定了人们如何处置有害废弃物。人们一般通过填埋、燃烧或回收利用来处置有害废弃物。

延伸阅读：核废料；发电厂；回收再利用。

人们在处理有害废物时必须穿防护服。

宇航员

Astronaut

宇航员是指宇宙飞船的驾驶员或在宇宙飞船上工作的人。宇航员是美国使用的称呼,中国称之为航天员。

大多数美国宇航员为美国国家航空和航天局(NASA)工作。美国国家航空和航天局有两种基本类型的宇航员:飞行员和任务专家。

航天飞行员在开始训练前必须具备 1 000 小时以上的喷气式飞机飞行经验。他们的使命是指挥和驾驶飞船。

任务专家在他们将要在太空从事的任务方面必须具有至少三年的工作经验。他们负责保养宇宙飞船、做实验、发射卫星,以及在外空间行走。

美国国家航空和航天局有时也会挑选一些被称为搭载专家的宇航员。他们是在太空做实验的科学家。搭载专家不需要经过完整的宇航员培训。

宇航员在位于得克萨斯州休斯敦的约翰逊航天中心接受训练。他们学习科学、航天器跟踪和其他学科,也包括飞行训练。任务专家一般不是飞行员,但他们同样要学习飞行器工作原理,并进行一些飞行练习。

所有的宇航员都要学习生存技能。他们必须知道如果宇宙飞船降落在海上或陆地上的蛮荒之地时该怎么做。宇航员也要接受任务训练,学习宇宙飞船及其设备的原理。

宇航员并不是一直在太空飞行。在待命期间,他们从事工程和其他工作。但是一旦被选为航天飞行的机组人员,他们就开始在模拟器中训练。这些模拟器与宇宙飞船的环境高度相似,宇航员必须学会解决太空中可能出现的问题。他们还在宇宙飞船的模型里训练。

有时候,宇航员会接受太空飞行中的一些特殊训练。例如,他们练习使用喷气背包。在执行任务期间,宇航员使用这种背包在缺乏安全保障的情况下在航天器外面工作。

宇航员也在地面上工作。他们向太空中的

一名宇航员在航天器外使用喷气式背包工作。

宇航员在宇宙飞船内工作。

机组人员提供信息和发出指令，与工程师和科学家合作，还会提出改进航天器和设备的建议。

1961 年 4 月 12 日，苏联宇航员加加林成为第一个在太空旅行的人。加加林绕地球轨道飞行了一圈。23 天后的 5 月 5 日，谢泼德成为美国第一位太空旅行者，但他并没有进入轨道。格伦是第一个进入地球轨道的美国人，他于 1962 年 2 月绕地球飞了三圈。第一个进入太空的女性是苏联宇航员捷列什科娃，她于 1963 年在太空中停留了三天。来自其他许多国家的宇航员们与俄罗斯人和美国人一起执行过飞行任务。2003 年 10 月 15 日，杨利伟成为中国第一个进入太空的宇航员。迄今为止，只有不到一千人进入过太空。

训练有素的宇航员在飞船外太空行走，进行设备维修。

延伸阅读：奥尔德林；阿姆斯特朗；加加林；格伦；国际空间站；露西德；美国国家航空和航天局；莱德；谢泼德；捷列什科娃；太空探索；杨利伟。

运河

Canal

运河是人们在陆地上挖出的一条水道，它使船只能够在大型水域之间航行。运河还能把水输送到农场和城市中。

运河可以连接不同的水域，如湖泊和海洋。这些运河由此成为船只航行的"捷径"。运河还可以控制河流的航道，使船只更容易航行。

古巴比伦人和古埃及人在 4 000 年前就建造了运河。巴拿马运河和苏伊士运河是当今世界上最重要的运河，两者都是重要的航运捷径。

巴拿马运河位于中美洲，它通过巴拿马连接大西洋和太平洋，是世界上最繁忙的运河，每年大约有 12 000 艘轮船通过巴拿马运河。

　　巴拿马运河长约 82 千米，把从纽约到旧金山的海路缩短了 12 600 千米以上。

　　苏伊士运河位于埃及塞德港和苏伊士海湾之间，犹如红海的一条臂膀。它长约 190 千米，贯通了地中海和红海，缩短了欧洲和亚洲之间的海上航线。

　　延伸阅读： 渡槽；巴拿马运河。

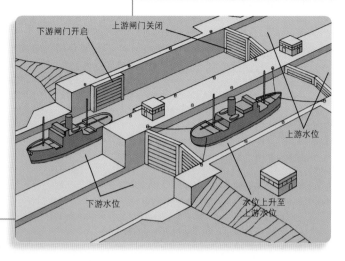

运河船闸使船只能够在不同水位的水域之间移动。船进入两个关闭的闸门之间，然后水位升高或降低。

运输

Transportation

　　运输是把人和物体从一个地方送到另一个地方的活动。交通运输运送人们去他们想去的地方，也给人们带来他们想要的产品。

　　在早期，交通缓慢而困难。史前人类旅行主要是靠步行。他们背负或头顶重物，有时还不得不拖着重物沿着地面前进。后来，人们开始用动物来拖动货物。然后人们又发明了货车和帆船。动物、马车和帆船的使用有助于人们旅行得更远且更方便。但运输仍然相当缓慢。

　　发明家在 18 世纪末至 19 世纪

数以百万计的汽车运送人们穿越陆地。

船只，比如这艘油轮，载着大量的货物横跨海洋。

初制造了第一批带有发动机的车辆。通过用发动机驱动车辆，人们开始比以前更快捷更方便地旅行。

现在，飞机可在几个小时内飞越大陆。火车、卡车和巨型货船在世界各地运送产品。数以百万计的人使用汽车四处旅行。公共汽车载送学生来往于学校。

有发动机的运输工具，如汽车和飞机，使我们的生活变得更便利，但它们也带来了问题。发动机需要大量的燃料，它们消耗了地球大部分的可供能源。汽车和卡车挤满了街道和公路，从它们身上冒出来的烟气使空气变得污浊。

陆路运输是最常见的一种交通运输。汽车、公共汽车、摩托车和卡车是依靠发动机作为动力的陆地车辆，它们都用轮子。火车也是一种重要的陆路运输方式，与其他类型的车辆不同，火车没有方向盘。但有些列车可以以比汽车快得多的速度安全行驶。最快的客车每小时能行驶超过 320 千米。

有些陆路运输不使用发动机。人们步行或骑自行车。有些人骑动物或用它们运输货物。这些动物包括骆驼、驴子、大象、马、美洲驼和牛。

水上运输包括小舟、船舶和筏子。人们主要在河流、运河和湖泊上使用舟。船比舟大，可以横渡大洋。船舶运送许多种类型的货物。几乎所有的船只和艇都是由发动机驱动的，但独木舟、划艇、帆船和筏子没有发动机。

航空运输包括飞机和直升机。飞机和直升机都是由发动机驱动的。飞机运输是把人和货物从一个地方运送到另一个地方的最快的方式。直升机的飞行速度比飞机慢且个头小，但与飞机不同的是，直升机可以在空中悬停。一些人还通过滑翔机或气球飞行，它们没有发动机。

延伸阅读： 气垫船；飞机；飞艇；汽车；气球；自行车；缆车；发动机；汽油发动机；滑翔机；直升机；喷气式飞机；机车；磁悬浮列车；摩托车；公路；火箭；船舶；蒸汽机；汽船；潜艇；坦克；轮胎；火车；卡车。

自行车是最普及的无发动机运输方式之一。

飞机是最快的交通工具之一。

Z

轧棉机
Cotton gin

惠特尼的轧棉机可以快速而经济地将棉籽从纤维中分离出来。

轧棉机是一种从棉纤维中去除棉籽的机器。美国发明家惠特尼以他发明的轧棉机而闻名。事实上，简单的轧棉机已经存在了几个世纪。1793 年，惠特尼发明了一种更快、更经济的方法来分离棉籽和纤维，他发明的轧棉机使得美国成为世界上领先的棉花种植者。

早期的轧棉机可以从长纤维的棉花中移除棉籽，但无法处理美国南方通常种植的短纤维棉花的棉籽。惠特尼的轧棉机则可以处理短纤维棉花，这个机器每天加工的棉花数量等于 50 个工人一天手工处理的数量。惠特尼的发明很快就促使南方农民大量种植短纤维棉花来出售。

延伸阅读： 惠特尼。

炸弹
Bomb

炸弹是产生爆炸的武器。大多数炸弹用于战争，恐怖分子使用致命的炸弹来制造恐惧和惊慌。

大多数炸弹有一个装满爆炸材料的金属容器。爆炸产生的冲击波能摧毁建筑物、车辆和生物。爆炸同时摧毁了炸弹的金属容器，它的碎片以高速飞行，也会造成损坏。

许多炸弹是从飞机上投掷的。有些炸弹足够小，可以拿在手上。有些炸弹从特殊的枪炮中被发射或点燃。与导弹不同的是，炸弹自身没有在空中飞行的动力。但有些炸弹上有鳍或翼，可以引导它们飞行与坠落。

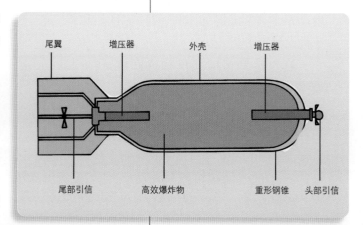

尾翼　　增压器　　　　　外壳　　　增压器

尾部引信　　高效爆炸物　　　重形钢锥　头部引信

这张图显示了一种通常是从高空扔下的炸弹的部件。机头或尾部的保险丝可以触发爆炸。尾翼则有助于稳定飞行中的炸弹。

炸弹有各种特殊的设计。带有重型钢锥的炸弹可以穿透战舰上的厚层装甲。燃烧弹可以引起熊熊大火。核炸弹是迄今为止最强大的武器。

奥地利于 1849 年最早从空中投掷炸弹。意大利可能是第一个从飞机上投掷炸弹的国家，它在 1911 年对土耳其的战争中这样做了。在第一次世界大战期间，德、法、美、英从飞机上投下炸弹。第二次世界大战期间，炸弹摧毁了欧洲和日本的大部分地区，燃烧弹点燃了整个街区和城市。1945 年，美国向日本投放了两枚原子弹，这是迄今为止战争中使用过的两颗威力最大、最为致命的炸弹。

在越南战争期间，美国使用了绰号为"雏菊切割机"的巨大炸弹来清除茂密的丛林。现代炸弹通常由电子和卫星信号引导，称为制导炸弹，被广泛用于 1991 年的海湾战争、2003—2011 年的伊拉克战争和 2001 年开始的阿富汗战争。

延伸阅读：炸药；核武器。

炸药

Explosive

炸药是一种用来产生爆炸的物质，它可以是固体、液体或气体。强力炸药被加热或被猛烈撞击时会迅速转变为热气体，气体在巨大的爆炸中扩散开来。

炸药是危险的，但有时是有用的。它们可以在山里炸出隧道，或者清除岩石和树桩，以便修筑道路。

炸药的另一种用途是制作烟花。火药把烟花送入空中并使它们爆炸，天空变得明亮而又美丽。但是所有的炸药都会伤害人。炸药也被用来制造火药、炸弹和地雷，这些是用来摧毁建筑物和杀人的。

延伸阅读：代那买特；硝酸甘油。

爆炸产生的高温高压气体迅速扩散。

詹尼

Jenney, William Le Baron

威廉·詹尼（1832—1907）是一位美国建筑师和工程师，他最著名的设计作品是芝加哥家庭保险大楼，这是第一座使用金属结构的摩天大楼。

在这之前，高楼是由厚厚的石墙和砖墙支撑的，而采用金属柱和横梁使建筑物可以建造得更高。家庭保险大楼有 10 层，建于 1884—1885 年，它于 1931 年被拆除。

詹尼出生在马萨诸塞州费尔哈文。1868 年他在芝加哥开设了办事处并培养出其他著名的建筑师，包括伯纳姆（Daniel Burnham）和沙里文（Louis Sullivan）。这些建筑师发展了一种建筑风格，被称为"芝加哥学派"。

延伸阅读： 工程；摩天大楼。

詹尼设计了第一座带有金属框架的摩天大楼，这座 10 层的家庭保险大楼建于 1884 年至 1885 年。

张福林

Chang-Díaz, Franklin

张福林

富兰克林·张福林（1950—　）是一名美国宇航员。他在 1986 年至 2002 年间七次执行了美国国家航空和航天局的航天飞机飞行任务。

张福林出生于哥斯达黎加圣何塞，高中期间他来到美国并留在美国上大学，他在大学里学习工程和物理。后来他致力于研究火箭发动机。2005 年，张福林离开了航天飞机项目，继续他的火箭研究，同时开始为大学生教授物理。

延伸阅读： 宇航员；太空探索。

照相机

Camera

照相机是用来拍摄照片和影像的设备。老式照相机是一个内装胶片的黑匣子，新式照相机则是数码的，它们不用胶卷，而是用感应器来记录图像，这种图像可以在电脑里观看。

在这两种类型的照相机中，景物的光通过镜头进入照相机。在胶片照相机中，光与胶片上的化学物质产生反应，从而形成图像。在数码相机里，光照在一个微小的电子感应器上，它把影像以计算机文件的格式记录下来。

摄影是一门使用照相机的艺术。摄影师必须用照相机定位景物以捕捉景物。他们必须使用适当的光线，还必须确保相机聚焦良好，否则照片就会模糊。许多数码相机会自动对焦并进行其他一些调整。

延伸阅读： 透镜；摄影。

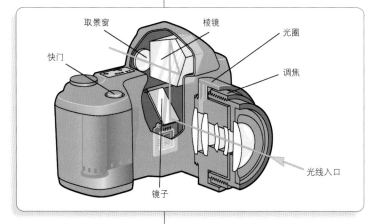

光线通过镜头进入照相机。镜子让摄影师透过取景器看到场景。拍照的时候镜子拉起，光照在胶片上。

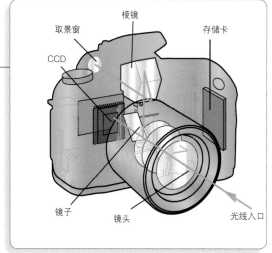

数码相机将光聚焦在被称为电荷耦合器件（CCD）的感光部件上。CCD取代了胶片，将捕捉到的光影转换成计算机文件。

真空管

Vacuum tube

真空管是早期的计算机和电子设备中使用的一种部件。许多真空管看起来像灯泡。有些真空管用金属外壳取代玻璃。

　　真空管内几乎没有空气,这种真空是部分真空。真空管内部也有电极。电信号在电极之间传输。

　　微波炉和比较陈旧的电视机使用真空管。但真空管现在很少被使用,被称为晶体管的微型设备已经取代了真空管。

　　延伸阅读: 计算机;电极;电子器件;电视;晶体管。

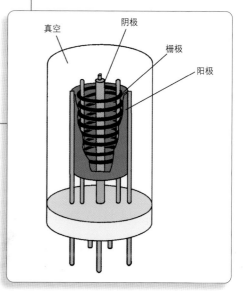

在真空管中,电信号在阴极和阳极之间传输。在这种被称为三极管的真空管中,信号穿过栅极。栅极电压控制流量。

真空吸尘器

Vacuum cleaner

　　真空吸尘器是一种能吸走污垢和灰尘的机器。人们使用真空吸尘器清除地板、地毯、家具、窗帘和其他物体上的污垢。

　　真空吸尘器通过风扇吸入空气。当风扇旋转时,它又把空气从里面排出来。空气先从外部被吸入到吸尘器里面。当空气被吸入时,灰尘也被连同带入。吸尘器里有袋子或滤器收纳灰尘。清洁的空气被吹出机器。使用者必须定期清空袋子里的灰尘或更换袋子。

　　延伸阅读: 空气净化器;机械。

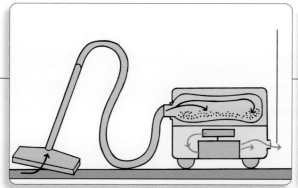

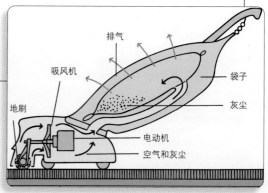

真空吸尘器分卧式和立式两种。卧式吸尘器(左图)里有个风扇将灰尘从软管中吸进袋子里。立式吸尘器(右图)中风扇吸入被地刷带入的灰尘,该地刷是带有刷毛的旋转圆柱体。

蒸汽机

Steam engine

　　蒸汽机是一种将膨胀蒸汽产生的能量转化为运动的装置。蒸汽可以用来旋转一种叫作涡轮机的装置。蒸汽动力涡轮机用于大型船舶，发电厂也使用蒸汽涡轮机发电。蒸汽还可以推动被称为活塞的金属杆作上下运动，活塞的上下运动可以带动车辆的轮子转动。但现如今已很少使用蒸汽动力发动机。

　　18 世纪蒸汽机的发展为现代工业打造了基础。在那之前，人们必须依靠自己的肌肉或动物、风、水产生的动力。一台蒸汽机能顶得上许多匹马，它足以提供工厂里所有机器运行所需的动力。

　　蒸汽机利用热能使水沸腾，产生蒸汽。热蒸汽膨胀，产生向外推力，这种推力可以旋转涡轮机或推动活塞。大多数蒸汽发动机有一个燃烧产生热能的区域，燃烧物可以是煤、油或其他一些燃料。

　　海罗（Hero）是居住在埃及的一位科学家，他描述过公元 60 年的第一台蒸汽机。这个装置是小型的，一个空心球被搁置在一根安在蒸汽锅蒸汽出口处的管子上。但是这个装

蒸汽机车在柴油机被发明之前牵引了几乎所有的列车。如今，蒸汽机仍然在世界上的一些地方被用于牵引列车。

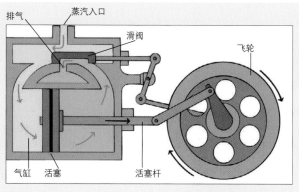

蒸汽以黄色显示，它推动活塞在气缸里作往复运动。滑阀将蒸汽引入到一侧或另一侧。在这个图解中，蒸汽进入汽缸的左侧。蒸汽的能量推动活塞向右移动。当活塞运动时，活塞杆带动飞轮转动半圈。

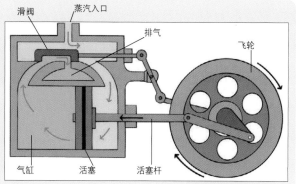

当活塞到达气缸的右侧时，滑阀运动。现在，蒸汽进入气缸的右侧。它推动活塞回到左边，然后活塞杆带动飞轮转动完成一整圈。排气装置使蒸汽排出。

置没有被使用过。1698 年,英国人萨弗里(Thomas Savery)发明了第一台实用的蒸汽机。它是一个从矿井里抽水的泵。1712 年,一个名叫纽科门 (Thomas Newcomen) 的英国人发明了一种蒸汽动力活塞式发动机。1763 年初,苏格兰工程师瓦特对纽科门蒸汽机做了重大改进设计。瓦特蒸汽机被广泛应用于工业领域。

延伸阅读: 发动机;机车;活塞;汽船;火车;涡轮机;瓦特。

直流电

Direct current

直流电是电流的一种形式。电流是电荷的运动,它来自微小的、快速移动的粒子 (称电子) 的运动。电子通过电线,有点像水流过管道。这种流动就是电流。

直流电只向一个方向流动,它不同于另一种电流—— 交流电,交流电在电线里来回流动。

电池产生直流电,而发电厂向家庭提供的是交流电,因为交流电更容易远距离传输。

许多设备使用直流电。列车上的电动机和汽车里的电子元件一般都使用直流电。收音机和电视机使用直流或交流电。

延伸阅读: 交流电;电流;短路。

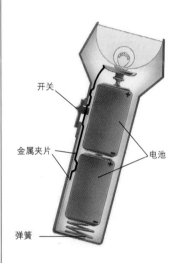

开关

金属夹片

电池

弹簧

手电筒使用直流电,其电流只向一个方向流动。电流从电池流向灯泡并回流。

直升机

Helicopter

直升机是一种飞行器。它通过旋转的机翼,即螺旋桨升到空中。helicopter 这个名字来自希腊语,意为螺旋和翅膀。

直升机可以直接向上或向下飞行,也可以向前、向后或向侧面飞行,甚至可以盘旋停留在空中的某一个位置。

直升机和飞机有许多不同。大多数飞机起飞需要一个长的跑道,但是直升机仅需很小的空间就可以起飞和降落。直升机可以比飞机更慢和更低地作安全飞行。但是,它们不

飞行员坐在直升机的驾驶舱里。

能像大多数飞机那样飞得那么快。

直升机有很多用途，它经常被用于救援。直升机可以在着火的摩天大楼或沉船的上空盘旋，把绳子放送给下面的人们，然后把他们送到安全的地方。直升机也被用作飞行急救车，它可以比地面救护车更快地把人们送到医院。

警察使用直升机追捕罪犯，或寻找失踪者；电台和电视台用直升机观察交通堵塞情况并即时报道；科学家用直升机研究广阔无垠的荒野。直升机也用于把人们运送到汽车、火车或飞机无法企及的地方。

农民有时使用直升机在农田上播种施肥。林业部门使用直升机将原木运出森林。

武装部队以多种方式使用直升机：直升机充当飞行救护车，在战场上运送伤员；直升机携带士兵和作战装备到战略要地；军用攻击直升机装备有导弹、火炮和机关枪。

大多数的飞行器都有机翼，机翼产生向上的升力，将飞机、直升机和其他飞机送上空中，并将它们保持在空中。直升机的机翼高速旋转时，机翼下面和周围会形成特殊的气流，从而使直升机升空。

单桨直升机是最常见的一种直升机，它的机身上方有一个主要的旋转机翼，尾端还有第二个较小的旋翼。双旋翼直升机有两个主旋翼。

飞行员坐在驾驶舱里并使用驾驶舱里的仪器来调整上升力使直升机上下运动。他们通过操纵仪器来改变机翼推动气流的方式。

延伸阅读：飞机。

直升机高速旋转的机翼。在机翼周围空气形成的特殊气流使直升机升上天空。

纸

Paper

纸是一件重要的工业产品。书籍、杂志和报纸都是印刷在纸上的。人们在家也要用纸巾。纸也被用来制作箱子和袋子。

纸是用一种被称为纤维素的物质制作的。纤维素来源于织物纤维。这些纤维非常细小，就像头发丝似的。人们让混合了水的纤维通过滤网，随着水分的蒸发，纤维相互黏合在了一起就形成了纸。

造纸的纤维来源于多种不同的植物。比较常用的植物有竹子、棉花、麻、黄麻、甘蔗、小麦和稻秆。在北美，木头是造纸纤维的主要来源。

延伸阅读：印刷。

造纸厂生产的大纸卷可以被裁剪成较小的尺寸。

制作各种纸制品需要许多步骤。以下是一些主要的步骤：

1. 将树砍倒并削剪成圆木。
2. 在造纸厂里将树皮从圆木上剥落。
3. 圆木再被削成木片。
4. 将一些废旧的纸和破布与木片混合在一起。
5. 将这些混合物煮成纸浆，然后再进行冲洗。
6. 将纸浆倒在一个铁丝网制作的传送带上。
7. 沉重的滚筒将纸压得越来越薄，越来越顺滑。
8. 最后的成品纸就能用来制作各种纸制品了。

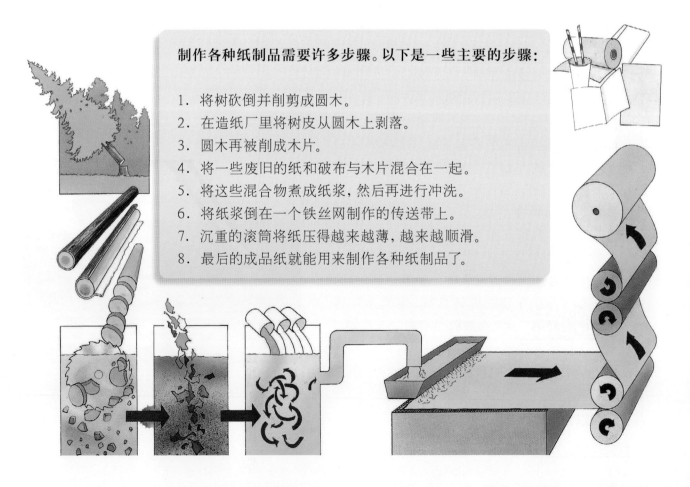

指南针

Compass

指南针是指引方向的工具,它可以帮助你在没有路标的情况下找到方向。徒步旅行者使用指南针指引方向,船只使用指南针穿越海洋,飞机使用指南针在空中飞行。

一个简单的袖珍指南针看上去跟钟表有点相像。它有一根针,可以旋转。指南针的表面有代表方向的字母,N 代表北,S 代表南,E 代表东,W 代表西,这些是指南针的基本点。

指南针表面有个圆圈称为罗盘,上面有刻度标记。在罗盘上,刻度把东、南、西、北划分成较小的区域。罗盘也被印在一些地图和城市街道上。

罗盘上的针是磁化的,它总是指向地球的磁北极。磁北极在地球顶部,靠近北极的一个点,所以指南针总是指向北方。

陀螺罗盘总是指向北,但它并不是利用地球的磁场原理,而是利用旋转机理、重力和平衡原理。船舶和飞机使用陀螺罗盘,因为它们比磁罗盘即指南针更精确。

延伸阅读: 陀螺罗盘;磁体;导航。

袖珍指南针有一个指向北方的磁针。

在有些指南针中,磁铁和圆盘在水与乙醇混合的液体中漂浮。磁体可以自由旋转,而卡片指示方向。

指纹识别

Fingerprinting

指纹识别方法基于手指留下的痕迹。手指末端的皮肤上有一种独特的纹路,这些纹路可以在一个人接触过的东西上留下印记。指纹可以被用于识别,是因为每个人的指纹都是唯一的，而且一个人的指纹在其一生中是不变的，除非在极为罕见的情况下，如疾病或伤害。

指纹识别被用于犯罪调查，它在刑事审判中经常被作为呈堂证据，也可用于辨认在战争、暴力和灾难中的罹难者。一些政府机构和公司利用指纹识别来防止犯罪。例如，许多机场、银行、军事基地和政府大楼在允许人们进入某些地区之前，都用指纹识别系统进行排查。

19 世纪 60 年代，英国殖民时期的行政官员赫歇耳（William J. Herschel）爵士开始使用指纹识别来防止发生在印度的欺诈行为。1880 年，苏格兰医生福尔兹（Henry Faulds）提出使用指纹识别来帮助破案。在 19 世纪 80—90 年代，英国科学家高尔顿（Francis Galton）研究并奠定了一套指纹识别的科学基础。

一些安全系统需要通过指纹识别才能打开某些门。

制动器

Brake

制动器是使运动中的物体减慢或停止的装置。车辆使用各种制动器，踏板或其他控制器都可以使制动器动作。

制动器里有一个叫作刹车盘的部件，它与车轮或其他运动部件相接触，由于刹车盘和运动部件之间的摩擦作用，运动会变慢乃至停止。

制动器有几种不同的类型。例如，自行车采用机械刹车。大多数自行车的制动器是由把手上的杠杆控制的。骑手挤压杠杆，缆绳将这种挤压力传递给制动器，制动器把刹车片推到轮辋上。汽车则采用液压制动装置。这种制动器通过一种叫作制动液的液体把刹车盘压紧到车轮上。公共汽车和大型卡车采用空气制动装置，这些制动器利用空气的力量把刹

大多数自行车都有机械制动装置。用力挤压车把上的一个杠杆会带动两个制动杠杆把橡胶刹车片压在轮辋上，从而减缓车轮的速度。

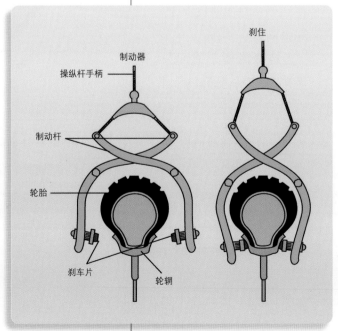

操纵杆手柄 — 制动器

刹住

制动杆

轮胎

刹车片 — 轮辋

车盘压紧到车轮上。

延伸阅读：汽车；自行车；摩托车。

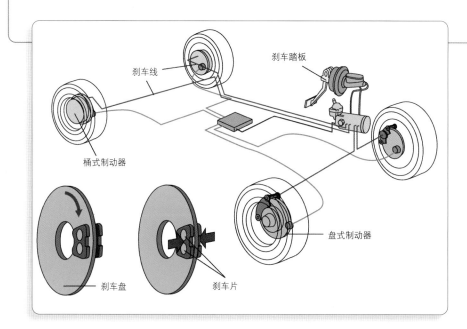

刹车线
刹车踏板
桶式制动器
盘式制动器
刹车盘
刹车片

汽车使用液压制动器，它通过制动液来推动刹车盘。在盘式制动器里，刹车盘挤压车轮盘的两侧，减慢车轮的速度。在筒式制动器里，弯曲的制动靴压在车子轮辋的内部。

制冷

Refrigeration

制冷是除去热量的过程。冰箱冷藏食物和饮料，可以防止食物和药品变质。空调器像冰箱一样工作。它们保持建筑物内凉爽。几千年来，人们已经使用某种制冷方法，而现代制冷需要能源驱动机器。

热量只能从较热的物质传递到较冷的物质。制冷工作原理是将热量传给制冷剂，一种能迅速吸收大量热量的物质。冰可以作为制冷剂，因为冰是冷的，它吸收空气中的热量或与较热的物体接触并吸收其热量。冰在融化之前可以吸收大量的热量，给冰加

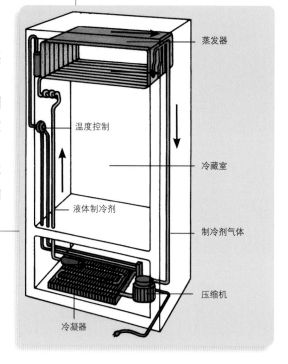

蒸发器
温度控制
冷藏室
液体制冷剂
制冷剂气体
压缩机
冷凝器

在电冰箱中，蒸发器将液态制冷剂转变成气体。在这个过程中，制冷剂吸收大量的热量，蒸发器周围的区域变冷。电动压缩机将气体泵入冷凝器，再将其转化为液态。

入盐或某些化学物质会使它吸收更多的热量。

干冰是另一种制冷剂。干冰不是水制成的，它是二氧化碳气体的固体形式。干冰不会融化成液体，而是直接变成气体，食品加工公司有时就使用干冰来冷冻食品。

家用冰箱被称为机械冰箱，它通过一个制冷循环过程来工作，将液态转变为气态，然后再转变成液态。其制冷循环工作原理是液体在转变成气体时吸收大量的热量，这也可以解释为什么出汗会冷却你的皮肤，因为液体汗变成水蒸气时带走了热量。

在普通的冰箱中，液体制冷剂被保存在储罐中并处于高压状态。它通过管道流到蒸发器，即冰箱或冷冻机中最冷的部分。在蒸发器中，压力降低，液体制冷剂膨胀并转变成气态，在这个过程中，它吸收了大量的热量。电动压缩泵将气态制冷剂抽去，并提升它的压力。气态制冷剂流入冷凝器，在那里它的热量散到了外界的空气里，同时它被挤压回了高压液态状态。液态制冷剂流回储罐，并重复之前的过程。

■ 延伸阅读：空调器；电动机；泵。

冷藏使食物和饮料保持凉爽，防止它们变质。

钟摆

Pendulum

钟摆是一个悬挂着的能自由摇摆的物件。一个简单的钟摆就是将重物的一端用一根细线或金属丝系住。如果细线或金属丝的另一端被牢牢地固定住，重物就能前后摇摆了。当重物摇摆时，它会沿着一个固定的轨迹摆动，这个轨迹被称为钟摆圆弧。重物摆动一次所需的时间就是钟摆的周期。

在 17 世纪，意大利科学家伽利略发现无论弧度是大是小，钟摆的周期总是相同的。由此他想到了或许可以以钟摆为基础制作一个精准走时的时钟。荷兰科学家惠更斯（Christiaan Huygens）于 1657 年发明了摆钟。

钟摆也有其他用途。节拍器是帮助音乐家掌握节奏的钟

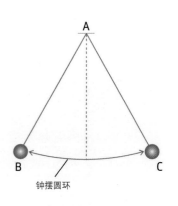

一个单摆绕一个固定点（A）摆动，其形成的路径称为两点（B 和 C）之间的弧。

摆装置。1851年，法国科学家傅科（Jean Foucault）用钟摆证明了地球的自转。

 延伸阅读：时钟。

节拍器是一种能发出滴答声的钟形装置，它有一个摆锤，可以调节摆动速度。

装配线

Assembly line

　　装配线是一种快速且低成本制造产品的方法。装配线分为不同的工位，把正在制作的部件从一个工位移动到另一个工位。在每个工位，工人只需完成整个制作流程中的一个步骤，每个工人重复完成同一项任务，每个部件使用相同的

装配线可以快速、低成本、大量地制造产品。这些插图显示了汽车装配线的一些关键阶段。

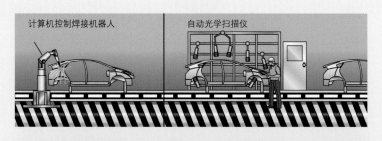

机器人将汽车车身的主要部件焊接在一起。然后，光学扫描仪自动检查车体并使用激光和照相机来检测并确保零部件装配完好。

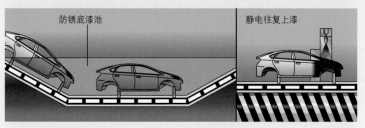

然后车身被浸入一个底漆池中，底漆能保护车身避免生锈。静电往复器在车身表面喷涂油漆。

上过漆的车身与底盘相连接，底盘包括车座和车轮。车窗、座椅和内饰也要装配上去。在质量检测站，工人对汽车的内部和外部进行最后检查。

零件。

在装配线出现之前，熟练工人手工制作产品和零件。于是，没有两个成品会是完全一样的。有了装配线，非熟练技术工人也可以上岗。而且，装配线生产出来的产品都是一样的。

美国汽车制造商福特于 20 世纪初开始使用装配线，传送带在工作站之间运送汽车的零部件，每隔几分钟就会有一辆新车从福特工厂开出。

延伸阅读：汽车；福特；机器人。

自动扶梯

Escalator

自动扶梯是一种移动的楼梯，它把人们从建筑物的一层送到另一层。机场、地铁站、商店和其他建筑物中都有自动扶梯。

自动扶梯的台阶下面有轮子，轮子在轨道上运行，轨道使自动扶梯的台阶在顶部和底部的地方变平坦，这有助于人们轻松地上下扶梯。平坦的台阶在地板下滑行，然后回到另一端。

1900 年，纽约市的一个高架火车站首次使用了自动扶梯。

延伸阅读：电梯。

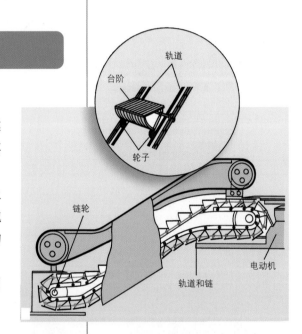

自动扶梯是沿着轨道运行的一组台阶。

自动柜员机

Automated teller machine，ATM。

自动柜员机是一种银行业务操作的计算机终端，它使人们可以随时访问自己的银行账户。客户可以使用 ATM 机进行银行存款，也可以提取现金并转账。ATM 机还可以显示账户信息。

要使用 ATM 机，顾客必须有一张特殊的塑料卡，卡的背面有一根磁条，或者嵌有一个电子芯片。顾客把卡插入 ATM 机，或者通过特殊的插槽刷卡。机器从磁条或芯片上读取客户的账号后，客户再输入密码。必须记住，密码能够防止银行卡被其他人盗用。

ATM 机位于银行、机场、商店和许多其他公共场所。大多数 ATM 机连接到计算机网络，因此客户能够在任何 ATM 机上得到相同的服务。

可以提取现金的机器于 20 世纪 60 年代末开始使用。ATM 机最早是在 20 世纪 70 年初开始使用，它在 20 世纪 80 年代初开始流行起来。到了 21 世纪初，大多数人通过 ATM 机完成他们绝大部分的个人银行业务。

延伸阅读： 计算机。

自行车

Bicycle

自行车由骑车人踩踏板来驱动。自行车有两个轮子和一个车架，两个轮子一前一后。骑手把两个踏板做圆周循环地踩踏，从而驱动自行车运动。人们骑自行车旅行、锻炼，或者只是为了好玩。

自行车在世界各地很受欢迎，大多数国家拥有的自行车比汽车还多。巴西、中国、意大利、日本、韩国和美国生产的自行车占了其中的大多数。

自行车有很多种规格。儿童自行车的尺寸划分依据的是轮子的大小，成人的则依据支撑座椅的管子的长度。自行车的款式也有很多。

人们骑自行车旅行、运动，或者只是为了好玩。

山地车有结实的车架和平坦的把手，有宽大而坚固的轮胎，适合在泥泞的道路和森林小路上行驶。有弯曲的车把手的公路自行车适合在平坦的道路上行驶。混合型自行车既有点像山地车，也有点像公路自行车，许多人骑混合型自行车上班。混合型自行车的轮胎比公路自行车的轮胎宽，但又比山地车的要窄，它的把手是平直的。

小轮车 (BMX) 是为自行车越野运动而设计的，骑手要在泥泞的赛道上骑行。自由式自行车被用作骑行表演。特种自行车有特殊的设计,例如,双人自行车携带两个骑手,一个在前面,另一个在后面,每个骑手各有一套踏板。而平卧自行车中,骑手躺在后面的一个特殊的座位上,腿和踏板则在前面。

骑自行车的时候,骑手沿一个循环的圆周来踩踏踏板。踏板与大链轮(牙轮)相连接。链条缠绕大链轮,同时缠绕后轮上的一个较小的链轮。骑手踏板时,大链轮转动,去拉动链条,链条再拉动小链轮和后轮转动。

自行车的齿轮系统通常有大小不同的链轮,这使得骑手可以在低速挡和高速挡之间切换。低速挡使骑自行车更容易,但在低速挡中,踏板每踩一周轮子转动很少,所以速度较慢,骑手必须更快地踩踏才能达到同样的速度。低速挡可以用来上坡。

高速挡用于平地道路上的快速运行,也可用于骑自行车下山。在高速挡中,每踩踏板一圈可以使后轮随着小链轮转动多次。

骑手用车把手来驾驭自行车并使它保持平稳。刹车用来使车停下。大多数自行车都有与车杠上把手相连的刹车器,骑手通过握紧把手上的杠杆来制动刹车器,接着刹车片压在车轮的轮辋上减慢它们的旋转运动。如果自行车采用的是过山车刹车器,骑手要逆向往后踩踏板,车子才能制动停下来。

自行车的部件

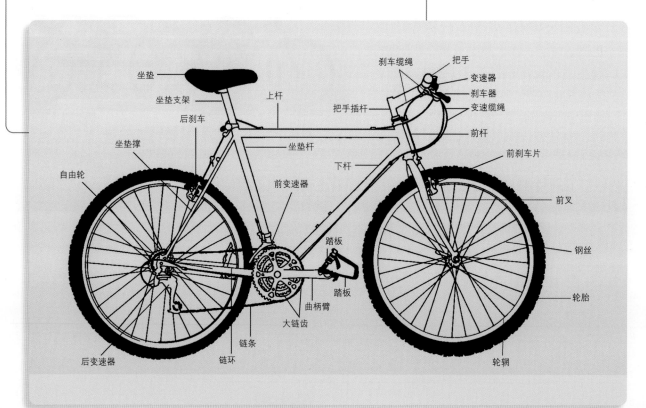

坐垫　坐垫支架　后刹车　坐垫撑　自由轮　上杆　坐垫杆　前变速器　踏板　踏板　曲柄臂　大链齿　链条　链环　后变速器　刹车缆绳　把手　变速器　刹车器　变速缆绳　把手插杆　前杆　前刹车片　前叉　钢丝　轮胎　轮辋　下杆

在美国，所有的自行车都必须具备一定的安全装置，包括前部和后部安装光反射器，这使得自行车在夜间更容易被看到。此外，车轮也必须有反光镜，以方便从侧面被看到。轮胎应随时保持适当的充气。制动器和链轮应该工作良好。铃铛或喇叭并非必需，虽然它们确实可以警告人们，有助于防止事故的发生。

类似于自行车的车辆于 19 世纪首次出现在欧洲。1817 年，德国的冯·德拉瓦 (Baron Karl von Drais) 男爵发明了双轮和一个座椅的骑行车，但没有踏板。骑手用脚推着地面使它移动。1866 年，一家法国铁匠铺的工人在前轮上增加了踏板。

高轮自行车出现在 19 世纪 70 年代。它们有一个巨大的前轮和一个小的后轮。踏板每转动一圈，大轮也转动一圈，所以自行车可以走很长的路。

1885 年前后，一家英国自行车制造商成功地制造了第一辆安全自行车。它的两个车轮的尺寸相同，因此比高轮自行车更容易操控、更安全。它还有链条和链轮，就像现代自行车一样。

到了 1890 年，自行车有了充气的橡胶轮胎。在此之前，轮胎是实心的，通常用金属或橡胶制成，由于轮胎坚硬，骑行变得上下颠簸，使用充气橡胶轮胎后就不那么颠簸了。

当时的一些自行车已经有了用手刹的刹车器和可调节的车把手。当时大约有 400 万美国人骑自行车。但是随着汽车的普及，许多人不再使用自行车。

自行车在 20 世纪 70 年代又流行起来，人们开始骑自行车来锻炼和娱乐。现在许多城市的公园和街道上有自行车专用道。

延伸阅读：摩托车；轮胎。

自行车的演化

字节

Byte

字节是计算机内存的一个单位。一个字节是由八个二进制数字组成的，一个比特 (bit) 是二进制系统中的一个数字 (0 或 1)。二进制系统是计算机使用的计数系统。

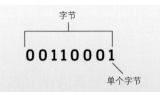

字节是一组八个二进制的数字。每个字节可以表示一个数字、一个字母或符号。计算机内存是以字节为单位衡量的。

一个字节可以是从 00 000 000 到 11 111 111 之间的任何一个二进制数，它共有 256 个不同的组合。一个字节可以代表一个数字、一个字母、一个标点符号或其他符号。计算机将字节串在一起形成单词和句子。字节可以代表任何类型的信息，包括声音、图片和视频。

计算机的内存是以字节来衡量的。一张照片或一本书的文本要占用大约 1 兆字节 (1 048 576 字节)，而一段短视频可能需要 1G (1 024 兆) 字节。计算机通常能存储数百个 G 字节的信息。

延伸阅读： 二进制数；计算机；互联网。

纵帆船

Schooner

纵帆船是一种由两个或两个以上的桅杆支撑帆的帆船，它的船帆沿着船头一直延伸到船尾。

第一艘美国纵帆船于 1713 年下水。人们认为它似乎掠过水面。这种船的名字就来自 SCOON 一词，意思是掠过。

18—19 世纪期间纵帆船很受欢迎，少量的船员就能轻松地驾驶一艘纵帆船。出于这个原因，渔民、商人、走私者和奴隶贩子都使用纵帆船。

有一艘叫阿米斯特德（Amistad）的纵帆船非常有名，它是由西班牙奴隶贩子驾驶的。在 1839 年，船上的奴隶造反并将船驶向美国。

有史以来最大的纵帆船名叫托马斯·W·劳森(Thomas W. Lawson)，它是 1902 年制造的，有七根桅杆。

延伸阅读：船舶。

纵帆船的帆从船头一直延伸到船尾。

DVD

Dvd

DVD 是一个存储信息的圆盘。它主要用于存储电影，也可以存储计算机程序和其他信息。DVD 的尺寸与光盘(CD)的大小是一样的，两者直径都是大约 12 厘米，但是 DVD 可以存储比 CD 更多的信息。DVD 需要一个特殊的驱动器或播放器来读取。

信息以数码的形式存储在 DVD 上，一张 DVD 可以存储多达 17GB 的信息。

DVD 英文字母的意思一般被认为是数字多功能光盘或数字视盘，但是没有证据可以表明这些字母真正代表了什么。DVD 最早出现于 1996 年。

延伸阅读：光盘；计算机存储盘；数字录像机。

SETI 研究所

SETI Institute

SETI 研究所是一个寻找太空生命的科学团体。SETI 这个词代表了搜寻外星人 (search for extraterrestrial intelligence)。该研究所成立于 1984 年，位于加利福尼亚州芒廷维尤 (Mountain View, California)。他们在寻找高级的生命体，而不是简单的生物。

SETI 研究所完成了许多不同的研究项目，他们所使用的设施遍布世界各地。研究所也开始在加利福尼亚大学伯克利分校建造自己的射电望远镜。该望远镜被称为艾伦望远镜，计划由 350 个碟形天线组成，像一个大天线一样工作。

延伸阅读： 太空探索；望远镜。

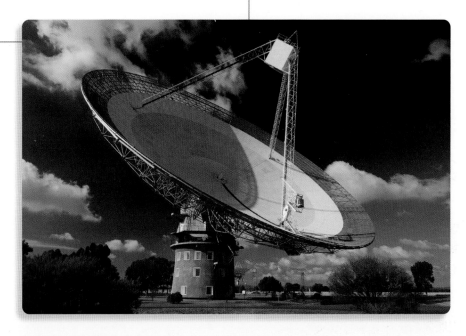

SETI 研究所利用世界各地的射电望远镜搜寻外星人生命的迹象——比如澳大利亚新南威尔士的这台望远镜。

图书在版编目（CIP）数据

技术／美国世界图书公司编；盛培敏译. —上海：
上海辞书出版社，2021
（发现科学百科全书）
ISBN 978-7-5326-5490-1

Ⅰ.①技…　Ⅱ.①美…　②盛…　Ⅲ.①科学技术—少
儿读物　Ⅳ.①N49

中国版本图书馆CIP数据核字（2020）第016999号

FAXIAN KEXUE BAIKEQUANSHU JISHU

发现科学百科全书 技术

美国世界图书公司 编　盛培敏 译

责任编辑	董　放
装帧设计	姜　明　明　婕
责任印刷	曹洪玲

出版发行	上海世纪出版集团 上海辞书出版社（www.cishu.com.cn）
地　址	上海市陕西北路457号（邮政编码 200040）
印　刷	上海丽佳制版印刷有限公司
开　本	889×1194 毫米　1/16
印　张	20.5
字　数	470 000
版　次	2021年7月第1版　2021年7月第1次印刷
书　号	ISBN 978-7-5326-5490-1/N·83
定　价	148.00 元

本书如有质量问题，请与承印厂联系。电话:021-64855582